全国高等院校规划教材

食用菌栽培学

暴增海 杨辉德 王 莉 主编

中国农业科学技术出版社

图书在版编目（CIP）数据

食用菌栽培学 / 暴增海，杨辉德，王莉主编 . —北京：中国农业科学技术出版社，2010.1（2022.12 重印）
ISBN 978 - 7 - 5116 - 0099 - 8

Ⅰ.①食…　Ⅱ.①暴…②杨…③王…　Ⅲ.①食用菌类 – 蔬菜园艺　Ⅳ.①S646

中国版本图书馆 CIP 数据核字（2010）第 012757 号

责任编辑　冯凌云
责任校对　贾晓红

出 版 者　中国农业科学技术出版社
　　　　　北京市中关村南大街 12 号　邮编：100081
电　　话　(010)82109704(发行部)(010)82106630(编辑室)
　　　　　(010)82109703(读者服务部)
传　　真　(010)82106636
网　　址　http://www.castp.cn
经 销 者　新华书店北京发行所
印 刷 者　北京建宏印刷有限公司
开　　本　787 mm×1 092 mm　1/16
印　　张　16.125
字　　数　400 千字
版　　次　2010 年 1 月第 1 版　2022 年 12 月第 6 次印刷
定　　价　48.00 元

《食用菌栽培学》编委会

前　言

食用菌不仅味美，而且营养丰富，常被人们称做健康食品，如香菇不仅含有各种人体必需的氨基酸，还具有降低血液中的胆固醇、治疗高血压的作用。近年来还发现香菇、蘑菇、金针菇、猴头中含有增强人体抗癌能力的物质。

食用菌虽然是农业中的小作物，但却是出口创汇的大产业。据中国食用菌协会统计，2008 年全国食用菌总产量 1 827.2 万 t，比 2007 年增长 8.7%。据国家海关总署统计资料，2008 年食用菌出口数量 68.28 万 t，比 2007 年 71.47 万 t 减少 4.5%，而出口金额为 14.53 亿美元，比 2007 年 14.25 亿美元则略上升 1.96%。在 2008 年我国食用菌产业受到自然灾害、国际金融危机等诸多因素影响，食用菌年增长率仍然达到 8.7%、出口金额仍然有小幅增长，这表明我国食用菌产业仍处于继续发展时期。面对食品安全，食用菌质量提升应当成为今后食用菌产业发展的主要任务。2008 年食用菌产业技术体系建设被列入国家启动的 50 个产业体系之一，充分体现了国家对食用菌产业的重视。

本书为全国高等院校生物类专业规划教材。全书共分 4 篇 9 章，从食用菌形态、分类、生理、生态、制种、栽培技术等较全面地、有重点地介绍了食用菌栽培学的基本理论，以简明通俗易懂的语言，说明食用菌栽培学的基本概念、基本知识和基本原理，并注意介绍国内外最新研究进展，力求做到内容全面、完整、新颖，同时加强了实践技能的培养。

我们几所院校共同协作编写了这本教材。在编写过程中，首先由暴增海同志、杨辉德、王莉同志拟定了编写提纲和体例，并多方征求意见，最后达成了一致意见，然后着手编写。参加本书编写的有江苏、湖北、山西、河北、山东、贵州、福建等高校的教师和食用菌开发研究专家，他们是暴增海（第一章）、王莉、侯桂森、王彬（第二章第一节、第二节、第三节）、邓功成、王莉、宋秀红（第二章第四节、第五节、第六章第三节）、刘贵巧（第三章、第六章第二节）、邵洪伟（第四章第一节、第二节、第五章第一节）、杨辉德（第四章第三节、第六节、第七节）雷银清、戴维浩、彭彪（第四章第四节）、吴智艳、史振霞（第四章第五节）、彭彪、阮毅、翁赐和（第五章第二节）、凡军民（第五章第三节）、彭彪、雷银清（第五章第四节）、阮毅、彭彪、阮时珍（第六章第一节）、谢春芹（第七章）、朱炳根、邓功成、暴增海、吴智艳（第八章、第九章），翁赐和提供食用菌机械设备照片、崔颂英提供杂菌类照片。林曼曼、周婷、顾霞、周超、刘云芹、张永秀、邱传庆等帮助完成了书稿的文字录入、前期校对工作。上述同志均为本书的作者。全书由暴增海、杨辉德、王莉对部分章节进行了改写，暴增海最后统稿。

本书在编写过程中，曾参考了有关兄弟院校所编食用菌栽培学教材，以及其他食用菌书籍、期刊和互联网等资料，并吸收了部分内容，在此表示衷心谢意！承蒙李志香教授、刘微研究员、何华奇博士、崔颂英副教授、冀宏博士在百忙中审稿，特表感谢！同时感谢中国园艺文摘编辑部王玉丽编辑给予的支持。

限于编者的业务水平，加之时间仓促，本书尚存有缺点、错误，诚恳希望专家、同行和读者们提出批评和修改意见，以期再版时修正。

淮海工学院食品工程学院 暴增海
于花果山西麓 2010 年元旦

目　录

第一篇　认知食用菌

第三篇　栽培技术

第四篇　实践技能

附　录

第 一 篇

认知食用菌

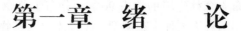

第一章 绪 论

第一节 食用菌的概念与研究内容

一、食用菌的概念

食用菌（Edible fungi）是高等真菌中能形成大型子实体或菌核类组织并能供人们食用或药用的菌类总称。

食用菌不是分类学中的单位，而是真菌门中子囊菌亚门和担子菌亚门可食用的真菌种类。在食用菌中担子菌亚门的真菌约占90%，极小部分属子囊菌亚门。

二、食用菌栽培学的研究内容

食用菌栽培学是现代生物科学的重要分支学科之一。它是在近代微生物学、发酵学、园艺学和环境工程学原理的基础上，发展迅速的一门新兴的应用科学。其任务是研究食用菌高产的理论和栽培技术。具体来说，要研究食用菌生长发育规律和产量形成规律及其与环境条件的相互关系，并探讨和解决食用菌高产、稳产、优质、高效的栽培技术措施，从而促进食用菌产业的发展。

第二节 我国的食用菌资源及其分区

在已知的10多万种真菌中大约有1万种是肉质大型真菌。现今世界上有记载的食用菌已超过2 000种。这其中已有100余种在实验室中进行了栽培，其中约有40余种进行了商业性栽培。这也说明选育优良栽培菌种具有巨大的潜力。

一、我国野生食用菌资源

由于我国地理位置优越，气候比较适宜，具有多种不同的生态环境条件，孕育了极为丰富的野生食用菌资源。据报道，我国已知食用菌种类有980种，其中子囊菌亚门的有5科；担子菌亚门的有23科。在我国的食用菌种类中，几乎包括了世界各地报道的重要食用菌，而且属于我国特产或以我国为主要产区的食用菌就有30种左右。应该说还有一些新的食用菌种类有待发现。

根据各地食用习惯、口味及文献记载，国产优质食用菌至少有100种。主要有松口蘑、粗壮口蘑、油口蘑、大白桩菇、虎皮香杏、紫丁香蘑、粉紫香蘑、荷叶蘑、黄绿蜜环菌、鸡枞菌、粗壮鸡枞菌、金褐鳞伞、柱状田头菇、鸡油菌、金号角、美味齿菌、猪苓、亚侧耳、美味牛肝菌、黑牛肝菌、正红菇、松乳菇、羊肚菌、粗腿羊肚菌、黑脉羊肚菌、瘤孢地菇等。目前已形成较大规模生产的有双孢蘑菇、香菇、草菇、金针菇、平菇类、木耳类、银耳、猴头、滑菇等。

据统计，食用菌分布于森林生境的约占90%，分布于草原、田野等空旷生境的约10%。经调查，可将食用菌分为5种生态类型：①以木材为基物的食用菌，此类型食用菌一般组织分离容易成活，容易培养出子实体，如木耳科等；②以牲畜粪肥或以粪肥充足的土壤为基物的食用菌，如球盖菇科、鬼伞科等；③生于土壤或腐殖质层（土生菌类），如羊肚菌科、粉褶菌科等，这类菌虽不形成菌根，但有的需要森林环境，菌种分离往往情况复杂多样；④寄生于昆虫或与某些昆虫活动场地有特殊关系的食用菌，如虫草菌属、白蚁伞属等比较典型；⑤树木外生菌根类食用菌，这类菌包括了大量的优质食用菌，多属于口蘑、鸡油菌科、丝膜菌属、牛肝菌科、红菇科和铆钉菇科等。

二、我国食用菌资源的分区

我国疆域广袤，自然条件多样，植被复杂，区系独特，不同自然区域所发生的真菌种类和多少有其特点和代表性。根据我国的经济、地理和植被植物区系等方面的分区研究，我国食用菌的地理分布型可划分为东北地区、华北地区、华中华南地区、西南地区、蒙新地区和青藏高原地区六大分布区。

（一）东北地区

东面和北面直抵国界，西面和南面大致从大兴安岭东侧向南延伸，包括辽东半岛和山海关。该区具有以落叶松、樟子松、红松为主体的针叶林。具有外生菌根的食用菌以牛肝菌比较突出，如铜绿乳牛肝菌、白柄乳牛肝菌等种类。长白山乳菇被认为是该区特有种。生于树干、枯干或树桩上的榆树离褶伞、北方小香菇等均为美味食用菌。该区代表性的栽培品种有滑菇、金顶侧耳、黑木耳等。近年来已成为香菇的栽培新区。

（二）华北地区

东临黄、渤二海，北与东北和内蒙古地区相连，西连洮河、岷山，南部以秦岭北坡和淮河为界，大部分亚热带真菌难以逾越此界而北进，此线是我国亚热带和暖温带的分界线。

以暖温带针、阔叶林组成该区的松属代表有油松、赤松等，阔叶树中的臭椿属和构树属。林下生长的食用菌均属北温带种，乳菇属、红菇属、蘑菇属、侧耳属均见于夏、秋季节。近年来，该区还发现许多地下真菌，如瘤孢地菇、刺孢地菇、太原块菌、苍岩山层腹菌，另外生于地表外形酷似地下菌的承德高腹菌也是该区罕见的美味食用菌。该区的泰山、华山是我国北方茯苓的盛产地之一。该区中山西五台山大白桩菇味美可口。该区代表性的栽培种类，如山西小平菇颇具规模；河北迁西灰树花的开发已取得明显的效益。

（三）华中、华南地区

该区包括湖南、湖北、江西、浙江、广东、广西、福建及台湾等地。该区大部分属于亚热带，气温较高，降水量大，森林分布广泛，以常绿阔叶树为主，也有马尾松和竹林。

该区具有代表性的食用菌有环柄侧耳、热带灵芝、草菇、香菇、银耳、鸡枞菌等热

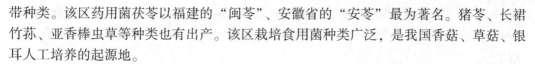

带种类。该区药用菌茯苓以福建的"闽苓"、安徽省的"安苓"最为著名。猪苓、长裙竹荪、亚香棒虫草等种类也有出产。该区栽培食用菌种类广泛，是我国香菇、草菇、银耳人工培养的起源地。

（四）西南地区

北部与华北地区相连，东部与华中、华东地区相接，西部从甘肃武都起，南下四川经邛崃山、木里至云南的贡山抵国界，南部西由尖高山经潞西北部经文山至广西百色以北与华南地区为界。云、贵、川山峦起伏连绵，"十里不同天"，生境复杂，是我国大型真菌宝库。该区的松林以云南松为优势代表，阔叶树种旱冬瓜为习见种。全球疣孢牛肝菌科有7属，该区就有4属；牛肝菌全球疣孢牛肝菌科有7属，该区就有4属；牛肝菌全球共有21属，该区就有16属。该区盛产松茸。鸡枞菌属在该区和华南区也极为丰富。该区食用菌至少有300种，开发利用潜力很大。

据不完全统计，该区仅云南省食用菌就有600余种，占我国已知食用菌种类的近80％。如有"蘑菇大王"之称的松茸，该省年储量几千吨。被称之为"黑钻石"的黑孢块菌也有发现。鲜美可口的羊肚菌、牛肝菌也是该省传统出口的大宗产品。

（五）蒙新地区

该区地处内陆，包括内蒙古、宁夏、河北小部及甘肃北部和新疆大部，属于典型的大陆性气候，以草原荒漠植被为主。雨量由东至西渐减，植被由草原过度至荒漠草原和荒漠。夏季草原上的"蘑菇圈"，形成了草原景观之一。蘑菇属的多种食用菌如美味蘑菇、白鳞菇、淡黄菇、白柠蘑菇等都能形成"蘑菇圈"。该区和华北地区所产的口蘑是传统的出口土特产品。内蒙古也是马勃的主产区。新疆荒漠代表种是北疆准噶尔盆地四周前山带阿魏山上的阿魏蘑，另外，还有生于刺芹属根上的刺芹侧耳（杏鲍菇）见于新疆西部。另外，还有一种生长于博斯腾湖畔的圆孢托蘑味美喜食。

（六）青藏高原地区

该区位于我国西南部，东接西南地区，西部以国境线与前苏联、阿富汗、巴基斯坦、印度、尼泊尔、锡金、不丹接壤，但不丹以东至云南，至国境线属华南热带区。在海拔4 000m的高山，是生长冬虫夏草和阔孢虫草的自然分布区。青海、西藏是我国冬虫夏草的主产区。松茸主要分布在中印、中巴边境。

该区孕育着世界上最丰富的高山菇类。据统计，分布在海拔3 000～4 600m的菇类有300余种；分布在海拔4 000m以上的约50种。其中斑点菇生长在海拔5 800m的高寒区，为世界所罕见。

第三节 发展食用菌产业的重要性

一、营养丰富，改善人们的食物结构

食用菌含有丰富的蛋白质、矿质元素和维生素，而且脂肪含量低，被称为"保健食品"。大力发展食用菌生产，丰富人们的"菜篮子"，会使人们的食物结构更趋于合理。同时食用菌还具有多种药用价值。近年来，我国真菌学工作者与药学工作者共同努力，先后开发出多种药用菌产品，如金水宝胶囊、脑力舒口服液、云芝肝泰冲剂等新药产品。还研制出猴头冲剂、太阳神口服液、平菇果酱、茯苓夹饼等多种保健食品及饮品。

二、变废为宝，促进生态良性循环

食用菌栽培不仅能使废料化害为利，兴菌成业，变废为宝，而且还能建立一个多层次的生态农业系统。食用菌对废料中难降解的纤维素、半纤维素、木质素等，利用纤维素酶，在其协同作用下，可顺利地把纤维素分解成葡萄糖，自然地起到降解作用。并能将氮源迅速地转化成蛋白质，碳源转化为碳水化合物，使有机物进入食物链，加入生物循环系统。这些将对生态农业具有极大的实用经济价值。我国每年可产 1.145×10^9t 有机物。其中农业下脚料 5.25×10^8t，工业废物 5.0×10^7t，畜、禽粪便 2.50×10^8t。此外，还有废培养料中有 9.16×10^6t 是"超级堆肥"，并可作为畜、禽的良好饲料。若能循环应用，其综合经济效益是很高的，对节能和环保都有重要的意义。

三、开拓就业门路，增加社会财富

食用菌生产是技术密集型、劳动密集型的产业，既可以作为一种技术高超的工业在城市中进行工厂化生产，又可以作为技术普及形式，因陋就简，在农村进行个体生产，食用菌生产是安排城乡闲散劳动力、多余劳动力的好门路。

食用菌生产投资少，生产周期短，资金周转率高，经济效益显著，具有广阔的国内、国外市场。食用菌可以高度立体化、工厂化方式进行生产，也适合农村个体或联营进行生产，"要想富，快种菇"是许多菇农的经验总结，食用菌生产是菇农脱贫致富的途径，是高效农业的支柱之一。其潜在产量和可观的经济效益远远超过其他农作物，每年每亩可产 3 600kg 直接食用的、高质量的蛋白质。种菇方法简单易学，且周期短、产量高，投入虽然高，但产出也高（1∶3～10），每亩收入一般 1 万～2 万元，高至 6 万～7 万元，"一亩园十亩田，一亩菌十亩园"，是高效农业，也是高效的庭院经济。若进行综合循环利用，经济效益会更大。目前，高效的园田化栽培（菜菇间作、轮作），农田化栽培（稻菇轮作套种），林地化栽培（竹木、桑树、果树中套菇），综合利用（利用桑枝、蚕粪、蚕室种菇），多次利用（瓶栽—块栽—园栽等），循环利用（种菇还田，一亩废培养料至少可作两亩优质有机肥），使菜菇、粮菇、林菇双丰收。食用菌业、种植业、养殖业和沼气业相结合的模式已先后在全国各地不断涌现。已被不少地区列为振兴经济的重要项目。

第四节　食用菌产业的现状和发展趋势

随着社会进步和生活水平的提高，人们对食品的需求不再以温饱为首要条件，更多的是考虑食品安全以及营养素合理搭配。食用菌是人们日常生活的重要植物性蛋白和营养要素来源之一，其保健药用价值倍受重视，是 21 世纪的一项新兴朝阳产业。

一、食用菌产业现状

（一）食用菌产量与地位

中国食用菌栽培历史悠久，是世界最大生产和出口国，并走出一条有中国特色的食用菌产业发展道路，食用菌产业迅猛发展，产量逐年递增。近年来，随着食用菌生产的发展，在我国大农业中，食用菌业的地位与作用更加增强，在整个农业生产中具有深远的意义。不少省、市、县将食用菌生产列入了星火计划、扶贫致富、菜篮子工程计划之中，因而使食用菌业获得了迅速的发展。

据统计，全国已查明真菌种类有1 700种以上，可食用的980种以上，其中人工驯化栽培成功的有100多种，我国食用菌产品已成为继粮、棉、油、果、菜之后的第六大类农产品，成为农村经济发展的支柱产业。据中国食用菌协会统计，1978年中国食用菌产量还不足10万t，产值不足1亿元，而到2007年全国食用菌总产量已达1 682万t，在不足30年的时间内扩大约170倍，占全世界总产量的70%以上，总产值突破600亿元。福建、河北、江苏、四川等食用菌种植大省产量均达上百万吨，食用菌产业县已有500多个，产值超亿元的县有100多个，从事食用菌生产、加工和营销的各类食用菌企业达2 000多家，从业人员已达2 500万人。

2008年食用菌产业技术体系建设又被农业部列入新启动的40个产业体系之一，充分体现了国家对食用菌产业的重视。食用菌虽然是农业中的小作物，但却是出口创汇的大产业。食用菌产业技术体系建设的重点：一是体系要紧紧围绕产业发展做工作，为产业服务。二是体系专家要与各省主管部门紧密结合，要了解各省食用菌产业的发展规划、发展思路、发展重点，与主管部门多沟通、多交流。三是要加强横向联合，特别是与大作物体系建设的横向交流。产业技术体系建设首先必须完成以下五方面的工作：一是找准产业发展的问题，联合协作攻关解决长期制约产业发展的问题。二是发现产业发展中的问题，提出国家产业发展的立项建议。三是联合体系外的专家、推广部门，形成以产业为主线的全国性的大联合、大协作的格局。四是承担监测、预报的功能，给政府部门当参谋。五是协助政府部门处理应急事件，搞好指导服务。特别强调指出：体系建设是建设具有整体性、综合性、开放性的技术体系，而不是自我循环的封闭系统。国家食用菌产业技术体系的实施，必将促进我国食用菌产业有着更大的发展空间。

（二）食用菌主栽品种与主产区

从栽培品种来看，目前，中国大面积人工栽培的食用菌品种主要有双孢蘑菇、香菇、金针菇、平菇、凤尾菇、秀珍菇、滑菇、竹荪、毛木耳、黑木耳、银耳、草菇、银丝草菇、猴头菌、姬松茸、杏鲍菇、白灵菇、灰树花、皱环球盖菇、长根菇、鸡腿蘑、真姬菇等，其中香菇、双孢菇等产量均达到上百万吨。除人工栽培食用菌外，还发展了以灵芝、冬虫夏草、茯苓等为代表的药用菌产业和以松茸、牛肝菌、块菌、羊肚菌等为代表的野生食用菌产业。从产区来看，福建、黑龙江、河北、河南、山东、浙江、江苏、广东和四川等省为重点产区，福建的银耳、白背毛木耳、香菇、双孢蘑菇和浙江的香菇等食用菌出口老产区，河南的香菇、湖北的香菇、河北的滑菇和反季节香菇、山东的双孢蘑菇和姬菇等食用菌出口新区，云南、四川的松茸、牛肝菌、羊肚菌和菌块等野生菌出口区, 这主产区占中国食用菌出口总额75%以上。

(三) 有机食用菌发展

食用菌栽培生产形式有别于传统的种植业, 它是利用各种菌物将农林生产的下脚料 (纤维素和木质素) 转化为人类所需的优质蛋白质。因此, 有机食用菌的生产标准与一般意义上的粮食作物、水果和蔬菜的有机标准虽有所不同, 但其有机认证的原理仍基本一致。据有关统计, 截止到2007年, 中国共有23家食用菌企业通过了有机认证, 福建省就有6家, 有机食用菌栽培面积 (包括野生菇生长的原始森林), 达到8.9万 hm^2, 累计生产有机食用菌7 042t, 国内销售额约1.2亿元, 出口创汇达到1 400万美元。

(四) 食用菌进出口

据中国海关统计, 2007年全国食用菌产品出口达71.47亿元, 创汇14.24亿美元, 占亚洲出口总量的80%, 占全球贸易的40%。干香菇已占据东南亚、欧美等78多个主要香菇消费国, 食用菌产品出口到126个国家和地区。食用菌进口值为1 000万~2 000万美元, 相比出口, 顺差大, 主要从日本和韩国进口, 以高档食用菌罐头为主, 满足高端消费群体, 预计食用菌进口将呈现逐年增加趋势。

二、存在主要问题

(一) 产业标准建设滞后

现有食用菌的国家、行业标准52项 (国家标准20项, 行业标准32项), 其中29项是20世纪80年代到90年代末颁布实施的, 20项是2000年以后颁布实施的, 3项是2003年新修订的, 与国际标准相比尚存差距, 难以与主要出口市场接轨。发达国家通过立法等形式, 对农药残留、放射性残留、金属含量、化学添加剂等制定苛刻的技术标准, 目前仅在农药残留限量的指标上, 国际食品法典有2 572项标准, 欧盟有22 289项, 美国有8 669项, 日本有9 052项, 其中有些标准是专门针对某国或某类产品而专门设计制定的。以日本为例, 2006年5月施行《食品中残留农业化学品肯定列表制度》以来, 据中国海关统计, 中国食用菌产品对日本出口因农药残留等超标受阻共有64批次, 2007年有33批次, 福建占15批次。例如, 在2007年全国农产品质量安全专项整治活动中, 农业部对福建省双孢蘑菇鲜品抽检3份样品检测均含有荧光增白剂, 同时福建省自抽检141份双孢蘑菇样品 (鲜品), 有37份样品检测出荧光增白剂, 不合格率为26.2%。这说明在食用菌生产过程中违禁使用农药和双孢蘑菇采后使用荧光增白剂的问题依然严峻, 应引起我们的高度重视。

(二) 生产规模小且加工技术落后

中国食用菌生产方式仍然以千家万户的"手工作坊"种植栽培为主, 种植户的素质和栽培条件不一, 规模小, 并且中国食用菌产业深、精加工是薄弱环节, 技术、加工设备远远落后于发达国家, 大部分加工企业还停留在保鲜、烘干、盐渍等粗加工的层次, 产品质量差异大, 这无法适应国际市场对食品安全的要求。

(三) 市场竞争无序且开拓力度不足

中国食用菌市场基本上是一个既没有统一的市场交易原则, 又长期处于无序甚至混乱的状态，各企业之间为争夺国外客户，竞相压低，甚至采取赔本做生意的方式，严重伤害了广大栽培者，损害了消费者利益，影响了食用菌产品国际竞争力。在市场开拓方面存在偏失，只注重国际传统市场，忽略国外新市场开拓与培育，未能把国内消费市场培育作为食用菌产业的一个组成部分加以发展，这将严重影响食用菌产业发展。

（四）产业缺乏有效管理与调控

中国食用菌生产资料异地供货较普遍，且质量良莠不齐，基本上没有经检测就流入市场，坑农事件常有发生，政府缺乏权威性的宏观管理机构和调控手段。菌政管理一直以来没有一个专门的检测与管理部门，品种杂乱无章，出现同种异名，菌种老化、退化，菌种质量无法保证。

（五）知识产权制度有待完善

长期以来，由于中国知识产权意识薄弱，食用菌开发人员对食用菌专利保护重视不够，造成中国食用菌知识产权严重缺乏。同样，中国食用菌地理标志产品保护始于2002年，至2007年6月29日，食用菌产品地理标志专用标志也就18件，这与中国食用菌生产大国极不相称。中国在国外知识产权保护更是一片空白，食用菌出口频繁遭遇食用菌专利壁垒，2004年4月，日本开始实施的《种苗法修正案》，对22类145种食用菌种源实施保护，如发现进口的食用菌使用在日本登记注册的菌种的近缘种，将对其加收专利费。

三、食用菌产业发展趋势

我国食用菌有着2 000年的栽培历史，但大发展却是最近20多年的事。目前，我国已成为世界上最大的食用菌生产国和出口国。我国食用菌发展趋势应从如下方面加以研究。

（一）庭院栽培与工厂化生产相结合

就我国目前的经济状况和农业特点而言，有些地区发展食用菌生产应以庭院为主。在农村，每户农民都有田地、农作物秸秆和剩余劳动力，冬季室内养菌，春季室外栽培，也可将食用菌和粮食作物、蔬菜间作套种。林区可以林副产品为原料，利用林荫地搞林菌复合经营。经济条件好的地区可以进行工厂化生产，建立食用菌开发公司等社会化服务体系，集供菌、培训、技术服务于一体，产、供、销一条龙。

（二）引进新技术，开发新品种

目前我国约有980种食用菌，能进行大面积栽培的只有40多种，而且栽培技术落后。同发达国家相比，我国的食用菌生产单产低、质量差。今后要依靠科学技术，加大科技投入，因地制宜培育高产、优质、高效的食用菌良种，将细胞工程、基因工程、杂交育种等高科技手段应用于食用菌生产。

（三）抓好精细加工，加快与国际市场接轨

我国食用菌加工以盐渍、烘干、罐头等粗加工为主要方式，加工后的食用菌价格低、经济效益差。食用菌加工应加大开发力度，扩大规模，提高档次，增加品种。使食用菌向保健食品、饮品、大众食品全方位、多元化地渗透，构建面向千家万户的"餐桌工程"。在生产、加工、包装、储运及经营等一系列过程中要逐步实现科学化、标准化，加快与国际市场接轨。

（四）走可持续发展道路

可持续发展原则是既满足当代人又不损害后代人需求的发展，其基本出发点则是善待自然，在发展食用菌生产的同时，保护好森林生态系统。目前在食用菌生产领域，以破坏森林资源来发展食用菌产业的现象还依然存在。一方面，一些传统食用菌的生产区过度采集食用菌，面临自然资源匮乏的问题。另一方面，尽管国家提倡食用菌生产使用枝桠和下脚料，但在一些地区仍沿用着传统的段木栽培法。食用菌生产的发展离不开木材，食用菌生产区应尽快发动群众植树造林，在房前屋后、田边地头、荒地滩地种植小灌木、速生丰产林，建立食用菌原材料基地，改造和建立新的生产模式，使食用菌生产走高效、低耗、可持续发展的道路。

思考题：
1. 分析食用菌业存在的问题及对策。
2. 调查当地栽培的食用菌种类、产量及销售状况。

第二章 食用菌基础

第一节 食用菌的分类

一、自然界生物的分类

1971 年 Margulis 改订 Whittakar 的分类系统，提出了"五界学说"。具体分类如下：

1. 原核原生生物界

是指地球上最早繁衍的生物类群，主要包括细菌、光合细菌。

2. 真核原生生物界

主要包括褐藻、红藻和原生动物。

3. 真菌界

依赖腐生或寄生生活，靠分解外界有机体来获取营养，分为低等真菌和高等真菌（大型真菌）。

4. 植物界

指含有光合色素的多细胞真核生物。分为苔藓植物和维管束植物。

5. 动物界

指依赖摄取外界有机物营养的生物，是多细胞动物。

二、真菌、大型真菌及食用菌

（一）真菌

真菌是一大群具有真核、能产孢子、无叶绿素的一类以腐生或寄生为主的低等真核生物。

它们属异养型的生物，只能分解外界有机物来取得营养，不能进行光合作用，能进行无性繁殖和有性繁殖。绝大部分真菌具有分枝状的丝状细胞（菌丝），典型菌丝的细胞壁具有纤维素、几丁质或两者兼有的细胞壁。真菌陆生性较强。

（二）大型食用菌

真菌家族又可分为酵母菌、霉菌以及大型真菌。所谓大型真菌主要是指菌丝生长发育到一定阶段，能形成较大子实体的一类真菌，包括担子菌和子囊菌中的某些种类。

（三）食用菌

在大型真菌中，一般具有肥大多肉的繁殖器官——子实体，木质化程度低，不含毒素，烹调后无异味者，即为食用菌（含药用菌）。有一些具有毒性不可食用的大型真菌称为毒菇，俗称毒蕈。还有一些尚未明了的种类，称为待开发菌类。大型真菌是一个庞大的家族。

第二节　食用菌形态结构

食用菌的生长发育过程可分为营养生长阶段和生殖生长阶段，因此，在形态上有菌丝体和子实体之分。

一、菌丝体

（一）菌丝

大型真菌的孢子是微小的繁殖单位，在适宜的条件下萌发成丝状，随后在培养基上向各方向呈辐射状延伸、分支，并吸收养分。通常将每一根细丝称为菌丝。食用菌的菌丝均为多细胞。细胞管状，壁薄，透明。细胞内含有一个、两个或多个细胞核。

真菌菌丝由多细胞组成。细胞与细胞相连接处，有的无隔膜（鞭毛菌亚门、接合菌亚门），有的隔膜不完全（子囊菌亚门），有的隔膜较完全（担子菌亚门）。

（二）菌丝体

菌丝前端不断生长、分支，相互纠结组成了菌丝团，称为菌丝体。菌丝体具有四项功能：一是降解、吸收营养物，生长在培养基质中的基内菌丝具有对培养基物的降解和吸收作用；二是起着对降解吸收后营养物质的输送作用；三是对营养物质的贮藏作用；四是有进行有性繁殖的作用。

（三）菌丝的特殊形态

不同真菌的菌丝在其进化过程中，对环境条件已有了高度的适应性，产生了各种形态和功能不同的特殊构造。

1. 菌丝束

当菌丝在培养基质中充分蔓延，已生理成熟，或处于栽培后期，相邻的部分平行菌丝则互扭结成束状，与下述的菌索相似，但没有甲壳状外层。它起着输送营养的作用。

2. 菌索

不少担子菌类菌丝体生长至某一阶段后菌丝缩合，形成粗绳索状复杂的组织，这就是通常所说的菌索。例如，蜜环菌的菌索具有甲壳状的外层和疏松内层髓状组织。顶端呈淡黄色的生长点，可不断延长生长，还可发出波长为530nm蓝绿色的荧光。菌索的生活力和荧光的强弱呈正比。菌索在含氮丰富的人工培养基内生长旺盛。药用天麻的发育就是依靠蜜环菌的菌索输送养分。

3. 菌髓

菌髓是指伞菌菌褶或齿菌类的菌刺中央部分或菌管之间的菌丝层。和菌肉一样，菌髓通常由长形的丝状细胞组成。在伞菌菌褶中，菌髓细胞的排列方式有平行、人形、交叉及混合型等多种。在红菇和乳菇的菌褶细胞中还夹杂着许多泡囊状细胞。

4. 菌核

菌核通常质地坚硬，多为不规则的块状、瘤状或球状。菌核的外层为坚实的皮壳，能抵抗不良的环境，条件适宜时可再萌发出菌丝。菌核内大多为白色粉状贮藏物质。菌核大小不一，如草菇栽培中常见的菌核病；再如著名中药茯苓，其菌核数千克乃至几十千克。菌核形态不一，表现多皱，呈深褐色乃至灰褐色。茯苓有坚实松皮状的皮壳，近壳处多为纵横交错的菌丝及少量半糊化淀粉状颗粒，趋近菌核的中部，菌丝量逐渐减少。茯苓子实体呈蜂窝状，平贴于菌核的下半部，子实层周生于蜂窝状管口内壁上。

二、子实体

具有结实能力的双核菌丝组织化形成的肥大多肉的菇、蕈、耳等称为子实体，是食用菌的繁殖场所，并有了结构上的进一步分化。

以下重点介绍大型伞菌子实体的形态。

（一）菌盖

食用菌子实体的菌盖一般呈伞型，也有其他各种形状的。菌盖表面有黏液、纤毛等各种分泌物和附属物，而且不同种类，由于表皮色素的不同而呈现出各种颜色，这些都成为分类的重要依据之一。

（二）菌褶

在光学显微镜下，菌褶是先由菌肉菌丝向下生长形成菌褶的菌髓组织，呈柳叶状。靠近菌髓两侧的菌丝形成紧密区，此为子实体层基（下子实层）。由子实层基向外再产生栅状排列的担子和囊状体。担子上着生有 2~4 个担孢子。

成熟的子实体可以产生有性孢子。孢子是一种有繁殖功能的休眠细胞，是真菌繁殖的单元，分有性孢子和无性孢子两大类。在担子菌和子囊菌类中所说的有性孢子分别称为担孢子和子囊孢子。在担子菌类中有些菌类的生活史中还存在着无性阶段，形成无性孢子如节孢子、粉孢子、厚垣孢子等。通常所说的孢子是指有性孢子，简称孢子。孢子在适宜的条件下能直接发育成新的个体。孢子极微小，在显微镜下才能观察到。孢子有多种形态：如圆形、椭圆形、多角形、肾形、菱形和纺锤形等。如能将传统的宏观形态观察和电镜观察等相结合，将使真菌的分类更加准确，更能反映客观的真实性。

（三）菌柄

菌柄有各种形状和质地，表面有各种附属物和特殊结构。

菌褶和菌柄有多种连接方式，主要有以下 4 种，是分类的重要依据。

直生：菌褶一端直接着生在菌柄上，如红菇。

弯生：菌褶内端与菌柄着生处呈弯曲状，如金针菇、香菇。

离生：菌褶不直接着生在菌柄上，有段距离，如草菇。

延生：菌褶沿着菌柄向下着生，如平菇。

（四）菌环

有的伞菌（双孢蘑菇）子实体蕾期，菌盖内菌膜包连菌柄，随着菌盖撑开，内菌膜破裂，残留在菌柄上的部分即为菌环。

菌环的大小、厚薄、质地因伞菌种类而异。此外还有单、双层菌环之分。菌环一般着生在菌柄的上、中部，有少数种类菌环与菌柄相脱离并可移动（如环柄菇）。有的菌类早期有菌环，后消失。伞菌菌环的有无是鉴定各属的重要依据之一。

（五）菌托

草菇、部分腹菌类的蕾期子实体包有一层外菌膜，当菌柄伸长时，外菌膜破裂，大部分外菌膜残留于菌柄的基部形成菌托。另外的一部分外菌膜残留在菌盖下形成鳞片状块斑。菌托的形状有苞状、鞘状、鳞茎状、杯状、杵状，有的由数圈颗粒组成。

第三节 食用菌的环境条件

食用菌的生长发育受到内外双重因素的控制。内部因素是由食用菌自身的遗传规律所决定的，是自然界进化的结果。外部因素包括温度、湿度、水分、空气、光照、pH值等。惟有掌握了食用菌的生长发育所需的内外因素，从而人为地创造适宜的条件，才可以取得食用菌生产的成功。本节主要介绍食用菌生长发育所需外界环境条件。

一、温度

温度对食用菌发育的影响，其实质是温度决定酶的活性，从而影响到食用菌的代谢。

（一）菌丝体阶段

食用菌菌丝体，一般来说比较耐低温，低温对其只是起抑制作用，并无伤害。如实验室中常在 0~4℃ 的温度下保存菌种，就是利用这种特性。而高温对菌丝体则具有伤害性，常导致菌丝体萎蔫死亡。如栽培中，尤其是反季节栽培，往往会出现"烧菌"现象，就是高温造成的伤害。

一般低温类型，如金针菇、滑菇等，菌丝体生长的适温是 18~20℃，中温类型如香菇在 22~28℃，高温类型如草菇在 28~32℃。

（二）子实体分化阶段

子实体分化阶段所要求的温度总的来说较菌丝体阶段要低，如金针菇，较菌丝体阶段温度下降 8~12℃ 子实体才能分化，属于低温分化型；双孢蘑菇降温幅度在 8~14℃，属中温分化型；草菇由营养生长至生殖生长几乎不需降温，属高温分化型。

而有的食用菌种类，如平菇、香菇等，降温后保持恒定的温度，还不能使子实体分化出来，必须有较大的昼夜温差刺激才行，温差幅度越大越好，一般在 8~10℃，称之为变温结实性。黑木耳、银耳、草菇不需要昼夜温差刺激，原基就可以分化，称之为恒温结实性。

（三）子实体发育阶段

子实体发育阶段的温度较菌丝体阶段低，较子实体分化阶段高。在一定的温度范围内，高温环境中子实体生长快，但菌柄长，易开伞，菌肉薄，商品价值低；而在低温环境中，子实体生长慢，但肉厚、朵大，商品性状好。如香菇在低湿、干湿交替条件下，容易形成花菇，商品价值极高；低温下生长朵大，肉厚、品质很好。

二、水分与湿度

水分、湿度对食用菌的影响，是因为水是构成细胞的成分并运送营养物，维持细胞膨压。食用菌栽培过程中的水分是指培养料的含水量，湿度是指栽培空间的空气含水量。总的来说，食用菌的生长发育喜欢潮湿的环境，不耐干旱。

（一）菌丝体阶段

菌丝体阶段，要求湿度在60%左右，无需特殊要求。为使菌丝体迅速地向基质中定殖蔓延，菌种播种时，控制好培养基质的含水量是至关重要的。

段木栽培，如香菇栽培，含水量应控制在33%～37%左右。生产上经过两年的定殖，菇木含水量增至62%左右，菌丝体生长最好，子实体发生数量也最多。

代料栽培，香菇培养料的含水量要求55%～60%；平菇要求65%左右；双孢蘑菇培养料含水量要求62%～65%。

在生产实践中，菌丝在培养基质上定殖、蔓延阶段，可以通过覆盖物如塑料薄膜、报纸等，来增加基质附近小区空间的相对湿度，以利菌丝在基质中蔓延。

（二）子实体分化阶段

此阶段，提高基质表面的空间相对湿度以促进子实体原基迅速地分化，尤其是菇蕾出现后，小环境的空气相对湿度要求在80%～85%。生产中，可酌情用细喷壶向培养料喷雾状水，但切忌大水珠、大量喷水，否则菇蕾会烂掉。

子实体原基裸露出培养基质，组织十分脆弱，是否正常发育成子实体，常取决于流过基质表面气流的干湿度，因而控制培养基质表面空气湿度显得特别重要。

（三）子实体生长发育阶段

随着子实体的生长发育，相对湿度应保持在85%～90%，在此条件下，可培养出菌柄粗壮、组织细嫩的鲜菇。生产中用细喷壶向培养料面喷雾状水（但忌培养料积水），同时大量向地面及墙壁四周喷水，以增加相对湿度。

必须注意，调节空气相对湿度应根据天气变化情况而定。注意菇房的通风换气，干湿交替。否则一味追求高湿度，易引起菇房 CO_2 累积过高，蒸腾速率降低，营养物质运输受阻，且易招致杂菌及害虫滋生。因此，必须根据所栽培食用菌的生物学特性，灵活采取通风换气，少喷水、勤喷水，灵活地调节空间相对湿度，以利于子实体发育。

常见的食用菌中，银耳、平菇、黑木耳对湿度有较强的适应性，较湿时子实体仍发育良好；而香菇、双孢蘑菇等，则湿度控制不宜过高。

三、氧和二氧化碳

食用菌属于好氧型的生物，其利用呼吸作用吸收 O_2，释放 CO_2，但却不能利用 CO_2，这样势必造成栽培小空间 CO_2 积累。因此，供给充足的 O_2，是栽培的关键环节之一。

（一）菌丝体阶段

此阶段一般对高浓度 CO_2 较为敏感。当 CO_2 浓度过高时，菌丝生长缓慢。平菇菌丝体较耐高浓度的 CO_2，当 CO_2 体积高达0.6%～0.9%时（正常空气中 CO_2 体积比是0.03%），仍能正常生长。但也应该注意菌丝体发育阶段必须有新鲜的 O_2 供应，否则 O_2 不足，菌丝体生活力下降，蔓延缓慢，菌丝体呈灰白色。冬季栽培时，应注意保持室内有一定的 O_2，否则 CO_2 积累过高，将影响到菌丝的生长速度。

（二）子实体分化阶段

子实体分化阶段，对 O_2 需求量不大，而且此时略提高 CO_2 浓度，可以促进子实体原基的分化。

（三）子实体阶段

此阶段，食用菌进入旺盛的生长期，对 CO_2 需求量急剧增加，此时栽培环境 CO_2 浓度过高，则影响子实体的正常发育，易形成畸形菇。如香菇室内袋栽或块栽，第一潮菇畸形率达 70% ~ 80%，木耳、银耳等胶质菌类进行室内袋栽，常形成一定数量的鸡爪耳，都是栽培环境中积累的 CO_2 浓度过高引起的。灵芝子实体形成对 CO_2 更为敏感，CO_2 浓度只要累积至 0.1% 时，子实体不形成菌盖，菌柄分化呈鹿角状。但对于金针菇来说，为了提高其商品价值，在菇蕾形成之后，提高 CO_2 浓度至 0.06% ~ 0.9%，菌盖变小，不易开伞，且菌柄较长，可获得优质的商品菇。

生产实践中，要注意菇房的通风换气和保温、保湿的总体协调。

四、光线

食用菌不能进行光合作用，另外阳光中的紫外线具有杀菌作用，对菌丝体亦有杀伤作用，因此一般不需要直射光照。在地下生长的菌类，如茯苓、块菌等根本不需要光照。

（一）菌丝体阶段

食用菌此阶段不需要光照，光照甚至起抑制作用。而单色光中，红、黄、绿光对其无不良影响，只是蓝光、紫光影响不良。菌丝体阶段一般均遮光培养。

（二）子实体分化阶段

大多数种类子实体分化阶段需要一定量的散射光来诱导原基的形成，否则子实体不易分化，如平菇、香菇等。

（三）子实体生长发育阶段

一般都需要一定量的散射光，才能使子实体正常发育，否则子实体发育畸形或着色不好。如黑木耳在 1 200lx 光照强度下，色泽浅淡，而在 1 300 ~ 2 400lx 光照强度下，色泽黑褐，发育正常。

五、酸碱度（pH 值）

pH 值对食用菌产生影响，一方面是 pH 值调节酶的活性，另一方面是 pH 值影响到细胞膜的活性，从而影响到代谢。

一般木腐生型的食用菌比较喜欢偏酸的环境，少数草腐生型的食用菌如草菇，则喜欢偏碱的环境。

培养料配好后，要测试 pH 值。应较最适合 pH 值调高 1 ~ 1.5。因为高温灭菌时，pH 值会有所下降；另外菌丝体分解基质时，分泌有机酸，亦导致 pH 值下降。

在实践中，配料时在培养料中加入一定比例的 K_2HPO_2 作缓冲剂，或添加石膏、碳酸钙等作为中和剂，以调节 pH 值。

第四节　食用菌营养

食用菌绝大多数是腐生菌，不含有叶绿素，不能进行光合作用，必须完全依赖培养料中的营养物质来生长发育。营养是指食用菌从外部环境摄取其生命活动所必需的能量和物质，以满足其生长和繁殖需要的一种生理功能物质。因此，选择营养丰富的培养基质无疑是食用菌高产的保证。食用菌对营养物质的要求，可分为碳源、氮源、无机盐类以及生长因子。

一、碳素营养的种类和作用

碳素是构成食用菌细胞和代谢产物中碳架来源的营养物质，也是食用菌的生命活动所需要的能源。自然界中存在的碳素种类很多，大体可分为有机类和无机类。而食用菌生长仅能利用有机类。

（一）种类

食用菌能利用的有机碳源主要包括纤维素、半纤维素、木质素、淀粉、果胶、单糖、有机酸类和醇类等。食用菌菌丝易于利用可溶性碳源如单糖、双糖、低分子的有机酸和醇类等。在小批量生产中，尤其是在制一级种（母种）时，通常采用葡萄糖或蔗糖等做碳源，在培养基中加入的糖类浓度以 0.5%～5% 为宜。不同的糖类对于食用菌来说，具有某种特殊功能。如葡萄糖、木糖、阿拉伯糖能促进蘑菇菌丝的生长；甘露糖是平菇菌丝生长的最好的碳源，而蔗糖、果糖则对平菇子实体的形成更为有利；麦芽糖能促进金针菇子实体的形成。

纤维素、半纤维素、木质素、果胶和淀粉是多糖类的杂聚物，分解后可生成六碳糖、五碳糖及糖醛等。这些物质易于被食用菌菌丝吸收，所以以农副产品的下脚料如木材、木屑、稻草、麦秸、棉籽壳、玉米芯等为主要碳源培养食用菌不仅是可行的，而且又可变废为宝。现在各地利用农副产品和部分添加料的组合栽培食用菌已成为主要的生产方式。

（二）作用

葡萄糖在食用菌栽培中是最广泛被利用的碳源。它是最易被吸收的糖，是纤维素、淀粉和其他碳水化合物的主要成分。己糖进入菌体细胞后发生磷酸化。6-磷酸葡萄糖在中间代谢中非常重要。它可进入糖酵解途径、磷酸戊糖途径、三羧酸循环途径和多糖合成途径。通过这些途径用于细胞内物质代谢和能量代谢。

低聚二糖如麦芽糖、纤维二糖、海藻糖、蔗糖和乳糖以及一种三糖——棉籽糖是栽培食用菌常见的低聚糖。它们在相应酶的作用下生成单糖，然后被菌体吸收。有些情况下，双糖可完整地运送到细胞内。不过运送双糖的这些酶一般不是组成酶，而是诱导酶，因此在以它们为碳源的食用菌培养过程中，在生长初期有一段适应期。

纤维素是植物细胞壁的主要成分，它是由 β-1,4-半乳糖苷键所连接的多聚长链，每个纤维素分子大约由 1 万个以上的葡萄糖残基组成。天然纤维素以支链式结构存在，不溶于水。食用菌对纤维素的分解是通过细胞分泌胞外纤维素酶的作用进行的。纤维素酶是一种复合酶，它包括 C_1 酶、C_x 酶和 β-葡聚糖苷酶3种。不同种食用菌所分泌的胞外纤维素酶类的活性也不同，其中纤维素酶以侧耳菇属、多孔菌属和灵芝属的为最强；纤维二糖酶（β-葡萄糖苷酶）以松口蘑（松茸）、金针菇和滑菇较高，香菇、蘑菇次之。

半纤维素是植物细胞壁中除纤维素以外的多糖，其含量占全纤维素的10%～25%，它是由木糖、阿拉伯糖、葡萄糖、乳糖以及糖醛酸混杂而形成的杂聚物，其组成随植物种类或所在部位不同而有明显区别。

由于半纤维素所包括的化合种类很多，因此半纤维素酶的种类也各不相同。如木聚糖半纤维素由木聚糖酶水解；阿拉伯聚糖半纤维素由阿拉伯聚糖酶水解。有些半纤维素的降解要依靠许多种酶促反应才能完全水解。总体上说，半纤维素比纤维素易水解。

木质素是植物细胞壁的主要成分。在禾本科植物茎秆中木质素约含10%～17%，在成熟木材中木质素约含20%～30%。木质素的化学结构较复杂，是由许多芳香族亚基缩合而成的聚合物。木质素很难被生物分解。目前已知大多数木腐真菌分解纤维素和木质素的分解力最强。

木质素通过真菌大量分泌的胞外酚氧化酶（漆酶和酪氨酸酶）的解聚、氧化等作用最后生成乙酸和琥珀酸，中间产物是一些芳香族化合物。琥珀酸和乙酸可以继续被真菌利用，一部分合成细胞物质，另一部分通过氧化分解为水和二氧化碳，同时产生 ATP。

据有关资料报道，如果在食用菌的培养基中添加一定量的木质素成分，会增加酚氧化酶的含量，并大大地促进胞内外酚氧化酶的生成，在平菇生长培养基中少量的阿魏酸和芥子酸（木质素酸水解产物），对酚氧化酶的生成特别有效。

果胶只是构成植物细胞间质的物质，含量虽然不多，但也是植物体的重要组成部分。果胶质的主要化学成分为聚半乳糖醛酸、果胶酸。果胶酸中的羧基基本上甲基化后成为果胶。果胶又有可溶性果胶和不可溶性果胶（又称为原果胶）之分。食用菌在利用果胶作为碳素物质时，利用其分泌的胞外果胶酶进行分解。

淀粉在植物之茎秆中的含量虽然不高，但在种子、块茎、球茎、鳞茎、块根等中的含量较高。淀粉分支链淀粉和直链淀粉。前者由葡萄糖通过 α-1,4-糖苷键结合形成，后者通过 α-1,6-糖苷键形成侧链。在一般淀粉中，支链淀粉的含量约为80%，直链淀粉20%。

淀粉能被食用菌分解利用。食用菌中分解淀粉的酶主要有 α-淀粉酶和 β-淀粉酶。α-淀粉酶对淀粉中的1,4-糖苷键起作用，而 β-淀粉酶从非还原端开始水解 α-1,4-糖苷键。这两对酶对 α-1,6-糖苷键都不发生作用。β-淀粉酶还不能跨越 α-1,6-糖苷键。这两种酶的水解产物例如麦芽糖、麦芽三糖及其他低聚糖还能被其他水解酶，例如，α-葡萄糖苷酶、葡萄糖淀粉酶水解为葡萄糖。

食用菌属异养微生物，其最适碳源是"C·H·O"型。其中，糖类是最易利用的碳源。在糖类中，单糖胜于双糖，己糖胜于戊糖，葡萄糖胜于甘露糖、半乳糖；在多糖中，淀粉明显优于纤维素或果胶质等纯多糖，纯多糖则优于琼脂杂多糖和其他聚合物（如木质素）。对食用菌来说，它的碳源同时又充作能源，因此，可认为碳源是一种双功能的营养物。

二、氮素营养的种类和作用

凡能提供食用菌菌丝生长所需要的氮素，一般不供作能量来源，通常分为无机氮和有机氮两类。

（一）种类

无机氮，常见的有铵盐和硝酸盐。食用菌菌丝能直接利用铵盐，硝酸盐必须先转化为铵盐方可被吸收利用。菌丝虽能利用无机氮源，但较有机氮源的利用并不理想。一是无机氮必须合成较简单的有机氮，没有直接利用有机氮来得方便，二是无机氮源种类较少，不易合成菌丝生长的某些氨基酸，影响了菌丝生长速率。

有机氮种类较多，斜面试管制一级种（母种）时常用牛肉膏、蛋白胨、玉米浆及马铃薯浸液等较易利用的有机氮源。在制二级种（原种）、三级种（栽培种）时常用有机氮如豆饼粉、蚕蛹粉、尿素等。食用菌菌丝可直接吸收蛋白胨、酪蛋白等中的氨基酸，所以菌丝生长快。一些较复杂的有机氮，必须经菌体分泌的蛋白酶分解为较简单的有机氮后再被吸收利用。

（二）作用

1. 硝态氮

食用菌可吸收硝态氮。首先必须经硝酸还原酶和亚硝酸还原酶的联合催化还原为氨分子。把硝酸还原为氨分子是一个包含数种酶作用相当复杂的过程。一般地说，硝态氮、亚硝态氮是食用菌难于利用的氮源或者利用率很低的氮源，这可能是由于它缺乏能将硝态氮或亚硝态氮还原为氨分子的酶类所造成的。

2. 铵态氮

食用菌在通常的代谢过程中，对（NH_4）$_2SO_4$，NH_4NO_3，NH_4Cl中氮的同化作用，在生理上有着明显的差异。如在培养蘑菇菌丝体的斜面培养基中添加 NH_4NO_3 比（NH_4）$_2SO_4$ 作为氮源效果好，这是由于随着阳离子 NH_4 优先被利用而引起 pH 值下降，使得菌丝体生长减弱。如在培养基中加入 2.0g/L 延胡索酸或苹果酸，食用菌在此培养基上均可生长。

一般来讲，铵态氮比硝态氮易吸收利用，是因为氨的氮原子与细胞有机成分中的氮原子处于同等水平。因此氨的同化不需要氧化或还原。（NH_4）$_2SO_4$ 在同化过程中，脱下的氨基可形成谷氨酸、天门冬酰胺和谷酰胺的氨基。NH_3 被固定后形成的这 3 种产物都是蛋白质的直接前体，这样就加速了无机氮的利用。

3. 尿素

大多数食用菌可用尿素作氮源，但不能作碳源。尿素在脲酶的作用下，分解成 NH_3 和 CO_2。栽培食用菌时，如果需要添加尿素作为氮源，其浓度应控制在 0.1%~0.3%，超量添加可对菌丝产生毒害作用。这是因为尿素在受热高温下易分解放出氨和氢氰酸，致使培养基的 pH 值升高并产生氨味，从而影响食用菌菌丝的生长。

4. 氨基酸及多肽

无论是蛋白胨、酵母膏、天冬酰胺、谷氨酸钠，还是其他氨基酸，都是良好的氮源，他们易被菌丝吸收，又能维持菌体旺盛生长，可能因为有机氮既可以作为氮源，又可以作为碳源供利用，促进了营养平衡及物质转化。在食用菌栽培中，斜面试管制一级种时，常用1%～2%的牛肉膏、蛋白胨或酵母膏作为氮源，可加速菌丝生长。

5. 蛋白质

许多蛋白质和多肽是水溶性的，并能扩散到菌体表面。3～5个氨基酸以上的肽不能完整进入细胞。因此，食用菌菌丝对肽的利用受到限制。利用蛋白质作为氮源，首先需要食用菌菌丝分泌胞外蛋白酶，把蛋白质分解成多肽，然后由肽酶把多肽分解成游离的氨基酸后，才能被菌体细胞吸收。

在食用菌制种和生产过程中，除了考虑培养基的碳源和氮源外，一个不容忽视的问题就是培养基的碳氮比（C/N）必须适合。在食用菌菌丝中碳氮比是8～12∶1，在菌丝生长过程中50%的碳源供作呼吸的能量，50%的碳源组成菌丝成分，因而培养基中理想的碳氮比应是16～24∶1，这样就有足够的碳源供菌丝生长之用。

在自然条件下或人工木棒接种培养中，食用菌菌丝生长缓慢，其主要原因就在于木棒中碳氮比高达200～600∶1，由于氮源太少，菌丝生长很慢，其生活周期往往长达2～3年。食用菌菌丝可以在万分之一的氮源培养基中生长，只是菌丝生长极其缓慢。研究者证明，当培养基中碳氮比为1 600∶1时，菌丝体的含氮量只有0.2%，而在正常情况下，即使碳氮比为32∶1，菌丝含氮量仍是4.4%。这说明，在缺氮情况下，仅有的氮主要供给了代谢过程，如形成核酸和解聚酶等。

试验证明，在相同碳氮比的情况下，氮水平高，菌丝生长就旺盛。一般来说，在菌丝生长阶段，培养基中含氮量以0.016%～0.064%为宜，其碳氮比以20∶1较合适。在子实体发育阶段，培养基中含氮量宜在0.016%～0.032%之间，碳氮比应为30～40∶1。

棉籽壳之所以能成为较理想的培养基，就是由于其成分中含有37%～39%的纤维素，29%～32%的木质素，22%～25%的多聚戊糖碳源，还含有7.3%的粗蛋白。这个碳氮比是非常适合大多数食用菌菌丝生长的。木屑、麦秸、稻草碳氮比分别为200～250∶1、49∶1、80∶1，所以如能在熟料培养基中，添加适量的米糠、麸皮、豆饼粉等，可使碳氮比更接近菌丝生长的需求。

三、矿质营养的种类和作用

矿质元素也叫无机盐，在食用菌成分中又常用灰分表示。无机盐主要可为食用菌提供除碳、氮源以外的各种重要元素。

（一）种类

凡是生物的生长所需浓度在1/10 000～1/1 000mol/L范围内的元素，例如，磷（P）、钾（K）、钙（Ca）、镁（Mg）、硫（S）等称为常量元素；凡所需浓度在10^{-6}～10^{-8}mol/L范围内的元素，则称为微量元素，例如，铁（Fe）、铜（Cu）、锌（Zn）、锰（Mn）、钴（Co）、钼（Mo）、硼（B）等。当然，这种区分带有人为的和相对的性质，对不同食用菌来说，往往会有很大差别。多数学者认为，食用菌对矿质元素的要求要比高等植物高出10倍，需要最多的是磷、钾、镁、钙，最适浓度为100～500mg/L，其中占一半以上的是磷元素。铁、锰、铜、锌也是需要的，但需要量甚微。由于这些金属元素在普通用水（河水、自来水等）中或栽培原料中都有，因此除了用蒸馏水配制的培养基外，一般不必另外再添加。

（二）作用

各种矿质元素对食用菌生理作用是不同的，现将它们的主要作用分述如下：

1. 磷

磷在食用菌的生长过程中很快被吸收，在细胞内用于核酸磷脂和核苷酸的合成。在代谢过程中，它参与碳水化合物的氧化磷酸化，生成高能磷酸化合物转移成 ATP。许多重要酶的活性基都含有磷，如 NAD、焦磷酸硫胺素等。在食用菌生产中大多数使用的是磷酸二氢钾或磷酸氢二钾。

2. 钾

钾在食用菌利用糖和某些氨基酸来合成肌苷酸的过程中，是核苷酸合成酶、核苷酸转酰酶等许多酶的激活剂，同时也是某些酶（如果糖激酶、磷酸丙酮酸转磷酸酶等）的辅因子。它也是细胞内存在的主要阳离子，对维持细胞的电位差和渗透压、物质的运输起着重要的作用。

3. 镁

镁作为必要元素参与 ATP 磷脂以及核酸、核蛋白等各种含磷化合物的生物合成。菌体细胞膜、核糖体对镁的依赖性极大，因此细胞缺镁就会停止生长。在食用菌生产中，人为提供形式主要是 $MgSO_4$。

4. 硫

硫参与含硫氨基酸（如半胱氨酸、胱氨酸、甲硫氨酸、蛋氨酸等）分子的组成。在生物代谢过程中具有重要意义的 SH 基，有的与各种酶的蛋白质结合，有的与辅酶结合如硫胺素、辅酶 A、生物素等，它们对有氧呼吸的 TCA 循环起着重要作用。在食用菌生产中，人为提供形式多是 $MgSO_4$ 或石膏粉。

5. 钙

钙是某些胞外酶的稳定剂、蛋白酶等的辅因子，同时能调节细胞内的 pH 值，有利于酶的催化活性。在食用菌生产中，人为提供形式多是 $CaCl_2$ 或 $CaCO_3$。

6. 铁

铁是食用菌体细胞中过氧化氢酶、过氧化物酶、细胞色素、细胞色素氧化酶的组成成分。缺铁会使上述酶的合成受到阻碍，影响代谢。因此，铁是菌体内起着电子传递作用的重要微量元素。

7. 铜

铜是菌体内各种氧化酶（如多酚氧化酶、抗坏血酸氧化酶）的活化基的核心元素。在菌体内对催化氧化还原反应起一定的重要作用。

8. 锌

在菌体代谢中，许多酶的活化是由锌的激化而起作用的，如乙醇脱氢酶、醛缩酶、RNA 聚合酶。不难看出，它与碳水化合物、蛋白质代谢有关。

9. 锰

锰具有影响菌体内物质合成、分解、呼吸等方面的生理作用。它是某些酶如超氧化物歧化酶、氨肽酶和 L-阿拉伯糖异构酶等的辅因子。因此，对催化维持细胞内氧化还原的平衡起重要作用。

10. 硼

硼能促进钙与其他阳离子的吸收，从而促进细胞壁质和细胞间质的形成。

四、生长因子的种类和作用

生长因子是一类对食用菌正常代谢必不可少且自身不能用简单的碳源或氮源自行合成的有机物。它的需要量一般很少。

（一）种类

生长因子一般包括有维生素、生长刺激素、碱基、卟啉及其衍生物。

目前用于培养食用菌的维生素主要是硫胺素（维生素 B_1）、生物素（维生素 B_7）、吡哆醇（维生素 B_6）、泛酸（维生素 B_3）及核黄素（维生素 B_2）。生长刺激素主要是 α-萘乙酸、吲哚乙酸、秋水仙素、乙烯利、三十烷醇及赤霉素等。

（二）作用

维生素是研究得比较早的生长因子，它们中的大多数为酶的组成成分，与食用菌生长和代谢的关系极为密切，一些维生素的生理功能见表 2 - 1。

表 2 - 1　维生素的生理功能

维生素	代谢功能
硫胺素（维生素 B_1）	焦磷酸硫胺素是脱羧酶转醛酶、转酮酶的辅基，与氧化脱羧和酮基转移有关
核黄素（维生素 B_2）	黄素核苷酸（FMN 和 FAD）的前体，黄素蛋白的辅基，与氰的转移有关
吡哆醇（维生素 B_6）	磷酸吡哆醛氨基酸消旋酶、转氨酶、脱羧酶的辅基，与氨基酸消旋、脱羧转氨有关
生物素（维生素 B_7）	各种羧化酶的辅基，在 CO_2 固定、氨基酸和脂肪酸合成及糖代谢中起作用，油酸可部分代替生物素的作用
泛酸（维生素 B_3）	辅酶 A 的前体，乙酰载体的辅基，与酰基转移有关
烟酸	NAD 和 NADP 的前体，为脱氢酶的辅酶与氢转移有关
叶酸	辅酶 F（四氢叶酸）与核酸合成有关
对氨基苯甲酸	叶酸的前体，与一碳基因的转移有关
氰钴胺素（维生素 B_{12}）	钴酰氨基酶，与甲硫氨酸和胸腺嘧啶核苷酸的合成和异构化有关

此外，硫辛酸、维生素 C、维生素 K 也是较重要的生长因子。硫辛酸在催化丙酮酸和 α-酮戊二酸的氧化脱羧中起作用；维生素 C 起递氢体的作用；维生素 K 在氧化磷酸化中起作用。目前用于培养食用菌的维生素主要是生物素、硫胺素和吡哆醇等。下面只重点说明维生素 B_1 对食用菌的生理作用。

维生素 B_1 在食用菌生长期间的新陈代谢中起着十分重要的作用。它主要是在丙酮酸变成乙酰辅酶 A 的氧化脱羧过程中，构成辅酶，形成乙酰辅酶 A 的氧化脱羧过程，经 α-酮戊二酸氧化脱羧形成琥珀酸的过程也需要维生素 B_1 构成脱羧酶的辅酶。

由此可见，维生素 B_1 是丙酮酸、α-酮戊二酸代谢的必要因子。缺乏维生素 B_1，丙酮酸、α-酮戊二酸就不能正常进行代谢。由此影响其他代谢如氨基酸的合成，蛋白质、脂肪的分解与合成等，相对来说，食用菌的生长发育就受到抑制。如果食用菌自身不能合成维生素 B_1，则必须从外界摄入。如香菇、鸡腿蘑及一些牛肝菌等，都需要加入一定量的维生素 B_1。这些食用菌对维生素 B_1 的需要量一般为 100mg/kg。如果食用菌自身能合成维生素 B_1，如蘑菇属和羊肚菌属的食用菌，则一般不需要培养基内另加维生素。但当他们培养在无机合成培养基内时，如果添加一定量的维生素 B_1，那么菌丝就会长得更快。维生素 B_1 存在于许多植物种子中，尤其是在谷物种子的外皮中，因而在未经研磨的大米和全麦粒制作的食物中，此种维生素的含量更丰富。在动物、植物组织和酵母中，它主要以辅酶即焦磷酸硫胺素的形式存在。维生素 B_1 在酸性条件下相当稳定，在碱性条件下加热及 SO_2 处理易破坏，在 120℃ 以上容易迅速分解。

在食用菌生产中，有些品种在培养一级种的培养基内，一般添加 0.01 ~ 0.1mg/kg 的维生素 B_1；在代料栽培中，往往添加一定比例的米糠或麸皮，这样不仅提供了氮源，而且更为重要的是提供了维生素。

另外，生长刺激素如赤霉素、乙烯利、α-萘乙酸和三十烷醇等在食用菌栽培中也有一定的应用，不同的生长刺激素对食用菌的生理效应有所不同。下面重点介绍上述几种生长刺激素对香菇、平菇的增产作用。

在高等植物所有器官和组织中几乎都能发现有赤霉素活性物质的存在，但赤霉素主要是在幼叶及根尖中合成。赤霉素能促进植物生长和形态建成，打破种子休眠，诱导果实成长，形成单性结实等。用 10 ~ 20mg/kg 赤霉素液处理香菇木屑菌丝块（浸泡48h），能促进子实体原基提早形成，并且有明显的增产作用。如在二潮出菇期喷赤霉素，增产效果更好。

用 500mg/kg 浓度乙烯利在平菇的菌蕾期、幼菇期和菌盖伸展期喷 3 次，每次 50ml/m²，有促进现蕾和早熟作用，可增产 20% 左右。乙烯利是一种植物激素，国外早已发现，当蘑菇迅速长大时，子实体内乙烯利含量增加。乙烯利能使平菇高产早熟，可能与菇体内某些相关的酶被诱导发生和激活有关。

用 5mg/kg 浓度的 α-萘乙酸和 0.05% 浓度的尿素、磷酸二氢钾混合液，在幼菇进入菌盖分化期后交叉喷洒，能显示出生长刺激素与速效肥之间的交互作用，能使菌体提前成熟，而且菌盖肥大菌柄短。α-萘乙酸是一种外源性生长刺激素，有助于植物的顶端生长和极性运输。在子实体形成期喷 α-萘乙酸，有助于氮素营养和碳水化合物向子实体运输。

三十烷醇是一种新型植物生长调节剂，极微量的三十烷醇就能对食用菌产生多方面的生理效应。其作用机理可能是提高了菌类硝酸还原酶、抗坏血酸氧化酶活性，增强了细胞渗透性，因而有利于氮素的吸收、转化和利用。

综上所述，生长因子在食用菌栽培中的应用，可促进菌丝生长，对提高产量有明显的作用。此外，对某些生长因子的生理作用及其机制，还有待进一步深入研究。

第五节　食用菌遗传育种

一、遗传学基础

遗传和变异是任何生物体的最本质的属性之一。所谓遗传，就是指生物的亲代将自己的一整套遗传因子传递给子代的行为或功能，它具有极其稳定的特性。食用菌遗传与其他生物一样，子代与亲代相似是其最本质的最典型的特征之一。因此，食用菌遗传主要是研究其遗传变异的现象、本质和规律。

（一）遗传与变异

遗传和变异既是相互对立，又是普遍的生物现象。有了遗传使食用菌代代相传，有了变异使食用菌子代与亲代有所差异，从而形成各种各样的食用菌的种、亚种、变种或栽培品种。

近代科学实验表明，核酸物质尤其是 DNA 才是遗传变异的真正物质基础。基因是遗传与变异的功能单位。我们肉眼可见的各种食用菌形态正是其基因型个体在适当环境条件下，通过自身的代谢和发育而产生的表型。有些表型是可遗传的，如黑木耳和蘑菇，在一般栽培条件下，对于营养、水分、温度、光照只能影响每个品种个体间的大小、形状、色泽，而不影响品种间遗传的本质。但是，食用菌的变异又是非常普遍的，它们在形状、色泽、味道、营养成分、温度反应、抗菌性及其他生理特性等方面都有一些微小的差异。食用菌的各种差异都是变异的结果。有些变异是由环境条件，如营养、通风、光照等因子引起的，是暂时的，不能遗传。这种不涉及遗传物质结构改变而只发生在转录、转译水平上的表型变化在食用菌栽培中会经常发生。例如：营养不足，会使子实体弱小；光照过强，会使子实体色泽变深；二氧化碳浓度高，会产生各种畸形菇等。如果把环境条件重新控制起来，在营养充足，光照适宜，二氧化碳浓度小于 0.1% 情况下，食用菌子实体又能恢复正常。

由基因自发或诱发的突变是一种永久性的，可以遗传的变异。这种变异可以涉及食用菌体内遗传物质分子结构突然发生可遗传的变化。如蘑菇、香菇、毛木耳的白色突变体，就是控制色素的基因发生突变的结果，它与光照强度无关。此外，食用菌担孢子经 X 射线、紫外线诱变处理之后，也会出现突变。

诱变育种是指利用物理、化学的诱变剂处理均匀分散的食用菌担孢子，促进其突变率显著提高，然后采用出菇实验对比筛选方法，从中挑取少许符合育种目标的突变株，以供栽培之用。在食用菌生产实践中，细心寻找食用菌自然发生或经人工诱变产生的某些有益于人类的变异株，采用组织分离法把这些变异稳定遗传下来，就可能得到有特殊用途的食用菌的新菌株。

（二）无性繁殖与有丝分裂

在食用菌的一生中，主要靠无性繁殖的方式度过较长营养生长阶段。其特点是双核菌丝体反复分枝增殖，产生的个体多。食用菌的无性繁殖还可以产生无性孢子来完成生活史中的无性小循环，并产生新的个体。食用菌的无性孢子有粉孢子、厚垣孢子、酵母状分生孢子，单核或双核。单核的无性孢子具有性孢子功能，双核化合，可完成其生活史；双核的无性孢子再萌发后可直接进入生活循环，完成其生活史。在食用菌生活史中，无性繁殖的地位不如有性生殖重要。食用菌子实体的菌丝大都由双核细胞所构成（单核菌丝组成的子实体罕见），这种组织化了的双核菌丝能可逆地恢复到营养生长。在菌种分离中，从子实体上取下一小块组织，进行组织分离培养，即是无性繁殖的一种。

食用菌是通过细胞分裂实现菌丝生长发育和子实体形成的。在营养菌丝内的细胞分裂主要是以有丝分裂完成的。有丝分裂时因出现纺锤丝，故而得名。有丝分裂是一个连续的分裂过程。为描述方便起见，常将其分裂过程分为前期、中期、后期和末期4个时期。①前期。核中颗粒状染色质逐渐聚集，变粗，形成棒状染色体。每个染色体均有相同的两条染色单体，由着丝粒联结，这时核膜破裂，核仁消失，纺锤体形成。②中期。染色体移向细胞中心的赤道板上。③后期。着丝粒分裂，两条姐妹染色单体分别由纺锤体上的纺锤丝拉向细胞两极。④末期。细胞质分裂，一个母细胞形成两个子细胞，每个子细胞均含有相同的染色体。随后，两个子核重新形成，核膜和核仁出现，染色体又分散成颗粒状，细胞又恢复成分裂前的状态。由于有丝分裂时的染色体是由两条染色单体组成，每条染色单体都进入各自的子细胞中，因此，子细胞中的染色体数目和母细胞的相同，即母细胞中的核物质被等量地分配到子细胞中去，从而确保了食用菌的遗传稳定性。

（三）有性繁殖与减数分裂

由一对可亲和的性细胞经融合形成合子，再经减数分裂而产生新个体的过程即为有性生殖。在食用菌中，典型的有性生殖过程包含3个明显不同的阶段。①质配。两个细胞原生质体在同一细胞内相互融合。②核配。由质配所带入同一细胞内的两个细胞核相互融合成合子。③减数分裂。双倍体的合子通过减数分裂，使染色体减半，重又分裂成单倍的性细胞。食用菌通过有性生殖，可产生各种有性孢子，如接合孢子、子囊孢子、担孢子等。

1. 有性繁殖的类型

担子菌亚门食用菌的有性生殖可分为异宗结合和同宗结合两大类。

A. 异宗结合　异宗结合是担子菌亚门食用菌有性生殖的普遍方式。异宗结合实际上是一种自交不孕型，即必须经过雌雄（或"＋"，"－"）性细胞结合才能生育后代。食用菌的"雌"、"雄"性细胞在形态上无多大差异，而是表现在生理特性上。它们或者由同一位点上的一对等位基因所控制，或由一两个位点上的两对等位基因所控制。前者产生的后代二二相等，又称二极性。后者产生的4个担孢子各不相同，称四极性。人们估计食用菌中，属二级性的约有35%，属四级性的则有55%。

（1）二极性　一种单因子异宗配合的有性生殖，其亲和性由单一的等位基因 Aa 所控制。这类食用菌在进行减数分裂时，一对等位基因（Aa）彼此分离，A 与 a 的分离比例为1:1，由此产生的有性孢子（担孢子）二二相等，故称二极性。属于二极性的食用菌，其配对的细胞必须具有配套的等位基因（即含 Aa）才能产生有性孢子。不然，

如只含两个 A（即 AA）或只含两个 a（即 aa）的组合均不生育。

（2）四极性　一种双因子异宗配合的有性生殖。其亲和性由两对等位基因（$A1A2$ 与 $B1B2$）所控制。这类食用菌在减数分裂后产生 4 种不同类型的孢子（$A1B1$，$A1B2$，$A2B1$，$A2B2$）。在四极性的食用菌两对等位基因中，一对（$A1A2$）控制着锁状联合中锁状细胞的形成。另一对（$B1B2$）则控制着核的迁移。属于四极性的食用菌只有同时具有两对等位基因（$A1A2B1B2$）时才能完成有性生殖。两对等位基因异宗配合有 4 种配对类型：①$A \neq B \neq$ 型。其基因组合为 $A1B2 \times A2B1$ 或 $A2B1 \times A1B2$。该类型每个细胞含两个核，双核菌丝上有锁状联合。②$A = B \neq$ 型。基因组合为 $A1B1 \times A1B2$ 或 $A2B2 \times A2B1$。该型细胞中具多个核，但无锁状联合。③$A \neq B =$ 型。其基因组合为 $A1B1 \times A2B1$ 或 $A1B2 \times A2B2$。该型菌丝细胞具单核或双核，但其锁状联合无核迁移，称假锁状联合。④$A = B$ 型。该型菌丝为单核，无锁状联合。

在属于四极性食用菌孢子间进行随机配对时，总会出现上述 4 种组合，出现频率各为 25%。但由于 $A = B \neq$、$A \neq B =$ 和 $A = B$ 组合的菌丝体均不能得到两套完整的配对基因，因此不能正常生育。能生育的仅是 $A \neq B \neq$ 一种，生育率仅占总数的 1/4。

B. 同宗结合　担子菌亚门食用菌的另一种有性生殖方式为同宗结合，真菌门中有 10% 的食用菌属同宗结合。在同宗结合有性生殖中，由单独一个担孢子萌发出来的菌丝，不经过配对就有产生子实体的能力，是自交可孕的。在同核菌丝体之内或之间会发生菌丝融合，但菌丝体融合对于结实性菌丝的发育来说是不必要的。

同宗结合虽然不需要异性细胞的交配而生育，但它在形成孢子时仍发生"性"的过程——核配和减数分裂。发生同宗结合的菌丝细胞可以是同核体，也可以是异核体。由同核体发生的同宗配合称为初级同宗配合，由异核体产生的同宗配合称次级同宗配合。前者如粪鬼伞，后者如双孢蘑菇。

（1）初级同宗结合　初级同宗结合的食用菌，没有不亲和性因子，能产生子实体的菌丝是直接从（含有一个减数分裂后的细胞核的）单个担孢子发育来的。能产生子实体的菌丝体是同核菌丝体，有锁状联合的，也可以是无锁状联合的多核菌丝体。在担子中发生正常的核配和减数分裂。

（2）次级同宗结合　次级同宗结合的食用菌有不亲和性因子，通常每一个担子只产生两个担孢子，减数分裂后两个可亲和性的细胞核同时迁入一个担孢子中，而由单个担孢子直接长出来的菌丝体，本质上对所包括的亲和性因子来说，就是异等位基因的。能产生子实体的菌丝体是具有两种遗传性质不同的细胞核的异核菌丝体，但也可能是没有锁状联合的双核菌丝体或多核菌丝体。

2. 减数分裂

担子菌亚门的食用菌，减数分裂是在担子内进行的。这种有性生殖的实质是两个含单倍体染色体的细胞核融合为一个双倍体的合子，而减数分裂则能使双倍体的合子又重新分裂为两个单倍体细胞。

减数分裂主要分前期、中期、后期和末期 4 个期。①前期。染色体凝聚并集合成棒状。②中期。两条同源染色体沿其长轴紧密排列在一起联合，联合时染色单体间发生染色体的部分交换，使基因获得重组。③后期。染色体等分为二，并各自移向细胞的两端。④末期。整个细胞一分为二，每个子细胞各含一个染色体组。这样一个双倍体的细胞（合子）又分裂成两个单倍体细胞。

（四）生活史

食用菌生活史是指从孢子萌发后，经菌丝体生长发育又形成新一代孢子的循环过程。子实体是由菌丝体生长发育形成的。菌丝体内的细胞核又是最重要的细胞器，它控制细胞的遗传功能，细胞核中的染色体携带着几乎全部的遗传信息。食用菌的菌丝细胞一般都是单核、双核，或多核。营养菌丝细胞核中的行为，随细胞有丝分裂规则进行活动；大多数担子菌所产生的菌丝细胞，在进行锁状联合时，双核并裂，并受 A、B 两基因控制而移动；在原担子等生殖细胞中，细胞核的行为按减数分裂原则有规则地移动，最终使双倍体的合子又重新分裂为单倍体的子囊孢子或担孢子。

二、常用育种方法

在食用菌生产过程中，菌种是重要的一环，它的质量好坏直接关系到产品的优劣和产量。因此，食用菌工作者要重视菌种的选育工作。随着食用菌事业的日趋发展，仅仅停留在从自然界索取好的菌种是不够的，我们还要有目的、定向地进行食用菌的育种。育种途径很多，例如，可采用自然选育、诱变育种、杂交、原生质体融合等方法来改变品种的特性，以获得具有高产、优质、适应性强、抗逆性强等特性的品种。因为在同样的栽培条件下，优良品种的产量和质量均高于一般品种，由此能给人们带来更大的经济效益。

（一）自然选育

在自然界里，各种自然条件对生物体都有一种适者生存、去劣存优的选择作用，这就是自然选择。随着对自然选择作用认识的深化，人们逐渐有意识地通过人工选择来培育新品种。可收集、分离各地区不同类型的菌株，然后通过栽培和不同性状的品比试验，挑选出生产性能最好的，或者具有某优越特性的菌株。

另外，自然选育还包括引进外地菌种或纯种分离，从当地自然条件和生产要求出发，选出适应当地条件的优良品种加以利用推广。自然选育，实际就是一个留优淘劣、有目的选择并累积自发的有益变异的过程，也是一种最简便、应用最广泛的选种方法，无需特殊技术，各地都可进行。

（二）诱变育种

自然选育是在菌种自发突变的基础上进行的。自发突变率极低，而人工诱发突变率远比自发突变率高。所以诱变育种在短时间内比自然选育能得到更多的优良菌种。诱变育种是利用物理或化学因素处理细胞群体，促使其中少数细胞的遗传物质的分子结构发生改变，从而引起其遗传变异，然后从群体中选出少数具有优良性状的菌株。在诱变育种中，常用的诱变剂分物理诱变剂及化学诱变剂两大类。前者如紫外线、X 射线、γ 射线、超声波等。化学诱变剂的种类很多，而且不同生物类群对某一化学诱变剂的反应往往有所不同，常用于真菌的化学诱变剂如氮芥（NM）、硫酸二乙酯（DES）、亚硝基胍（NTG）等。在诱变育种过程中应考虑到以下几个基本原则：

1. 挑选优良的出发菌株

选好用于诱变育种的原始菌株即出发菌株，有助于提高育种的效果。实践证明，选用已在生产中应用过而且发生了自然变异的菌株；选用具有生长速度快、营养要求低、出菇早、适应性强等有利性状的菌株；选用对诱变剂较为敏感的菌株等，往往会收到很好的效果。

2. 处理单孢子（或单细胞）悬浮液

在诱变育种中，所处理的细胞必须是单细胞、均匀的悬液状态。这是因为，一方面分散状态的细胞可以均匀地接触诱变剂；另一方面又可以避免长出不纯菌落。被处理的细胞内如果含两个以上的核，由于两个核内的遗传物质对诱变的反应可能不同，因而在其后代中会出现不纯菌落。因此，在对食用菌进行诱变处理时，一般都不处理其营养菌丝（异核），而是处理其单核的担孢子。

诱变的效果如何，与细胞的生理状态也有密切关系。担子菌成熟的孢子一般都处于休眠状态，而稍加萌发后的孢子则对诱变剂较为敏感，因而诱变效果也较好。

3. 选用最适诱变剂量

各种诱变剂有不同剂量的表示方法。剂量在这里一般指强度与作用时间的乘积。化学诱变剂常以一定温度下诱变剂的浓度和处理时间来表示。在育种实践中，还常以杀菌率来作诱变剂的相对剂量。

要确定一个合适的剂量，应是在产生高诱变率的基础上，既能扩大变异的幅度又能促使变异向正变（即产生有利性状的变异）范围移动，这就需要多次实验。

一般来说，诱变率往往随剂量的加大而增高，但达到一定剂量后，再提高剂量，由于杀菌率过高，反而会影响诱变效果。根据对紫外线、X射线和乙烯亚胺诱变效应的研究结果发现，正变较多出现在偏低的剂量中，而负变则较多地出现于偏高的剂量中。因此，目前一般倾向于采用较低的剂量来进行诱变。例如，过去用紫外线作诱变剂时，常采用杀菌率为99%或99.9%的相对剂量，而目前则倾向于采用杀菌率为70%~75%甚至更低（30%~70%）的相对剂量。

4. 设计高效筛选方法

通过诱变处理，在很多细胞中会出现各种突变型个体，但其中绝大多数是负变株。要在成百上千的变异菌株中选出极少数性能优良的正变菌株，犹如大海捞针，工作十分繁杂。为了花费最少的工作量，又能在最短的时间内取得最大成效，就要求努力设计或采用效率较高的科学筛选方法。

目前，在诱变育种中，常采用初筛和复筛两种方法对突变株进行生产性能的测定。在食用菌中，可利用菌丝形态、生长速度及生理特征进行初筛。在此基础上，选用显著的正向变异株进行栽培试验的测定即为复筛。

5. 诱变育种的一般步骤

食用菌的诱变育种可采用如下步骤进行：出发菇体→制备孢子悬液诱变处理→初筛→复筛→栽培、推广。

（三）杂交育种

杂交是在细胞水平上发生的一种遗传重组方式。由于食用菌能产生有性孢子，因此，原则上都可以像高等植物那样通过有性杂交进行育种。

在杂交育种中，亲本的选配是杂种后代出现理想性状组合的关键。近年来，人们在实际杂交育种工作中，应用多元分析法测定若干与产量有关的数量性状的遗传距离，并进而用以预测杂种优势，选配强优组合，提高选配强优组合的预见性和准确性，节省人力、物力，缩短育种进程。

食用菌杂交育种可采用如下步骤进行：亲本菌株→分离单胞→配对杂交→杂种鉴定→初筛→复筛→扩大试验。

（四）原生质体融合育种

原生质体融合能培育出许多种间、属间甚至更远缘的杂交新品种，是目前细胞工程中应用最广的一项技术。

通过原生质体融合来获得杂种细胞，一般包括以下内容：①原生质体分离培养。用适宜的酶处理细胞，使细胞壁解体，从而得到大量无壁的原生质体。②原生质体的融合再生。通过化学、物理方法的诱导，使两个不同种的原生质体成为异核体，异核体内不同细胞核进一步融合为共核体。共核体产生再生细胞壁后即成为杂种细胞。③杂种细胞的选择。可利用杂种及亲本的原生质体对某种营养成分反应不同的营养选择法，也可利用亲本在营养缺陷型或抗药性上的互补进行鉴定的互补选择法等。

思考题：

1. 常见的食用菌商品化栽培品种有哪些？
2. 食用菌的新特栽培品种有哪些？
3. 食用菌的主要形态结构是怎样的？
4. 环境条件如何对食用菌生长发育产生影响？
5. 什么叫营养？什么叫营养物？
6. 什么叫碳源？试从分子水平和培养基原料水平列出食用菌的碳源谱。
7. 食用菌在利用碳源方面有哪些特点？
8. 什么叫氮源？试从分子水平和培养基原料水平列出食用菌的氮源谱。
9. 食用菌在利用氮源方面有哪些特点？
10. 为什么说食用菌难于利用硝态氮作为氮源？
11. 什么叫碳氮比？食用菌生长较适宜的碳氮比是多少？为什么？
12. 什么叫常量元素？什么叫微量元素？
13. 举例说明矿质营养在食用菌生理上的重要性。
14. 在食用菌生产中，为什么不能大量使用矿质元素？
15. 什么叫生长素、维生素、生长刺激素？
16. 维生素 B_1 有何重要生理功能？
17. 食用菌无性繁殖方式是什么？
18. 试述食用菌细胞的有丝分裂过程。
19. 什么叫同宗、异宗、初级同宗和次级同宗结合？
20. 概述食用菌二极性和四极性的有性生殖过程。

21. 什么叫自然选育菌种？它与诱变育种有何不同？
22. 自己设计一诱变育种的最佳方案。
23. 什么叫突变、诱变、诱变剂？
24. 试述杂交育种过程。
25. 概述原生质体融合育种过程。

第 二 篇

菌种制作

第三章　食用菌菌种生产

第一节　概　述

一、食用菌菌种的概念

食用菌菌种就是指人工培养的，保存在一定基质内，供进一步繁殖用的食用菌纯菌丝体。它就像农作物的种子，在食用菌生产中起着决定性的作用，它直接关系到食用菌生产的成败，其产量的高低、产品品质的优劣和栽培者的利益息息相关。因此，培育和使用优良菌种是食用菌生产的关键环节。

二、食用菌菌种的分级

食用菌菌种由于分类方法不同可分为不同的类型，按照菌种繁殖过程中的级别来划分，食用菌种分为3级，一级菌种称为母种也称试管种，是指从自然界分离得到或通过菌种选育得到的保藏在试管内的食用菌的纯菌丝体及其在试管斜面培养基上培养获得的继代培养物。二级菌种称为原种，是指由母种扩大繁育而成的，培养基为棉籽皮、木屑、粮粒等材料，保存在瓶或塑料袋内的菌种。三级菌种称为生产种或栽培种，是指由原种扩大培养而成，直接用于生产的菌种。一般常保存在菌种袋内，培养料常为棉籽皮、玉米芯、木屑等物质。

三、优质食用菌菌种的特性

优良的食用菌菌种应具备三方面特性：一是种性好，即高产、优质、抗逆性强、长速快、产品颜色、口味、朵形等特点符合消费者的需要；二是菌种纯度高，除该种食用菌菌丝外，不带有任何其他微生物及虫害；三是生活力强，即菌种没有老化、退化等现象。

第二节　制种场地及设备

生产优质的食用菌菌种，首先要选择合适的场地，其次是菌种场设计要合理，同时还需要训练有素、技术熟练的操作人员及最基本的设备条件。

一、场地的选择及菌种厂的设计

（一）制种场地的选择
制种场地需要满足几个方面的要求，一是满足菌种生产对水、电、面积等方面的基本要求。二是环境卫生、空气清新，制种过程中不容易引发病虫害。三是便于菌种销售。因此基于上述原因，菌种场应建在水电齐全，地势高燥，环境清洁，周围无酱醋厂、畜禽厂等污染源，交通便利的市郊、村边或远离市区的地方。

（二）菌种厂的设计

理想的菌种厂一般包括原料库、原料晒场、配料装袋室、灭菌室、冷却接种室、培养室、菌种贮存室、水房、接待室等，现将主要功能室的设计要求介绍如下：

1. 原料库

原料库最初是贮存菌种生产中所需原材料的场所，包括菌种袋、培养料、制种所需要的一些药剂及辅料等，现在为了方便菇农生产，许多制种公司的原料库中，除了菌种生产所需原料外，还储存了大量的栽培食用菌所需原材料。因此，他们设置原料库的目的一是在原材料质量、数量上保证本公司制种的需要，另外一个原因是为菇农制种、生产提供原材料，所以原料库要求通风、干燥，四周排水良好，环境卫生。

2. 原料晒场

原料晒场就是原材料充分享受日光暴晒的场所，原材料配料前最好在晒场上经日光暴晒 2～3 天，可利用日光中的紫外线杀死部分原材料的病菌及虫害，以提高灭菌效果。因此，晒场一般为水泥地面、要求地面平整、场地面积足够大。

3. 配料装袋室

配料装袋室就是原料配制、装袋的空间，要求水泥地面，平整光滑，水电设施齐备。人工装袋时，需要空间应足够宽敞，并配置一些拌料、分装的工具；机械操作时，在此空间可配以拌料机、装袋机。

4. 灭菌室

灭菌室是制种材料灭菌的场所。室内安装好水电，并配备高压灭菌锅和常压灭菌灶等灭菌设施。

5. 冷却接种室

冷却接种室是菌种制作的主要空间，要求环境清洁、密闭性好，通过物理或化学的方法，可使空间的微生物数量降到很少，甚至达到无菌状态，常用于食用菌的接种。

冷却接种室一般由两个空间组成，外面为缓冲间，面积为 $2～3m^2$，防止外界空气直接进入接种间。缓冲间一般放置一橱柜，主要放置消毒灭菌的药品，接种时需要更换的衣物、拖鞋等物品，在缓冲间的上方安装一个紫外灯，用于消毒灭菌。接种间面积为 $5～7m^2$，是接种的主要空间，一般在接种间的中央部位放置超净工作台或接种箱，在接种箱或超净工作台的两侧放置一些培养架，用于物品接种前后暂时的存放，接种间设窗，缓冲间及接种间各设一推拉门，但位置应错开，防治形成对流，其结构如下图。

6. 培养室

培养室是用来培养菌种的场所，要求环境清洁、干燥、通风、能升温、降温，其大小根据生产规模而定，一般以 $20m^2$ 为宜，过大空间温度、湿度不容易控制，过小空间利用率低。室内放置培养基，有条件的还可配制恒温培养箱，通风口设置纱窗，防虫，空间密封性好，用水泥地面，防鼠。

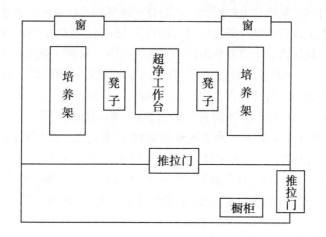

7. 菌种贮存室

菌种贮藏室是暂时贮存菌种的场所，要求环境无光、清洁、通风干燥、阴凉。里面可配置几个冰箱放置保藏的母种。

8. 水房

水房是洗刷制种用的试管、菌种瓶或罐头瓶的场所。室内要求有上下水管道，最好是水泥地面，另外还需要一些洗剂用具及物品。

9. 简易菇房

简易菇房一般在距离菌种场较远的地方设置，以减少杂菌感染。设置简易菇房的目的是为了保证菌种质量，引进或新培育的菌种材料或者长期保藏使用的菌种，在大面积推广前进行出菇试验的场所（菇房的设计见栽培部分）。

二、制种设备及用具

（一）灭菌设备

培养基是人工配制的适合食用菌生长发育需求的营养基质。用于培养母种的营养基质我们称为母种培养基，它经常保存在试管内。用于培养原种的基质称为原种培养基，它经常保存在菌种瓶或袋内。同样，用于培养栽培种的基质我们称为栽培种培养基，它经常保存在菌种袋内。无论是哪类菌种的培养基配制好后，都必须灭菌。

1. 母种培养基的灭菌设备

母种培养基的灭菌经常使用手提式高压灭菌锅，目前有电加热和煤电两用两种形式，容积一般为18L，可装170支试管。

（1）结构

高压锅 {
内锅：放置灭菌物品，锅壁上有一个壁管，用于插放排气软管。
外锅：用于加水，电加热形式的，锅内底有加热管，锅外底部有一水龙头与锅内相连，用于排出锅内水。
锅盖：外表面有安全阀、放气阀、压力表，内表面与放气阀相连有一排气管。
}

（2）使用方法　首先在外锅内加水至水位标记高度，然后把待灭菌的培养基放入内锅，盖上锅盖，对称拧紧锅盖上的螺丝。然后打开放气阀，接通电源加热，加热一段时间后，待放气阀内水蒸汽冒出呈一条直线时，保持 3~5min，此时锅内冷空气已排净，关闭放气阀继续加热，从压力表上可看到锅内压力逐渐上升，水蒸气温度不断增加，待锅内温度上升至121℃时，通过控温在此温度下保持30min，然后拔掉电源，自然降压，待压力表上指针到达 0 位置时，打开锅盖，取出灭菌物品。若连续使用，检查水量并补足水。如果不用及时排去锅内水，以防水垢附着在加热管上，影响加热效果。

（3）使用过程中注意事项 为了达到较好的灭菌效果，高压灭菌锅使用过程中应注意，一是加热过程中冷空气必须排干净，否则压力达到 1.1kg/cm² （0.11MPa） 时，锅内温度达不到121℃，影响灭菌效果。二是灭菌结束以后，锅内压力降到 0 以前，不能打开锅盖或打开放气阀放气，防治由于锅内外的压力差造成试管内的培养基上冲打湿试管口的棉塞。

2. 原种培养基的灭菌设备

原种培养基灭菌常采用立式或卧式高压灭菌锅，其构造原理与手提式高压灭菌锅基本相同，但锅内容积远远大于手提式高压灭菌锅，一般立式高压灭菌一次可灭原种培养基20~30瓶，卧式高压灭菌一次可灭原种培养基80~100瓶。常见的为电加热全自动形式，但也有一些制种机构根据高压锅的工作原理，设计制作了煤加热的形式。

3. 栽培种培养基灭菌设备

栽培种培养基需要数量大，利用以上灭菌设备效率太低，所以目前栽培种培养基的灭菌常采用常压灭菌的形式，即在标准大气压下，利用100℃左右的水蒸汽来完成灭菌过程。

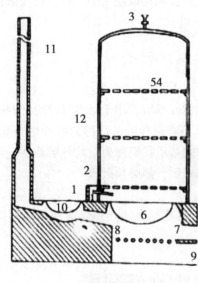

自制灭菌锅

现以应用最广的是常压灭菌灶为例，介绍其结构和使用方法。

（1）结构 用砖、水泥砌成的一个用于灭菌的简易灶体，其形式有多种，现介绍常用的一种，如图。

灶体的规格一般为 1.5m×1.5m×2.0m，主灶体上 6 号部位为一铁锅，其内装满水，利用水加热后产生的水蒸气灭菌，锅的上方为水泥和砖建造的灶体部分，灶体内部用木板、竹板等将灶体隔成几部分空间，用于放置栽培种培养基，灶体上面 3 号部分为一圆孔，灭菌过程中可用少许棉花塞住用于排除冷气，也可在此处插一温度表，测量灶体内温度。

主灶体上正面常安装一门，利于灭菌物的运进、运出。门不宜过大，否则降低保温性能，但也不能太小，要满足人员灵活进出，灶体的 10 号部分，为另一铁锅，里面也加满水，用连通器与6号锅相连，其设置目的确保及时向6号锅补水。11 号部位为一烟囱，高度应为 4~5m，以利火力旺盛，保证原料烧尽。煤等物质从 7 号部位进入炉灶，在 8 号位置燃烧，产生的烟经过 10 号锅底部分，从烟筒放出。因此，10号预热锅内的水经常是热的，这正是此灶体设计节能的关键所在。

（2）使用方法　首先在两锅内加满水，并检验连通器的使用是否正常，然后将需要灭菌物品放入灶内木板上面，将灶门扣紧，点火加热，注意开始时用旺火，在2h之内使放灭菌物品的空间必须达到100℃，然后改为文火加热，在100℃保持8~10h，中间注意定时补水，灭菌时间到后，停火，闷锅10~12h，然后取出物品。

根据上述制作原理，在制种量不大时，可用废油桶改制成可移动的简易灶体——蒸桶来灭菌。制作方法是将废油桶一端的盖取下，然后在取下的盖上打孔，作蒸篦用，把桶的底部做锅使用，在篦子下方，桶上打一个孔，并焊接一短管，作注水管，这样一个简易蒸桶就做成了。使用时，通过注水管将桶底部加满水，在篦子上放上栽培种培养基，在桶的上方1~2层塑料布将桶口密封，在桶的底部用热源加热即可。

（二）接种设备

常见的接种设备有超净工作台、接种箱、接种帐等。

1. 超净工作台

超净工作台是通过物理除菌和紫外线杀菌，使一定工作区达到相对无菌、无尘状态的电器，该电器起主要作用的是紫外灯和风机，其工作原理是：空气经预过滤器送入风机，由风机加压送入正压箱，再经高效过滤器除尘，以层流状态进入操作区，因此，进入操作区的空气是经过物理过滤的洁净的空气，台面上的紫外灯可将台面及其周围空间进一步消毒，以保证进入操作区的空气的洁净、无菌。

2. 接种箱

接种箱是一个缩小的由木料和玻璃制成的可移动的接种室，箱体的正面上方呈梯形，一般用玻璃制成，便于操作者在箱外观察箱内的物品及操作过程，可以掀起。箱体的正面下方为一长方形，由木板制成，在长方形部分，开两个洞，洞间距如我们的肩宽，洞上分别安装两个袖子，袖口加松紧带。设置此洞的目的是，接种时操作者坐在箱体正面，将两只手通过箱体的洞口、袖子深入箱内工作，在圆洞外设活动掩板，不用时，将洞口遮盖，防治外界灰尘进入箱内，在箱体左侧下方木板适当位置，应开一个直径8cm的孔，并钉上6层纱布过滤空气，箱内上部安装紫外灯和日光灯。

3. 接种帐

接种帐是用塑料薄膜制成的形如蚊帐状的接种设备。使用时，将接种帐的4个角用绳子固定在天花板或其他位置，使帐子垂下，接触地面后多余的部分向帐内折叠，用栽培种培养袋或其他物质将其压住，注意在帐口部分不压，便于人员出入。接种前，将需要接种的物品（种子除外），放入帐内，然后用药剂熏蒸消毒，密闭一定时间后，人员进入帐内接种，接种完毕，收起帐子，存放好。

（三）培养设备

1. 培养架

为充分利用培养室的空间，原种、栽培种培养时常放在培养架上培养，培养架一般用木板或竹板制成，要求表面光滑，高2m左右，有4~6层，层间距35~40cm，架宽为50~60cm，架长短视房间而定。

2. 恒温箱

能自动控温的一个培养设备，容积较小，常用于培养母种或少量原种。

（四）用具

常用到天平、铝锅、漏斗、铁架台、试管筐、试管（18mm×180mm 或 20mm×200mm）、量筒、750ml 的菌种瓶、500ml 罐头瓶、（17cm×33cm 或 14cm×28cm）聚乙烯或聚丙烯袋、接种刀、接种铲、接种钩、接种针、接种勺和镊子等。

三、药品

（一）空间消毒剂

1. 甲醛

甲醛杀菌机理是与微生物细胞中的氨基酸结合，引起蛋白质变性。5% 的甲醛可杀死细菌的芽孢和真菌孢子，常用于接种室、接种箱和菇房的空间消毒。使用方法是首先按照空间大小计算甲醛用量，一般 10ml/m³，可以将甲醛单独加热，或者将甲醛与 5g/m³ 高锰酸钾混合，利用它们反应产生的浓烟进行空间消毒。一般接种室需要密闭 24h，接种箱需要密闭 40min。

2. 过氧乙酸

过氧乙酸兼有酸和氧化剂的作用，其杀菌机理主要是通过强烈的氧化作用，破坏微生物的原生质或酶的结构。常用于接种室、菇房的空间消毒。使用方法是用 0.2%~0.5% 浓度进行空间喷洒。它是一种广谱杀菌剂，杀菌力极强，杀菌效果可达 99% 以上，而且分解物无毒，因此应用较广泛，但有强烈的腐蚀作用，见光易分解，使用时应该注意。

3. 84 消毒液

84 消毒液为次氯酸钠制剂，是一种高效、快速、广谱、腐蚀性和刺激性较小的杀菌剂。使用方法是先用 0.5% 浓度药液擦洗操作台表面，再用 0.5% 药液进行空间喷洒，用量 10ml/m³。注意稀释液要现配现用。

（二）拌料药剂

拌料常用到多菌灵。该药剂对常见侵染食用菌的霉菌有抑制作用，是常见的食用菌如平菇、金针菇、香菇栽培中的拌料药剂，使用浓度为 0.1%，注意银耳、木耳、灵芝、猴头等菇类对此药剂敏感，故栽培这些食用菌时，不可使用此药剂。

另外，克霉灵也是食用菌栽培中常用的一种拌料药剂，使用方法、注意事项同多菌灵。

（三）表面消毒剂

1. 酒精

它的杀菌机理是改变微生物细胞膜的渗透性及原生质的结构状态，使蛋白质变性。常用于物体表面的消毒，如超净工作台台面，操作者双手，菇体表面的消毒等。使用浓度为 70%~75%。应该注意的是它对芽孢没有作用。

2. 升汞

是氯化汞的水溶液，其杀菌机理是抑制细菌含巯基酶的活性，使菌体代谢出现障碘，它还可与蛋白质直接结合，使蛋白质变性。常用 0.1%~0.2% 浓度浸泡物体，浸泡时间为 0.5~2min，进行物体表面消毒，如菌种分离过程中，对含食用菌菌丝的段木材料的消毒等，其杀菌力强，但对芽孢、病毒无效。

第三节 菌种分离

一、制种的基本程序

制种的基本程序如下所示。

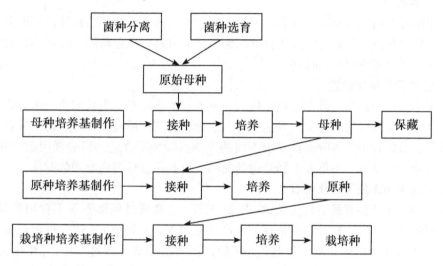

二、母种培养基的制作

（一）培养基的类型

1. 按营养物质的来源

按照培养基营养物质的来源不同，培养基分为天然培养基、合成培养基和半合成培养基 3 种类型。

（1）天然培养基　利用自然界天然存在的有机物如马铃薯、玉米粉、麦麸、粪肥、棉籽皮等物质或其煮汁配制而成的培养基。天然培养基一般材料来源广泛，营养丰富、成本较低，但营养成分不确定。

（2）合成培养基　由化学成分已知的化学试剂配制而成的培养基称为合成培养基。合成培养基成分确定，重复性好，但成本较高，一般只用于实验室科学试验。

（3）半合成培养基　由天然有机物和化学试剂共同配制的培养基称为半合成培养基。它结合了两者的优点。

2. 按培养基制成后的物理状态

（1）液体培养基　培养基配制完成后呈液体状态的培养基为液体培养基。

（2）固体培养基　培养基制备完成后呈固体状态的培养基称为固体培养基。

（3）液体固化培养基　在配制培养基的液体基质中加入琼脂凝固剂，加入量为18～20g/L，使配制好的培养基呈现固体状态，琼脂的熔点为96℃，凝固点为40℃。因此，培养基在96℃以上时为液体，在40℃以下时为固体。

3. 其他培养基

按使用目的，培养基又分为分离培养基、保藏培养基、复壮培养基等。按照培养基中的主要原料，又分为马铃薯培养基、棉籽壳培养基、玉米芯培养基、木屑培养基、粪草培养基、麦粒培养基和枝条培养基等。

（二）培养基的配制原则

1. 合理选材

食用菌可利用的营养物质较多，如棉籽皮、玉米芯、稻草、秸秆等，可根据当地具体情况，选择新鲜、来源广泛、适合食用菌生长的材料。注意新鲜一般指的是材料无病虫害，并不是指刚刚收获的材料。

2. 各种营养配比适宜

食用菌需要的营养物质主要包括碳源、氮源、矿质元素、生长因子、水等物质，配制培养基时，其组成物质中要含有这些营养成分、且浓度适宜。另外，每一种食用菌在菌丝体生长阶段和子实体阶段都要求不同的 C/N，C/N 不合适，影响食用菌生长发育。因此，配制培养基时，不仅要选择合适的材料，而且注意材料间合适的配比。

3. 合适的 pH 值及理化性状

每一种食用菌都有最适合生长的 pH 值范围，过高或过低都不利于食用菌的生长。因此，配制培养基时，原种、栽培种或生产料常加入石灰调节 pH 值，母种或菌种分离常使用盐酸和氢氧化钠调节培养基的 pH 值，注意培养基灭菌过程中，pH 值会降低，另外，食用菌生长过程中会产酸。因此，在配制培养基时，在其最适合的 pH 值范围内，可适当将 pH 值调高。

培养基的物理状态尤其是原种、栽培种或生产原料颗粒的粗细程度也影响食用菌的生长，颗粒过小，袋料缺氧不利于菌丝体生长，颗粒过大，通气性好，但保水困难，也不利于菌丝体的生长。因此，袋料培养基制作过程中除了注意合适的 pH 值外，还应注意袋料的物理性状。

（三）母种培养基的制作

1. 母种培养基配方

（1）马铃薯类培养基　常见的有：①马铃薯、葡萄糖培养基（PDA）：马铃薯（去皮）200g，葡萄糖20g，琼脂18～20g，水1 000ml。常用于香菇、金针菇、木耳、银耳、平菇等多种食用菌的分离、保藏及母种的扩大繁殖。②马铃薯硫酸铵培养基：马铃薯（去皮）200g，硫酸铵2g，蛋白胨1g，葡萄糖20g，磷酸二氢钾1g，硫酸镁1g，琼脂18～20g，水1 000ml。③马铃薯葡萄糖蛋白胨培养基：马铃薯（去皮）200g，葡萄糖20g，蛋白胨1g，硫酸镁0.5g，磷酸氢二钾1g，维生素 $B_1$0.5mg，琼脂18～20g。④马铃薯综合培养基：马铃薯（去皮）200g，葡萄糖20g，磷酸二氢钾3g，硫酸镁1.5g，$VB_1$10mg，琼脂18～20g，水1 000ml。常用于一般食用菌的复壮、母种的扩大繁殖。

（2）玉米粉类培养基　常见的有：①玉米粉、蔗糖培养基：玉米粉40g、蔗糖10g、琼脂 18～20g，水 1 000ml。②玉米粉综合培养基：玉米粉 20g，葡萄糖 20g，磷酸二氢钾 1g，蛋白胨 1g，硫酸镁 0.5g，琼脂 18～20g，水 1 000ml。用于木耳、香菇、金针菇、蘑菇等多种食用菌的母种制作。

（3）子实体或生长基质培养基　常见的有：①子实体浸出液培养基：鲜子实体 200g，葡萄糖 20g，琼脂 18～20g，水 1 000ml。②菌丝体煮汁培养基：菌丝体及生长基质 200g，葡萄糖（蔗糖）20g，琼脂 18～20g，水 1 000ml。③土壤浸出液培养基：野生菌生长土壤 50g，马铃薯（去皮）200g，葡萄糖 20g，琼脂 18～20g，水 1 000ml。以上 3 种常用于野生菌的分离培养。④棉籽皮煮汁培养基：新鲜棉籽皮 250g，葡萄糖 20g，琼脂 18～20g，水 1 000ml。此培养基适合于平菇、香菇、金针菇等大多数食用菌的母种制作。⑤粪草琼脂培养基：发酵好的粪草 100g，琼脂 18～20g，水 1 000ml。常用于双孢蘑菇母种的培养。

2. 母种培养基的制作方法

（1）配方　遵循材料来源广泛、价廉物美的原则，根据生产目的及当地的资源情况选择合适的培养基配方。如果是进行常见栽培食用菌如平菇、香菇、鸡腿菇等品种的分离、培养，可选择最普通的 PDA 培养基，如果是进行菌种复壮或母种的扩大繁殖，可选择马铃薯综合培养基。如果是进行未知的野生食用菌的分离培养，可选择子实体浸出液培养基、菌丝体煮汁培养基或土壤浸出液培养基。如果是培养双孢蘑菇母种可选择 PDA 培养基，也可选择粪草琼脂培养基等。

（2）计算　首先根据所需要母种的数量计算所需要制备培养基的量，一般每支母种需要培养基 6～8ml，比如要培养 50 支母种，那么就需配制 500ml 培养基。然后根据配制培养基的量计算出配方中各种物品的用量。PDA 培养基：马铃薯 200g、葡萄糖 20g、琼脂 18～20g、水 1 000ml，所以配制 500ml 培养基需要马铃薯 100g、葡萄糖 10g、琼脂 9～10g、水 500ml。

（3）称量　将马铃薯去皮、去掉芽眼、然后用天平准确称量出计算后所需要配方中各种物品的用量。

（4）配制　将马铃薯切成 1cm³ 小块，放入锅内加入 600ml 水，加热，待开锅后保持一段时间，以煮到马铃薯熟而不烂为宜，然后用 2～3 层纱布过滤，取滤液，如不足 500ml，用水补足，然后将琼脂加入滤液中，小火加热，并不断搅拌，待琼脂由固体完全融化为液体后，加入葡萄糖，定容到 500ml，继续加热，开锅后，调节 pH 值。

（5）调 pH 值　对于香菇、平菇、金针菇、双孢菇、鸡腿菇、银耳、木耳等食用菌，培养基配制好后，不用调节 pH 值，可以直接分装。但对于一些特殊的菇类如草菇，需要用 1N 的氢氧化钠调节 pH 值到 8 左右，而对于猴头则需要用 1N 的盐酸调节 pH 值到 5.5～6.0。

（6）分装　做孢子分离或基内菌丝分离经常将培养基分装到三角瓶内，装量为整个三角瓶容积的 1/3，如果做母种的扩大繁殖或母种保藏，经常将培养基分装到 18mm×180mm 或 20mm×200mm 的试管内，装量为试管容积的 1/4～1/5。注意分装过程速度要快，否则培养基容易凝固影响分装速度。另外，分装完毕应查看一下试管口，如果试管口粘有培养基，应用干净的纱布将其擦拭干净。

（7）加棉塞　棉塞一般用普通棉花制作，不用脱脂棉。制作时根据试管口的粗细，取下相应大小的一块棉花，将其整成 15cm×8～9cm 的方块，然后对折成宽 4～4.5cm，长 15cm 的长条，然后将棉花条卷成长 4～4.5cm 的棉花柱，再将棉柱 2/3 卷紧卷实，1/3 保持蓬松，将卷紧的部分塞入试管内。棉塞的作用是过滤空气，所以应松紧适度，检测方法是试管塞入棉塞后，让试管保持直立，试管不下掉为标准。分装后的三角瓶也需要塞上棉塞。

（8）包扎　将试管 7 支一捆或塞好棉塞的三角瓶，用牛皮纸将棉塞及三角瓶或试管口包住，用线绳系好。然后灭菌。

（9）灭菌　将分装好的培养基于高压灭菌锅 121℃灭菌 30min。

（10）摆斜面或倒平板　灭菌结束，将试管取出，将试管棉塞部位垫高，试管底部放低，使液体状态的培养基在试管内自然形成斜面，要求斜面的长度为试管长度的 1/2。放置一段时间后，培养基冷却，在试管内形成固体斜面。做菌种分离分装在三角瓶内的培养基，可趁热倒入灭菌后的培养皿，制成无菌平板备用。

（11）灭菌效果检测　对于长期使用的高压灭菌锅，可省略此环节，对于第一次使用的高压灭菌锅，要对灭菌结果进行检测。其方法是，从制备完成的试管斜面中随即抽取几支试管，放到 25℃左右的恒温培养箱内培养 2～3 天，如果 2～3 天后，培养基表面无斑点出现，状态与刚制备完成时一样，说明灭菌效果较好，培养基可直接使用；如果暂时不用可放入 4～8℃冰箱暂时保存。如果 2～3 天以后，培养基表面出现斑点，说明灭菌不彻底，该批培养基必须重新灭菌后才能使用。

三、菌种分离

菌种分离是指将食用菌的菌丝体从纷繁的自然界中分离出来，获得食用菌纯菌种的过程。菌种分离由于取材和操作方法的不同，又分为以下几种类型。

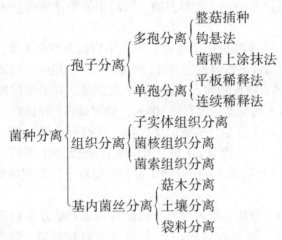

下面介绍几种常用的菌种分离方法。

（一）组织分离

是指在食用菌的子实体、菌核或菌索上取一部分组织，使其在培养基上萌发而获得食用菌纯菌丝体的方法。此种方法相当于植物的无性繁殖，后代性状稳定，变异小，尤其是子实体组织分离，是目前应用最广泛的菌种分离方法。

1. 子实体组织分离

（1）种菇选择　一般选择生产中优良品系中的第一或第二茬的单菇，要求子实体生长健壮、无病虫害，九成熟以前的幼菇均可进行组织分离，分离前一天，少喷水或不喷水。

（2）接种空间消毒　组织分离常在接种箱或在无菌室内的超净工作台上进行。组织分离前，要用甲醛或过氧乙酸等消毒药剂对接种箱或无菌室进行空间消毒，然后打开超净工作台的风机及紫外灯，20min后，关闭紫外灯，用70%～75%酒精配制的棉球擦拭超净工作台台面消毒。

（3）组织分离　组织分离前，操作者用酒精棉球擦拭双手消毒，分离工具常用尖头镊子，首先将镊子在酒精灯外焰灭菌、冷却，然后将种菇在无菌区撕开，将种菇即将被移取部位（一般取菌柄和菌盖交接处）外露，随后用镊子挑取菇体组织绿豆粒大小一块，接种到母种试管斜面培养基上。

（4）组织培养　将接种后的组织块放到25℃恒温箱培养，一般2～3天后组织开始萌发，10天左右长满试管斜面。培养过程中注意及时检查污染情况，有污染试管及时挑出、处理。

注意事项：不同菌类，组织分离移取部位可能不同，如灵芝取幼嫩的白色菌盖边缘组织，草菇取外菌幕包裹的子实体的菌褶部位，猴头取菌肉内部组织，金针菇取菌柄上部组织等。

2. 菌核组织分离

一般选择个体较大、饱满、幼嫩、无病虫害的菌核做种核。菌核取来后先用清水冲洗干净，然后用75%酒精消毒表面，再用灭菌、冷却后的解剖刀于无菌区，切开种核，取种核近皮壳处内部组织黄豆粒大小一块，接种到母种培养基上培养，待菌丝生长后，取生长健壮无污染的菌丝区域一块，转接到新的试管斜面上培养，菌丝长满斜面后即为原始菌种。

3. 菌索组织分离

菌索组织分离过程中很容易引起杂菌感染，为了提高分离的成功率，常在普通母种培养基中加入青霉素或链霉素，使药物浓度达到40mg/L。然后用此培养基再进行菌索分离，其操作方法是，首先选择粗壮、新鲜、幼嫩、无病虫害的菌索做材料，然后将材料用清水洗净，用75%酒精进行表面消毒，再用灭菌、冷却后的镊子，于无菌区剥去菌索外面的深色表皮，露出内部的白色组织，再用灭菌、冷却后的剪刀剪取0.5～1cm白色组织，接种到培养基上，培养，待菌丝生长后，取生长健壮无污染的菌丝区域一块，转接到新的试管斜面上培养，菌丝长满斜面后即为原始菌种。

（二）孢子分离法

在无菌条件下，使食用菌成熟的有性孢子在适宜的培养基上萌发，长成菌丝体而获得纯菌种的方法称为孢子分离。孢子分离获得的菌种菌龄短，生活力强，但后代性状不稳定，易出现变异。因此，孢子分离获得的菌种必须经过出菇实验才能用于生产。

1. 多孢分离

收集食用菌的多个有性孢子，使其在培养基上萌发自由结合，产生结实性的双核菌丝，进而获得纯菌种的方法，称为多孢分离。异宗接合的菌类如香菇、平菇等常采用此方法。

（1）整菇插种法 此法需要一特殊的装置称为孢子收集器，其构造为，底部为一直径15cm的圆盘或培养皿，盘（皿）的上部为2~3层纱布，纱布的上方为一直径9cm的小培养皿，皿内放置一金属支架，在盘（皿）与皿中间放置一玻璃钟罩，罩顶部为一棉塞。整套装置使用前，用2~3层纱布包裹放入手提式高压灭菌锅1.5kg/cm^2（0.15MPa）下灭菌1h，然后放入药剂消毒后的接种箱或超净工作台上备用。

孢子分离的过程为首先选择优良品系中出菇早、特征典型、八九成熟、无病虫害的一二茬菇单菇作为种菇，取来后清洗干净，留1.5~2cm的菌柄，有内菌幕的菇类，用0.1%的升汞溶液浸泡1~2min，然后用无菌水冲洗，用无菌纱布吸干表面水。没有内菌幕的菌类，可用脱脂棉蘸75%酒精对菇体进行消毒，然后打开玻璃钟罩，用无菌镊子将菇体插在金属支架上，注意菌褶向下，迅速盖上钟罩，将0.1%的升汞溶液适量倒入孢子收集器的纱布上，利用毛细作用，让它浸透整块纱布。然后将孢子收集器放入温度16~28℃环境下培养2~3天，很快孢子散落在培养皿上，然后在培养皿内加入无菌水，用针筒吸取孢子液。接种在培养基上，再将接种后的培养基置于22~26℃恒温箱中培养，待孢子萌发后选择有双核菌丝，且生长旺盛的部分，转接到新的试管斜面，待菌丝长满斜面即为原始菌种。

（2）钩悬法 木耳、银耳等耳类常用此法，这种方法的装置比较简单，制作方法是，配制母种培养基，将其分装到三角瓶内，要求培养基厚1cm，然后在三角瓶口挂"Z"字型钢丝，塞棉塞，再将装置在手提式高压灭菌锅内121℃灭菌40min即可。

分离时，一般选择出耳早、健壮、子实体大而肥厚、八九成熟、无病虫害的耳类做种耳，种耳取来后洗净，移入接种箱或超净工作台用无菌水冲洗2~3次，无菌纱布吸干表面水分，然后剪取处理后耳片拇指大小，悬挂于三角瓶内钩上，子实层向下，塞好棉塞，将装置放入合适环境下弹孢培养，孢子落到培养基上后，取出耳片，塞上棉塞继续培养，然后选择长势好的双核菌丝一块，转入试管斜面培养基上培养，菌丝长满斜面即可。如果是银耳，待菌丝长到黄豆粒大小时，接入香灰菌，因为银耳需要与香灰菌伴生，才能生长良好，一般在23~25℃环境下培养5~7天，两种菌会均匀融合在一起。

（3）菌褶涂抹法 此法操作简单，非常适合野外野生菌类的分离，其具体操作方法是，选取已经成熟的子实体，在无菌条件下，用灭菌的接种环在子实体两片菌褶之间涂抹，蘸取孢子后，在灭菌母种培养基上划线接种，然后将接种后的培养物放到合适的温度下培养，待孢子萌发，长出菌丝体后，进行选择、转接。

2. 单孢分离

选取食用菌的单个有性孢子进行培养，待孢子萌发后选取生长较好的菌丝体，进行纯化、转接，获得食用菌菌种的过程称为单孢分离。同宗接合的食用菌如双孢菇、草菇等多采用此方法。单孢分离方法很多，常用的有平板稀释分离法、平板划线分离法、单孢挑取法等。

（1）平板稀释分离法 将多孢分离获得的食用菌的多个孢子用无菌水连续稀释，稀释到在一个视野内只有1～2个孢子时，取1ml孢子悬液，加入无菌培养皿，然后将冷却到60℃左右的灭菌的母种培养基，倒入培养皿，再转动培养皿使孢子液和培养基充分混匀，冷却后制成平板，然后将平板倒置放于恒温箱适温下培养，待孢子萌发后选择长势好的菌落转接到新的试管斜面。

也可以先将母种培养基制成无菌平板，然后将稀释好的孢子悬液少量滴到无菌平板表面，用无菌玻璃刮匀，然后将平板倒置培养，再选择菌丝转接。

（2）平板划线分离法 这种方法比较简单，首先制作灭菌的母种培养基，然后倒入灭菌培养皿制成无菌平板，再用灭菌、冷却后的接种环蘸取食用菌的有性孢子在平板表面"Z"字型连续划线，或划平行线，然后将培养皿倒置培养，待孢子萌发后及时选择无污染的单菌落转接培养。

（三）基内菌丝分离法

基内菌丝分离是指从生长食用菌的基质中将食用菌菌丝分离出来，获得纯菌种的方法。一般又包括菇木分离、袋料分离、土壤分离等多种方法。这种方法与组织分离、孢子分离相比，污染率较高。因此，只有那些食用菌的孢子不易获得、菇体小而薄或有胶质，组织分离较为困难时，才用此方法。

现以菇木分离为例加以说明。菇木分离是指从生长食用菌菌丝体的段木中将食用菌菌丝分离出来，获得纯菌种的过程。其操作方法如下：

（1）种木选择 一般要求材质结实，无腐朽现象，菌丝生长旺盛、无病虫害的种木。

（2）种木预处理 刚刚取下的菇木，含水量较高，直接分离成功率较低，一般在自然环境下风干，断面见到细小裂纹，使其含水量降低到50%左右，然后锯成10～15cm小段放入消毒后的接种箱备用。

（3）种木处理、接种 首先将种木在酒精灯外焰燎烧表皮，杀死残留在表皮上的微生物，然后用灭菌冷却后的镊子在无菌区剥去表皮，再把小段木放入0.1%升汞溶液中浸泡30～60s，然后用无菌水冲洗2～3次，用无菌纱布吸干表面水分，用无菌解剖刀去掉暴露在外面的部分，切开段木，取段木中央部分组织，切成火柴棍粗细，0.5cm长短的小木条，放入选择性培养基中。选择性培养基可用马丁氏培养基，或者在普通母种培基中加入硫酸链霉素或青霉素，使其含量达到40mg/L。需要注意的是，对于一般性的菇类如香菇、平菇、木耳等的分离可从菇木（耳木）深层取材，但银耳与香灰菌伴生，银耳菌丝分布较浅，香灰菌丝蔓延到深层部位，故分离银耳菌丝取耳基附近组织较易成功。

（4）培养 将接种后的培养物放到25℃恒温箱中培养，2～3h后，由接种块萌发菌丝，然后选择生长良好无污染的菌丝转接到新试管斜面，继续培养，菌丝长满斜面后即可获得菌种。

第四节　母种制作

一、母种的来源

母种的来源主要是来于菌种分离或者从菌种选育部门直接购买，在这里应该强调的一点是，菌种分离获得的母种在应用到生产以前必须进行出菇试验。另外，购买菌种时一定要从有资质的、规范的菌种生产部门或公司购买质量有保证的菌种。因为近年来生产上由于菌种退化、菌种质量下降造成的食用菌减产甚至不出菇的现象屡屡出现，大大挫伤了栽培者的生产积极性。

二、母种的扩大繁殖技术

母种扩大繁殖的目的有两点：其一是因为直接购买的母种或分离获得的母种在数量上远远不能满足原种生产或栽培种生产对母种的需求；其二是对于长期从事食用菌生产的栽培者来说，不必要年年购买菌种，可以将新获得的母种经过扩大繁殖后保存一部分，等到来年时使用。

母种扩大繁殖的步骤包括以下几个方面。

（一）母种培养基的制作

参照第三节内容。

（二）母种的接种

母种的接种是母种制作的关键环节，它需要在接种箱、接种帐或无菌室内的超净工作台上完成。接种之前要对空间进行空气消毒，可用药剂消毒或用紫外线消毒车进行消毒，然后操作者要用酒精棉球擦拭操作台台面、台上用具及双手，再点燃酒精灯接种，注意整个操作过程要在酒精灯火焰周围2cm区域的空间内完成，以保证接种过程的完全无菌。接种时，让母种和待接试管斜面横卧在左手掌上，斜面向上，试管口在左手掌的右侧，试管底部在左手拇指端，用拇指压住试管底部，然后右手拿起接种锄或接种钩，在酒精灯火焰外焰灼烧，使其灭菌，灼烧完成后，用右手手掌和小拇指同时拔出母种和待接试管斜面的两个棉塞，试管口在火焰上烧3～5s，然后将接种钩（锄）伸入母种试管，接触试管壁并使之冷却，快速钩取母种斜面上3～5mm的菌丝体带少量培养基，放入待接试管斜面中央，再抽出接种钩（锄），火焰上烤一下棉塞并将塞棉塞塞入试管。若连续接种，可使右手中的接种工具始终保持在酒精灯的无菌区，左手放下已经接好的母种，重新将母种及待接试管斜面放入左手，重复前面的工作。一支母种接完后，将接种工具火焰灭菌，冷却后，放入超净工作台上的酒精缸内。接种完毕，在新接试管上贴上标签，注明品种名称、接种日期。一支母种可转接20～30支新母种。

（三）母种的培养

接完种的新试管斜面，用牛皮纸或报纸包裹放入恒温箱内培养，不同食用菌可选择不同的温度，如草菇在33～35℃，金针菇在20～25℃，平菇在25℃，银耳在23～25℃。一般2～3天后接种块萌发出新菌丝体，此时注意检查试管斜面有无其他斑点出现，如果有斑点表明菌种被杂菌污染，应及时挑出、处理，同时挑出生长不匀、呈现异常状态的菌种。生长正常的试管可继续培养，如平菇、灵芝等品种，长速较快，一般7～10天菌丝可长满试管斜面。双孢菇、金针菇、白灵菇等品种，长速相对缓慢，一般需要12～15天，菌丝长满试管斜面。试管长满后及时使用或者出售，如果暂时不用可在4℃冰箱保藏。

三、母种的质量鉴定

母种的质量鉴定包括两方面的内容：一是引进、分离获得的或菌种选育获得的菌种，其特性是否优良，要鉴别此指标，就要以当地的当家品种为对照，将菌种分别接种到不同含水量、不同材质的培养基上，分别在不同的温度下培养，观察菌丝对营养物质的适应性、对水分多少、温度高低的忍耐特性。另外，通过出菇试验观测菌丝的长速、转潮的快慢、品种的品质、产量等指标。菌种性状优良符合栽培要求的就可以到生产上推广应用。菌种质量鉴定的另一方面是鉴别菌种的长相、纯度、菌龄、生活力等指标是否符合要求。

长相鉴别是品种其他特性鉴别的前提，每一种食用菌都有自己独特的长相，平菇母种菌丝呈雪白色、粗壮、浓密，生长整齐、有一定的爬壁现象，25℃环境下7～10天长满试管斜面；金针菇母种菌丝洁白、呈密毯状，平铺于培养基表面，略有爬壁现象，菌丝不及平菇粗壮，长速略低于平菇，一般适温10～15天左右长满试管斜面；猴头母种菌丝呈雪白至灰白色，平铺于试管斜面，菌丝粗壮，无爬壁现象，生长较慢15天左右长满试管斜面，培养时间过久时，菌丝分泌的色素会使培养基背面呈茶褐色；双孢菇母种菌丝灰白略带蓝色，较纤细、稀疏，长速较慢，15天左右长满试管斜面。草菇母种菌丝淡黄色，浓密、爬壁现象明显，长速极快，35℃条件下3～4天长满试管斜面。

母种纯度的鉴别方法有多种，下面简单介绍常用的两种，一是感官鉴别，菌种斜面具有本品种典型的特征，菌种正面、背面都无其他颜色斑点存在，菌丝生长尖端不存在分层现象，菌种具有食用菌特有的香味，没有酸、霉、臭等异味即为纯度较好的菌种。二是显微鉴别，可取少量菌丝制成涂片在显微镜下观察，涂片中应除食用菌菌丝体外无其他微生物存在即为好菌种。

菌种菌龄的长短间接的反映菌种菌丝活力，所以菌种质量好坏的一个标准就是看菌种的菌龄，菌种菌龄过长，菌种老化，生活力降低，容易引发病害。判断菌种菌龄可从几个角度考虑，一是看菌种的接种日期，一般要求菌种长满试管斜面后尽快使用，室温保存不超过15天。另外就是看培养基，一般保存时间较长的菌种容易出现培养基干缩，培养基与试管剥离等现象。或者看菌种生长最尖端的菌丝，保存时间过久的菌种，菌种前端菌丝容易干枯。

菌种生活力的判断方法一是看菌种的生长速度，如果接种在培养基上在相应的时间内菌种不能长满试管斜面，说明菌种生活力下降，另外，老化、退化的菌种在菌种长相上有时候也有一些反应，如退化的会出现菌丝生长不均匀，菌丝稀疏等现象。

第五节　原种制作

原种主要用于繁殖栽培种，也可以直接用于生产。

一、原种培养基的制备

（一）原种培养基配方

1. 粮粒类培养基

（1）粮粒培养基　粮粒（麦粒、谷粒、玉米粒、高粱粒）98%，石膏粉1%，葡萄糖（蔗糖）1%。

（2）麦粒、谷壳、粪粉培养基　麦粒86%，谷壳7%，粪粉5%，石膏粉2%。

（3）稻粒、棉籽皮培养基　稻粒50%，棉籽皮40%，麸皮8%，石膏粉2%。

2. 代料培养基

（1）木屑培养基　木屑（阔叶树）78%，麸皮或米糠20%，石膏粉1%，葡萄糖（蔗糖）1%，料水比1∶1.2～1.5。

（2）棉籽皮培养基　棉籽皮98%，石膏粉1%，葡萄糖（蔗糖）1%，料水比1∶1.2～1.5。或：棉籽皮78%，麸皮20%，糖1%，石膏粉1%，料水比1∶1.2～1.5。

（3）玉米芯培养基　玉米芯80%，麸皮或米糠18%，石膏粉1%，过磷酸钙1%，料水比1∶1.2～1.5。

（4）粪草培养基　发酵好的粪草90%，麸皮8%，蔗糖1%，碳酸钙1%，料水比1∶1.2～1.5。

（二）原种培养基的制备方法

1. 配方的选择

粮粒类培养基的优点是营养丰富，接种到栽培种培养基后每一个粮粒都是一个发菌点，因此可以缩短栽培种的制种时间。但因为营养丰富，高温季节如果操作不善，非常容易引发杂菌感染。代料培养基的优点是高温季节制种感染的几率小于粮粒，但接种到栽培种培养基上后长速较慢。代料原种培养基的制作方法同栽培种培养基的制作，下面以麦粒配方为例说明其制作方法。配方：麦粒98%，石膏粉1%，蔗糖1%。此培养基适合除银耳以外的大多数木生、草腐菌类。

2. 培养基的制备

首先将麦粒进行筛选去掉杂质及碎粒，再将麦粒用清水浸泡，一般夏季浸泡4～6h，冬季时间适当延长，使小麦充分吸水膨胀。中间注意及时换水，尤其是夏季，防止浸泡时间过长，麦粒表面发黏。然后将浸泡好的麦粒放入锅内加入蔗糖煮制，煮制过程中要不断搅拌，使其上下受热均匀，待到麦粒煮熟、无白心时捞出，将其在网筛晾干，去掉表面水分，然后将石膏粉与麦粒混合均匀，装入500ml的盐水瓶、罐头瓶或特制的菌种瓶，菌种瓶瓶口内径为32～25mm，瓶径高度为40mm，容量为750ml。材质最初为玻璃，现在为耐高压的塑料制成，培养基装量为瓶子容量的1/2，装好后用干净湿布擦拭菌种瓶的外部及瓶口部位，然后用棉塞封口，用牛皮纸包扎棉塞部位，并将其放入高压灭菌锅内灭菌，灭菌的压力为 1.4kg/cm^2（0.15MPa，温度126℃）时间为 1.5 ~ 2h。灭菌结束，待锅内压力降到 0 时，打开锅门，取出麦粒原种培养基。

第一次制作的原种培养基，也需要对灭菌效果进行检验，检验的方法是从做好的原种培养基中随即抽取几瓶放到25℃恒温箱内培养 1 周时间，如果培养后原种培养基无其他颜色斑点存在，状态如刚灭菌结束，说明灭菌效果较好，可及时使用。如培养后，麦粒培养基表面出现其他颜色斑点，说明灭菌不彻底，需要将这一批原种培养基重新处理后才能使用。

二、原种的接种

所谓原种的接种即将母种接种到原种培养基表面的过程。此过程需要在消毒后的接种箱或超净工作台上在酒精灯的无菌区内完成。其方法如下：单人操作时，左手握母种，右手拿接种锄，先将接种锄在酒精灯火焰上灭菌并冷却，然后用右手小拇指和手掌将母种的棉塞拔下，握在手中，将接种锄伸入试管内，将斜面菌苔横向切割 5 ~ 6 段，然后每段纵向切割一刀，这样母种斜面菌苔被分成12块，去掉老接种块，然后将母种塞上棉塞，接种锄灭菌后放回酒精缸。此时将原种培养基瓶口打开，原种放在接种架上，在接种架下面放置酒精灯，使原种培养基瓶口正好在酒精灯的无菌区内，随后用灭菌接种锄将切割好的母种菌丝带培养基一块接入原种瓶内的培养基表面，将原种瓶封口、包扎。每只母种可接原种 6 ~ 11 瓶原种，接种完毕，在原种瓶上贴标签，写明品种名称、接种日期。

三、原种培养

在菌种进入培养室前，先将培养空间及周边环境进行清理，并喷洒杀菌、杀虫剂，然后将培养室充分通风，将接种后的原种搬进培养室，放入培养架上培养，空间相对湿度保持60% ~ 70%，环境无光，温度可根据食用菌品种灵活掌握，平菇、金针菇、香菇、银耳、木耳、双孢菇、鸡腿菇等为 24 ~ 26℃，草菇为 33 ~ 35℃，培养过程中注意开窗通风换气，检查污染及菌种萌发状况，并及时将污染原种拿出培养室处理。一般 2 ~ 3 天后，菌种萌发，平菇、灵芝、猴头等品种 20 ~ 30 天后菌丝长满培养基，草菇需要 15 ~ 20 天。原种长满后及时使用。

四、原种质量鉴定

要判断原种是否为好的菌种，首先观看菌种瓶有无破损、棉塞有无杂菌生长，然后观看菌种瓶标签填写内容与实际需要是否一致，瓶内菌丝长相与菌种名称是否一致，菌种有无其他颜色斑点、有无原基生长、原基数量、培养基与瓶结合紧密程度、有无其他颜色液体出现、有无拮抗线存在等特征。若瓶无破损、棉塞无污染，菌丝粗壮、白色，生长整齐，无其他颜色斑点，无原基或有少量原基，无黄褐色液体出现，培养基与瓶结合紧密则为优良的平菇菌种。

其他品种可参照此进行。

第六节　栽培种制作

栽培种是直接用于生产的菌种，由原种扩大繁殖而得，需要量大，对于熟料栽培的品种也可用栽培种直接出菇。

一、栽培种培养基的制备

（一）栽培种培养基配方

原种培养基配方中的代料类培养基配方都可以作为栽培种培养基配方使用，生产中经常根据当地资源灵活选择配方，目前针对于大多数菇类应用最广泛的是棉籽皮配方和玉米芯配方，对于草腐菌如双孢菇、草菇应用较多的麦粒菌种。下面以棉籽皮配方为例介绍栽培种培养基的制备方法。配方：棉籽皮78%、麸皮20%、糖1%、石膏粉1%，料水比1：1.2~1.5。

（二）栽培种培养基的制备方法

1. 计算

首先根据生产需要确定栽培种的需要量，平菇等生料栽培的品种需种量较大，一般为栽培干料量的15%~20%，如果栽培5 000kg料需要栽培种750~1 000kg，0.5kg干料出栽培种一般1.1kg左右，这样可根据生产情况，计算出需要栽培种干料多少。熟料栽培的用种量一般为5%~10%，可根据此法计算需要栽培种干料多少，然后根据配方计算出需要配方中各种物品各多少。

2. 称量

将配方中需要的物品按照计算量准确称量。

3. 配制

配料的方法有两种，有条件的可以用拌料机拌料，效率高，而且主料、辅料、水混合的比较均匀；另外一种方法是手工操作，即将棉籽皮在水泥地面上摊开，将麸皮、石膏粉混匀，均匀撒在棉籽皮表面，将糖用需水量一半的水溶解，均匀的喷洒在培养料表面，然后用铁锹拌匀，再将剩余部分的水均匀拌入料内，然后将料堆在一起，堆闷40min~1h。期间将料彻底翻拌2~3次，闷料的目的是让存在于棉籽皮表面的水浸透棉籽皮。

4. 调节含水量

制作菌种的培养料的含水量要求为60%左右，过高过低都不利于食用菌菌丝体的生长，经验测定方法是将培养料上下拌匀，然后从中间取一把料，用力握料，指缝间有水滴出现，而不下落，此时料的含水量为60%左右，如果水太少，再加少量水调整，如果水太多，很难调整，因此生产上经常以1：1.2的料水比开始调整，调水还应注意的是不同的原材料或同一原材料不同颗粒大小的材质需水量不同，应该根据具体情况进行调整。

5. 装袋

目前使用的菌种袋常为能耐高压的聚丙烯材质，一般规格有两种：一种为17cm×

33cm，可装湿料 0.9 ~ 1.0kg；另一种为 14cm × 25cm，可装湿料 0.4 ~ 0.6kg。

装袋方法也有 3 种：一种为用装袋机半机械式装袋，袋内料的松紧人为控制；另一种方法是完全机械化操作的冲压式装袋机，料的松紧机械控制，松紧一致，每小时可装袋 1 500 个；传统的装袋方法是完全人工操作，首先将塑料袋的一端用绳子系好，然后将料一层层的放入袋内，并用手按压，使料松紧适度，待料装到距袋口 6 ~ 7cm 时，将料整平，用楔形打孔器在料内打孔直到料底部 2cm 处，抽出打孔器后，将袋口用绳子系好。

6. 灭菌

装好的料袋当日灭菌，防治放置时间过长，料发酸腐败。栽培种培养基的灭菌可用高压蒸汽灭菌，一般压力为 1.4 ~ 1.5kg/cm^2（0.15MPa），温度 125 ~ 126℃，灭菌时间为 2.0 ~ 2.5h；但由于栽培种量大，高压灭菌锅容量有限，生产上更多的采用常压灭菌设施进行灭菌，即在 100℃ 的水蒸汽温度下，灭菌 8 ~ 10h。栽培种培养基灭菌效果的检验同原种培养基，一般在第一次使用灭菌灶时才使用。

二、栽培种的接种

灭菌结束后，将料袋取出，放入无菌室或接种箱，并对空间进行消毒，待料袋冷却到常温后接种，为了提高栽培种长满袋的速度，栽培种接种常采用两端接种法，一瓶麦粒原种可接栽培种 30 ~ 50 袋，接种时最好两个人配合操作，一个人称为操作者，左手托住原种瓶，右手拿接种钩（如果瓶口较大，也可用接种匙），首先将接种钩在酒精灯外焰灭菌、冷却，然后用右手手掌和小拇指将原种瓶瓶塞拔下，握在手中，使原种瓶瓶口处在酒精灯无菌区内，再将接种钩伸入原种瓶，勾出表面较多的气生菌丝和老接种块，并将瓶内的麦粒打散。与之配合的操作者称为配合者，此时可迅速打开料袋，操作者将麦粒原种少量倒入栽培种培养基表面，配合者用手捏好袋口，轻摇料袋，使麦粒均匀分散在栽培种培养基表面，然后用绳子扎好袋口，用同样的方法接种料袋的另一端。接完种的菌袋贴上标签注明品种名称、接种日期，如果接种量较大的可将不同的品种单独摆放，并做好记录，以防治品种混杂，给生产带来危害。

三、栽培种的培养

菌种培养也是菌种生产的关键环节，此环节管理的要点是控温防污染、防烧菌。具体做法是接种后的菌袋卧放到培养室内的培养架上，也可以堆墙培养，但因为制种期间气温尚高，所以菌袋最好单层摆放，最多不要超过 3 层，或"井"字型摆放，防治菌丝生长过程中产生的热量不能及时散出造成烧菌现象，培养室要求无光或弱光，空气相对湿度 60% ~ 70%，料温在最初的 1 周之内可保持在 26 ~ 28℃，促进菌丝尽快萌发、定殖；发菌 7 天后，料温控制在 24 ~ 26℃；发菌期间每天开窗通风 2 ~ 3 次，每次 0.5h 左右，发菌 15 天后菌丝生长速度减缓，可通过通风、翻堆倒垛、并适当松开袋口，为菌丝增氧，促进菌丝生长。此过程中应注意的是：发菌 2 ~ 3 天后注意检查菌种的萌发情况，以后每天注意观察料温、菌袋的污染情况，料温超过 28℃ 要及时通风、倒垛降温，发现污染菌袋及时拿出培养室处理。

平菇、灵芝、猴头等品种一般需要 30 ~ 40 天菌丝可长满料袋。草菇更快。长满袋的栽培种可继续培养7~15天，然后使用或出售，如果暂时不用可放到低温、干燥、无光的环境下暂时保藏。栽培种的保藏一般不超过2~3个月。

四、栽培种的质量鉴定

好的平菇栽培种的标准：菌丝洁白粗壮、生长均匀一致，含水量适中，菌种与塑料袋结合紧密，无大量原基、无其他颜色液体、无其他颜色斑点、无拮抗线存在，如果将其从中间断开，可看到旺盛生长的白色的菌丝体，不存在无菌丝的斑块，在瓣菌种的过程中，掉碎渣少，有该种菇类特有的香味，无酸、臭、霉等腐败气味。

杂菌感染的特征：有其他颜色斑点或拮抗线存在，菌种断面有不长菌丝的斑块，菌棒具有酸、臭、霉等腐败气味。

菌种老化特征：菌袋菌丝稀疏、断面看不到菌丝或菌丝稀少，菌棒松软，菌袋出现黄褐色液体、大量原基，菌棒与塑料袋严重剥离等。

其他菇类的标准可参照此标准。

第七节　液体菌种的制作

食用菌经深层发酵培养出来的大量菌丝球用来作繁殖的材料就是液体菌种。它可以是液体母种或液体原种，也可直接作为液体栽培种。是生物发酵技术与食用菌菌种制作的有机结合。目前我国大部分食用菌品种如香菇、凤尾菇、鲍鱼菇、金顶蘑、银耳、黑木耳、猴头菇、草菇、灰树花、蜜环菌、滑菇等已经进行了液体菌种的生产与应用的试验，液体菌种具有生产周期短，接种到栽培袋以后发菌快，生长整齐，产量高，易于工业化、机械化操作等优点。因此，食用菌液体菌种的生产、应用是未来食用菌菌种制作的一个发展方向。

一、液体菌种的特点

（一）生产周期短

制备液体菌种一般只需要3~7天，周期短、速度快；而培养一瓶固体栽培菌种需要30~50天。此外，以液体菌种作为母种或原种、栽培种时，培养时比采用固体菌种快得多，而且，用此法生产的液体栽培种具有瓶与瓶之间菌丝生长速度均匀、出现死菌瓶数较少的优点。用这种液体栽培种进行床栽、袋栽、砖栽，其产菇的质量和产量均不低于固体菌种。将液体菌种当作栽培种，直接接种于培养料内生产，这要比固体种发菌提早10~20天。因为液体制种有流动性，各个菌丝球和菌丝片段可以流散在不同的部位萌发，萌发点多，减少了接种过程中的污染，长满瓶所需的时间就大大减少了。

（二）菌龄一致，出菇齐，便于管理

由于固体菌种是靠在接种块上菌丝的蔓延生长形成的，这样培养菌种不仅速度慢，而且处在菌种瓶上下部的菌丝体菌龄差异很大，一般相差20~30天，往往当下部菌丝体刚长到瓶底时，处在接种处的上部菌丝体就接近"老化"。而液体菌种则不一样，它们生长发育均匀一致，菌龄整齐，其菌丝生长速度较一致，用液体栽培种接种培养料进

行食用菌生产其现蕾及出菇时间较一致，便于食用菌标准化生产的管理、采收与加工。

（三）简化了制作工艺

采用工业发酵罐生产液体菌种，原料便宜，生产期短、原料利用率高。由于其生产周期短，不使用菌种瓶，可省去装瓶、挑选污染瓶、接种、挖瓶等繁杂的工艺，节省了劳动力、电耗和空间等成本。

（四）接种简便

呈流体状态的液体菌种便于接种工艺的机械化、自动化，有利于接种操作。

二、液体菌种的生产设备

（一）液体培养基制作用具

包括猛火炉灶、不锈钢锅（煮培养基）、塑料桶或不锈钢桶（过滤培养基）、小型增压泵（输送培养基到培养罐）等。

（二）培养罐或发酵罐

主要用于液体培养基灭菌、冷却、液体菌种培养等。

（三）空气净化设备

包括空气除尘器、空气压缩机、冷却器、油水分离器、贮气罐、空气过滤器等。

（四）接种设备

包括接种箱、接种机或超净工作台。

三、液体菌种制作工艺流程

试管母种→处理斜面试管菌种→二级摇瓶菌种或三角瓶固体菌种→培养罐培养（液体菌种）→培养袋菌种（培养）。

四、液体菌种的制作方法

（一）固体接种法

是一种由固体斜面菌种接种到液体培养基中的方法。接种方法与斜面接种法相同，但手持试管时，应使试管略向上斜，以免培养基流出。

将带有菌种的接种铲送入液体培养基时，接种后，塞上棉塞，烧灼接种铲。最后将试管直立，菌丝块在液体表面先静置培养 2~3 天，后上摇床进行振荡培养。

（二）液体接种法

由于菌种是液体，常应用移液管或无菌滴管接种，无菌操作的注意事项与固体接种法相同，只是移液管、吸管不能在火上烧灼，而要预先包扎灭菌后再用。

（三）"固—液—固"形式中液体菌种的制作

"斜面母种—液体原种—固体栽培种"制种形式简称"固—液—固"制种形式，这种形式常用于生产设备比较简陋的地区，其斜面母种的制作与固体栽培种的制作方法同传统形式（可参照前面的内容），其液体原种的制作方法如下。

1. 液体培养基的制备

液体菌种培养基的配方有多种，前面介绍的母种培养基配方去掉琼脂成分，都可以作为液体菌种培养基的配方使用，最常用的是马铃薯（去皮）200g，硫酸铵 2g，蛋白胨 1g，葡萄糖 20g，磷酸二氢钾 1g，硫酸镁 1g，水 1 000ml。

将马铃薯去皮、称量好后加水煮沸，保持 10～15min，然后过滤取滤液，再将称量好的硫酸铵、蛋白胨、葡萄糖、磷酸二氢钾、硫酸镁等加入滤液，若培养草菇、猴头等对 pH 值要求特殊的菇类需要用氢氧化钠或盐酸调节 pH 值后分装，其他菇类可直接分装到 500ml 的三角瓶，每瓶装 100ml，然后每瓶加入 10～15 粒玻璃珠，用耐高压的聚丙烯薄膜封口，线绳系好后于手提式高压锅内 121℃灭菌 40min，冷却到常温后接种。

2. 接种、培养

在消毒后的接种箱用灭菌、冷却后的接种铲取母种一小段（尽可能少带培养基），接入液体培养基表面，然后将液体菌种放置在室温、无光或暗光条件下静止培养 2～3 天，待漂浮在液面的菌丝萌发后，将液体菌种放置摇床上振荡培养，每天振荡 2～3 次，每次 30min，其余时间静置，约 7～10 天后，三角瓶内长满大量的菌丝球，经质量检验符合要求后即可使用。

3. 液体原种接种栽培种

将液体原种接种到固体栽培种培养基上的方法很多，效果较好的是将兽用大号的注射器针头去掉，换上一稍粗的钢针灭菌、冷却，然后用酒精棉球在栽培种培养基塑料袋上擦拭消毒，再将注射器上的钢针插进料内，注入液体菌种 5～10ml，抽出针头后，用灭菌胶布贴在接种部位，培养方法同固体栽培种。

（四）"固—液—液" 形式中液体菌种的制作

"母种→摇瓶液体菌种→发酵罐液体菌种" 简称 "固—液—液" 液体菌种制作形式，这种方式需要种子罐、发酵罐等设备、投资较大。

1. 斜面母种的制备

同固体菌种的制作。

2. 摇瓶菌种的制备

摇瓶菌种的制作可以同液体原种的制作，有振荡恒温箱的可以不用静止培养，接种后直接将三角瓶放于恒温振荡培养箱内振荡培养，选择菌种最适合的温度，振荡速度一般为 105r/min，平菇、灵芝等长速较快的菌种，一般 3～4 天即可完成。长速较慢的需要 3～7 天。

3. 发酵罐液体菌种的制备

（1）发酵罐的结构　发酵罐的主体一般是用不锈钢制成的柱式圆筒，容积有 5L、10L 到几百升等不同规格。罐体的上部有加料口，液体培养基可通过此加入罐内，罐内设置叶轮搅拌器，由电机带动，罐体的下部有通气管，可将过滤后的空气通入罐内，通入罐内的空气又可通过叶轮的转动被分散到液体培养基的各个部位，供好气性菌类生长需求，叶轮搅拌还可以将生长的食用菌菌丝打散，使其形成大量的菌丝球。菌体生长过程中产生的废气可通过排气口排出，在罐体的上方还有一 pH 值检测机控制装置，可敏感知罐体内培养料的 pH 值，并进行调整，在罐体的夹层有许多蛇形管将罐体包裹，蛇形管内通入循环水以调节罐体的温度。罐体的下部设施出料口。发酵罐的罐体与一电脑控制装置连接，罐内的压力、温度、搅拌速度、通气量等指标可通过此装置自动控制。其结构图如下：

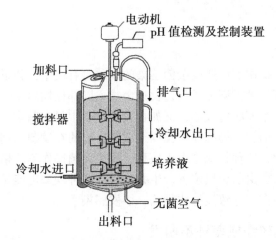

（2）发酵培养基 发酵培养基配方有多种，常用的如：①麸皮 30g、玉米粉 30g、葡萄糖 20g、磷酸二氢钾 3g、硫酸镁 1.5g、维生素 B_1 10mg、水 1 000ml。②可溶性淀粉 30~60g、蔗糖 10g、磷酸二氢钾 3g、硫酸镁 3g、酵母膏 1g、水 1 000ml。③葡萄糖 20g、玉米粉 20g、磷酸二氢钾 3g、硫酸镁 1.5g、蛋白胨 2g、维生素 B_1 10mg、水 1 000ml。

（3）培养基的灭菌 培养基进入发酵罐以前，先用高温水蒸气对管道系统消毒灭菌，然后将配制好的发酵培养基，通过高压泵打入发酵罐内，装液系数为 0.7，防止菌种生产过程中产生大量气泡导致培养基接触通气管道，使培养基感染杂菌。也可以在制备培养基灭菌前，向发酵罐内加 1~2 滴食用油，作为消泡剂，减少气泡产生。然后用水蒸气产生的高温对培养基灭菌，一般需要 121℃灭菌 30~40min，培养基灭菌后，冷却到常温后接种培养。

（4）接种、培养 通过接种孔或加料口将摇瓶培养的液体菌种接入发酵罐，接种量为 10%左右。然后设置发酵罐参数进行发酵，罐压 0.3~0.5 兆帕（MPa），温度为菌种最适合温度，通风量为 1:0.3，转动速度为 120r/min，一般经过 3~7 天，菌种培养完成。液体菌种保藏期很短，应按照计划生产，尽快使用，以防污染。

（5）液体菌种的质量检验 ①感官鉴定：培养基清亮透明，菌丝球均匀一致，悬浮力好，无分层现象，菌丝球数量适中，大小约为 1mm 左右，边缘轮廓分明，有菇类特有的香味，无发酸、臭、霉等异味，无混浊、出现菌膜、菌丝球边缘模糊等异常现象。②镜鉴：除食用菌菌丝体外无其他微生物存在，用结晶液染色时菌丝色深，细胞原生质尚未出现凝集现象，担子菌亚门菌类具有锁状联合结构。

第八节　制种过程中异常现象及其处理

菌种制作过程中，只要选择优良菌种、合适的培养基配方选用优质原材料，严格执行灭菌、无菌操作技术，科学培养菌种，就可以获得优质的食用菌菌种。但在生产中也常因这样或那样的原因，造成菌种生产异常，一旦发生异常现象，一定要尽快查明原因，及时解决问题。现将食用菌制种过程中经常出现的异常问题举例出来，以引起人们的注意。

一、杂菌感染

制种过程中由于操作不慎造成杂菌感染的现象时有发生，如果发现应根据具体情况查找原因，比如在菌丝没长满菌袋前，发现菌袋不同部位均出现杂菌斑块，此原因是培养基制备过程中灭菌不彻底造成的；又如在发菌过程中只在菌袋某一点发现杂菌，其他正常，这可能是由于菌袋上局部存在孔洞造成的；有的在发菌初期发现接种面出现杂菌感染，其他位置正常，这种状况是由于接种过程中无菌操作不严格造成；还有的菌袋其他位置正常，污染杂菌由菌种块位置产生并蔓延，此种现象可能是菌种本身带菌，也可能是接种工具灭菌不彻底导致接种块带菌，引发感染。

二、菌种长速较慢或菌种不萌发

接种3天后发现菌种不萌发，或发菌一段时间后，发现菌丝长速较慢，造成此现象的原因，可能有多方面的原因，常见的有以下情况，一是由于接种过程中接种工具火焰灭菌后没有彻底冷却，接触菌种后，由于高温使菌种致死或损伤，致使菌种不萌发或长速减缓，另外一种原因可能是因为菌种转代次数过多引起菌种退化，导致菌种长速减缓。

三、菌种生长不良

菌种生长不良常见的有以下几种现象，一是在原种制作过程中，瓶内菌丝长到一定位置不再向下生长或栽培种卧放发菌时，袋上部位菌丝有少量生长，下部菌丝不生长。发生此现象的主要原因是料内局部含水量过高，料内缺氧，菌丝不能生长。由于重力作用，瓶内的麦粒原种培养基下部水分大于上部，同样道理卧放的菌袋，下部水分也大于上部，因此出现了瓶（袋）内菌丝生长不均的现象。另外一种现象是在栽培种制作中，菌袋只有表面一薄层培养料由菌丝生长，料内部没有菌丝生长，造成此现象的主要原因是袋内装料过实。

基于以上原因，在菌种培养过程应及时检查，发现问题及时处理，否则会影响菌种生产的质量，给生产带来危害，尤其是杂菌污染，有时候生长旺盛的食用菌菌丝可以将杂菌菌落掩盖，误使人们将劣质菌种做好菌种使用。

第九节　菌种的衰退、复壮和保藏

食用菌菌种的衰退、复壮和保藏，其遗传性的变异是绝对的，而它的稳定性反而是相对的；退化性的变异是大量的，而进化性的变异却是个别的。如果对菌种工作疏忽大意，不搞纯化、复壮和育种，菌种就会衰退，反映到生产上就会出现低产、抗不良环境条件能力减弱等情况。

一、菌种的衰退

　　菌种的衰退是发生在细胞群体中一个由量变到质变的逐步演变过程。开始时，在一个大群体中仅个别细胞发生负变，这时如不及时发现并采取有效措施，而一味移种传代，则使群体中这种负变个体的比例逐步增大，最后让它们占了优势，从而使整个群体表现出严重的衰退。在食用菌生产中，有时也会出现菌种污染，如长期沿用这一菌种，必然会导致该菌种的衰退。所以，在开始时被认为是"纯"的菌株，实际上其中包含着一定程度的不纯因素；同样，到了后来，整个菌种虽已"衰退"了，但也是不纯的，即其中还有少数尚未衰退的个体存在着。在这种情况下，通过纯种分离和测定生产性能等方法从衰退群体中找出少数尚未衰退的个体，以达到恢复该菌种原有的典型性状，就有可能防止菌种的衰退。

　　在了解菌种衰退的实质后，在生产实践中，就要认真查找引起菌种衰退的原因，积极采取有效措施，防止菌种衰退的发生。

　　①控制传代次数　尽量避免不必要的移种和传代，并将必要的传代降低到最低限度，以减少自发突变的几率。因为传代次数越多，产生突变的几率就越高，因而发生衰退的机会就越多。所以，在食用菌制种中，必须严格控制移种次数，而采取良好的菌种保藏法，就可大大减少不必要的移种次数。

　　②创造良好的培养条件　在食用菌生产中，人们发现如创造一个适合菌种的生长条件，就可在一定程度上防止菌种的衰退。例如，在香菇、银耳母种的 PDA 培养基中，加入一定量的蛋白胨或酵母浸膏，有防止菌种衰退的效果；在平菇母种培养时，有人曾交替使用 PDA 培养基和小麦浸汁培养基来防止菌种衰退。

　　③利用不同类型的细胞进行接种传代　在食用菌中，由于其菌丝细胞常是异核体或多核体，因此用菌丝多次接种传代就会出现不纯和退化，而担孢子一般是单核的，用于接种保藏时，就没有这种现象发生。

　　④采用有效的菌种保藏方法　尽量保持菌种的优良性状，降低菌种衰亡速度，确保菌种纯正，防止杂菌污染。

二、菌种的复壮

　　通过纯种分离，可把退化菌种的细胞群体中一部分仍保持原有典型性状的单细胞分离出来，经过扩大培养，就可恢复原菌株的典型性状。常用的分离纯化方法有两种：一种是在琼脂平板上进行划线分离和表面涂布而获得单菌落；另一种是较精密的单细胞或单孢子分离法，它可以达到"纯菌株"的水平。这种方法的具体操作方式很多，既有简便地利用培养皿或凹玻片等作分离小室的方法，也有利用复杂的显微操纵装置进行分离的方法。

三、菌种的保藏

　　作为生产用的菌种必须进行妥善保存。这不但要求菌种不被污染，而且还要做到在一定时间内保持菌种的生命力以及优良性状；同时还需要考虑到保藏方法本身的简便与经济。

菌种保藏通常是采用干燥、低温或减少氧气供给（抽真空）等方法。无论采取哪种方法，关键在于降低菌体代谢速率以终止菌体的生长和繁殖。而低温、干燥、隔绝氧气是使菌体暂时处于休眠状态的主要手段。现将生产中常用的几种主要的菌种保藏方法分别介绍如下。

1. 斜面低温保藏

这是一种简便、常用的菌种保藏方法。其操作是将菌种在适宜的斜面培养基上培养成熟后，移入 3 ~ 5℃ 的冰箱内保藏，以后每隔 2 ~ 3 个月转管一次。适用于所有的食用菌菌种，但草菇对低温的耐受力较差，草菇菌种的贮藏温度需提高至 10 ~ 12℃，需在草菇菌苔上灌注 2 ~ 4ml 10% 甘油作防冻处理。

保藏时要注意冰箱内湿度不能太高。因为湿度高，霉菌容易在吸湿的棉塞上生长，通过纤维而进入试管内引起杂菌污染。所以有条件的话，可用硅胶塞代替棉塞，既可减少污染的发生，又可防止培养基干燥。

为防止菌种在保藏过程中产生的酸分积累过多，在配制保藏用培养基时，还需添加 0.2% 磷酸二氢钾或磷酸氢二钾；琼脂用量可适当加大至 2.5%，以减少培养基中水分的蒸发。

用该法保藏菌种虽简便易行，易为生产者所接受，但保藏时间较短，需经常转管移接，易污染，变异的可能性也大。因此需结合其他方法加以保藏。

2. 液体石蜡保藏

液体石蜡，又称矿油。液体石蜡保藏法是用液体石蜡灌注在菌苔斜面上，以减少氧气供给，防止水分蒸发，抑制菌体细胞代谢，来达到延长保藏时间的目的。

选用优质纯净的液体石蜡，使用前将液体石蜡用 1.0×10^5 Pa（0.1MPa）。由于灭菌过程中有水蒸气进入，使石蜡油变浑浊，应将灭菌后的石蜡油放入 40℃ 烘箱内，使水分完全蒸发，至矿油完全透明为止。

水分蒸发后的矿油要用无菌吸管注入培养好的斜面菌种管内，注入量以高出斜面顶端 1cm 为宜。然后密封包装，直立放在冰箱中或低温干燥处。此法可保存菌种一年以上。用时不需倒去石蜡油，用接种针调取一小块菌种移至另一斜面培养基上即可，原菌种管可继续保存。液体石蜡是易燃物，使用时要注意安全。

3. 砂土管保藏

砂土管保藏就是将食用菌担孢子保藏在无菌的砂土管中。由于砂土干燥和缺乏营养，加上土壤还有一定的保护作用，保藏时间可达数年之久。该法具体操作可分为砂土处理、接种和干燥处理。

（1）砂土处理 砂粒用 60 ~ 80 目筛子过筛，除去大砂粒及粉末。过筛后的砂粒用 3% ~ 10% 盐酸浸泡 2 ~ 4h，以除去有机物。盐酸用量以淹没砂粒为宜，倒出盐酸后的砂粒用清水浸洗数次，直至近中性，再烘干或晒干。土壤选用非耕作层的瘠黄土，经 100 ~ 120 目筛子过筛，取筛下的细土。按 1 : 3 的土砂比例均匀混合。将混合砂土装入小试管（10mm × 100mm）中，每管装入量为 0.5g 左右。塞好棉塞后高压蒸气灭菌 1h，再干热灭菌 30min，待无菌检验合格后，方可使用。

（2）接种　有干接和湿接两种。干接就是将食用菌担孢子直接挑入砂土管中拌匀即成。湿接则先将孢子用无菌水制成孢子悬液，每一砂土管以无菌操作接入 0.2ml 的孢子液。

（3）干燥　将干接或湿接的砂土管置于真空干燥器内，接上真空泵，抽气干燥，直至砂土完全干燥为止。最后将制备好的砂土管，移入有干燥剂（无水氯化钙或变色硅胶）的大试管中，塞上橡皮塞，放在低温处保藏。

4. 滤纸保藏

此法是将孢子吸附在滤纸上，干燥后保藏。具体操作是将滤纸剪成 0.8cm×4cm 小条装入小试管内，经高压蒸气 1.5×10^5Pa（0.15MPa）灭菌 30min。将孢子悬液用无菌吸管滴在滤纸上，然后将小试管密封，放入干燥器内，置低温下，可保存 3~5 年。也可用无菌滤纸片，用孢子分离器收集孢子的方法。孢子直接弹射在滤纸片上，然后以无菌操作将滤纸片放入灭过菌的小试管内，密封管口，放入干燥器内于室温下保存。

5. 菌丝球生理盐水保藏

将要保藏的菌种接入马铃薯浸汁、蔗糖培养液中。每 250ml 三角瓶装 60ml 培养液，振荡培养 6 天，然后将生成的菌丝球吸入装有 5ml 无菌生理盐水的试管中，每管约 4~5 个菌丝球。用无菌橡皮塞塞管口，石蜡封口，置 4℃冰箱内，可保藏 1~2 年。

6. 液氮超低温保藏

液氮超低温保藏法是 1968 年，Hwang 首先发现的。随着技术的发展，该项技术日益完善，目前许多大型的微生物菌种保藏机构都采用此保藏方法，它被公认是现有条件下比较安全的保藏方法，人们发现用此方法保藏 9 年的双孢菇菌种，用于生产后，性状稳定，品种特性无明显变化。但 Fritssdu 报道，杂交的某一食用菌菌株经液氮保藏 3 年后出现了退化，产量开始下降，有硬开伞现象，但经组织分离获得的菌种，质量又恢复了正常。

液氮保藏的具体操作方法是，首先将要保藏的菌种接种到无菌平板，然后配制 10% 甘油分装到安瓿管，每管 1ml 灭菌、冷却。再将长满无菌平板的食用菌的菌丝体用直径 0.5mm 的打孔器，在无菌区内打下 2~3 块，放入安瓿管，再将安瓿管管口用火焰密封，检验密封性，合格后进行降温，降温速度最初是每分钟 1℃，降温到 -30 ~ -40℃后，迅速将安瓿管放到 -150 ~ -196℃ 的液氮冰箱中保藏。

使用时将材料在 30~40℃ 水浴锅内迅速融化，然后接种到合适培养基上适温培养。

保藏和管理好菌种，对食用菌生产具有重要作用。在保藏菌种的过程中，除根据菌种特性选择适当保藏方法外，还应建立菌种保藏卡片，贴好标签，注明保藏日期、菌种名称等，以便咨询，便于查找。

思考题：

1. 菌种制作需要哪些设备和工具？

2. 菌种分离的途径有哪些？

3. 叙述菌种制作过程的要点和注意事项。

4. 如何鉴定各级菌种的质量。

5. 菌种保存的常用方法有哪些？

第 三 篇

栽培技术

第四章　木腐型食用菌栽培

第一节　香菇栽培

一、概述

香菇 *Lentinus edodes*（Berk.）Sing 又称香蕈、香信、厚菇。属于担子菌纲，伞菌目，口蘑科，香菇属。它具有独特的香味，优良的质地，高营养价值和药用价值。在美国被誉为"上帝食品"，中国则誉为"山珍"。

香菇是我国著名的食用菌。据分析，干香菇食用部分占72%，每100g 食用部分中含水 13g、脂肪 1.8g、碳水化合物 54g、粗纤维 7.8g、灰分 4.9g、钙 124mg、磷 415mg、铁 25.3mg、维生素 B_1 0.07mg、维生素 B_2 1.13mg、尼克酸 18.9mg。鲜菇除含水 85%~90% 外，固形物中含粗蛋白 19.9%，粗脂肪 4%，可溶性无氮物质 67%，粗纤维 7%，灰分 3%。香菇含丰富的维生素 D 源，但维生素 C 甚少，又缺乏维生素 A。香菇还含有多种维生素、矿物质，对促进人体新陈代谢，提高机体适应力有很大作用。香菇还对糖尿病、肺结核、传染性肝炎、神经炎等起治疗作用，又可用于消化不良、便秘、减肥等。我国不少古籍中记载香菇"益气不饥，治风破血和益胃助食"。民间还用来治头痛、头晕。现代研究证明，香菇多糖可调节人体内有免疫功能的 T 细胞活性，可降低甲基胆蒽诱发肿瘤的能力。大量实践证明，香菇防治癌症的范围广泛，已用于临床治疗。香菇对癌细胞有强烈的抑制作用，对小白鼠肉瘤 180 的抑制率为 97.5%，对艾氏癌的抑制率为 80%。香菇含有水溶性鲜味物质，可用作食品调味品，其主要成分是 5′-乌苷酸等核酸成分。香味成分主要是香菇酸分解生成的香菇精（lentionione）。所以香菇是人们重要的食用、药用菌和调味品。

香菇含有一种分子量为 100 万的抗肿瘤成分——香菇多糖，含有降低血脂的成分——香菇太生、香菇腺嘌呤和腺嘌呤的衍生物，香菇还含有抗病毒的成分——干扰素的诱发剂——双链核糖核酸，是不可多得的保健食品之一。香菇中含不饱和脂肪酸甚高，还含有大量的可转变为维生素 D 的麦角甾醇和菌甾醇，对于增强抗疾病和预防感冒及治疗有良好的效果。经常食用对预防人体，特别是婴儿因缺乏维生素 D 而引起的血磷、血钙代谢障碍导致的佝偻病有益，可预防人体各种黏膜及皮肤炎病。香菇中所含香菇太生（lentysin）可预防血管硬化，可降低人的血压，从香菇中还分离出降血清胆固醇的成分（$C_8H_{11}O_4N_5$，$C_9H_{11}O_3N_5$）。香菇灰分中含有大量钾盐及其他矿质元素，被视为防止酸性食物中毒的理想食品。香菇中的碳水化合物中以半纤维素居多，主要成分是甘露醇、海藻糖和菌糖（mycose）、葡萄糖、戊聚糖、甲基戊聚糖等。

香菇栽培始源于中国，至今已有 800 年以上的历史。最早于宋朝浙江庆元县龙岩村的农民吴三公发明了砍花栽培法，后扩散至全国，经僧人交往传入日本。长期以来栽培香菇都用"砍花法"，是一种自然接种的段木栽培法。一直到了20世纪60年代中期才开始培育纯菌种，改用人工接种的段木栽培法。70年代中期出现了代料压块栽培法，后又发展为塑料袋栽培法，产量显著增加。我国目前已是世界上香菇生产的第一大国。

二、生物学特性

（一）形态特征

香菇由菌丝体和子实体两部分组成。菌丝体是香菇的营养器官，由许多菌丝集合连结而成的群体，呈蛛网状。菌丝由孢子或菇体上任何一部分组织萌发而成，白色，绒毛状，纤细有横隔和分支，细胞壁薄，粗 $2 \sim 3 \mu m$。气生菌丝少，略有爬壁现象，老熟菌丝分泌褐色素，形成有韧性菌皮生长较慢，$12 \sim 14$ 天长满试管，斜面上形成原基的多为早熟品种。

菌丝体生长发育到一定阶段，在基质表面形成子实体。子实体是香菇的繁殖器官，由菌盖、菌褶和菌柄等部分组成。菌盖圆形或肾形，直径 $3 \sim 6cm$，大的可达 $10cm$ 以上；盖缘初时内卷，后平展；表面淡褐色或黑褐色，被有同色或黄白色易脱落的鳞片；干燥后有菊花状或龟甲状裂纹。幼时菌盖边缘与菌柄间有淡褐色绵毛状的内菌幕，菌盖展开后，部分菌幕残留于盖缘。菌肉肥厚。柔软而有韧性，白色。菌柄中生或偏生，常向一侧弯曲，白色、坚韧、中实、纤维质，长 $3 \sim 10cm$，粗 $0.5 \sim 1cm$。

菌褶白色，自菌柄向四周放射排列，表面被以子实层，子实层上有许多担子和囊状体，每个担子有4个担子梗着生4个不同极性的孢子（分别为 AB、Ab、aB、ab 4 种类型）。孢子易从担子梗上脱落，随风飞散，每一朵香菇可散发几十亿个孢子。孢子白色，光滑椭圆形 $4.5 \sim 5\mu m \times 2 \sim 2.5\mu m$。

（二）生活史

香菇的生活史是从孢子萌发开始，经过菌丝体的生长和子实体的形成，到产生新一代的孢子而告终，这就是香菇的一个世代。

香菇是异宗结合四极性的菌类，担孢子的性别是受两对遗传因子所控制。4 个担孢子的性基因分别是 AB、Ab、aB、ab 4 种类型。萌发的单核菌丝只有 $AaBb$ 的组合才是可育的。两条可亲和的单核菌丝，通过质配形成有锁状联合的双核菌丝，并借锁状联合使双核菌丝不断增殖。当双核菌丝发育到一定的生理阶段，在适合条件下互相扭结，形成子实体原基，并不断分化形成完整的子实体。香菇的单核菌丝或双核菌丝，都能产生厚垣孢子，因此在香菇生活史中，除了从担孢子→担孢子的大循环外，尚有单核菌丝→厚垣孢子→单核菌丝，以及单核菌丝→厚垣孢子→双核菌丝的两个小循环。构成一个完整的香菇生活史。

（三）生活条件

1. 营养

香菇是木生菌，以纤维素、半纤维素、木质素、果胶质、淀粉等作为生长发育的碳源，但要经过相应的酶分解为单糖后才能吸收利用。香菇以多种有机氮和无机氮作为氮源，小分子的氨基酸、尿素、铵等可以直接吸收，大分子的蛋白质、蛋白胨就需降解后吸收。香菇菌丝生长还需要多种矿质元素，以磷、钾、镁最为重要。香菇也需要生长素，包括多种维生素、核酸和激素，这些多数能自我满足，只有维生素 B_1 需补充。

2. 温度

香菇孢子在 15～32℃ 范围内均能萌发成白色的菌丝，以 22～26℃ 最为适宜。对高温抵抗力弱，在 45℃ 经 1h，其发芽率仅 1%～5%，而在 0℃ 条件下，经 24h，发芽率为 50%～60%。菌丝生长的温度范围较广，在 5～34℃ 均能生长；而以 22～26℃ 为最适。菌丝体比较能耐低温，在 -8℃ 的条件下，经一个月也不会死亡。但不耐高温，在 32℃ 以上，生长不良，40℃ 以上，很快死亡。香菇是低温型菌类，子实体发生要求较低的温度，一般在 5～24℃ 之间都可发生，而以 15℃ 左右为最适温度。子实体发生后，如温度在 20℃ 以上，则生长迅速，很快开伞，肉薄，柄长，质量差。如在 12℃ 以下，生长缓慢，柄粗、朵大、肉厚、品质好。特别是在 4℃ 左右生长的，因菌盖受寒冷和干燥气候的影响而裂开成瓣状花纹，称为花菇，品质最优。低温和变温刺激能促进子实体形成和发育，在恒温条件下，原基则难形成菇蕾。因此，在温度最高 15～18℃，昼夜温差 10℃ 的条件下生产，出菇最多，质量最好。

3. 湿度

孢子对水分要求较高，常要在湿度较大的培养料中才能发芽，若在干燥条件下，就很难萌发形成菌丝。菌丝生长阶段，要求菇木含水量 40%～45% 为宜，20% 以下停止生长。空气相对湿度以 65%～75% 较好，不高于 80%。但在段木接种到成活阶段，则要求有较高的空气湿度，以 70%～85% 较有利于提高成活率。子实体形成时，要求菇木含水量以 60% 左右最合适，空气相对湿度以 85% 左右最好。高于 90%，香菇易腐烂，杂菌也易发生。低于 50% 却不利子实体的形成和发育。在生产上，对湿度的控制，应掌握"先干后湿"的原则，在菌丝生长阶段，菇木的含水量要六成干，四成湿，即偏干些；到结菇阶段，则应控制六成湿，四成干，即偏湿些，这样的湿度条件，能使菌丝生长旺盛和子实体大量发生。此外，子实体的发生，还需要一定的湿差，干湿交替，有利出菇。如菇木经受一段时间干燥后，一旦得到适量的水分，便能大量出菇。

4. 空气

香菇是好气性菌类。在香菇生长环境中，由于通气不良、二氧化碳积累过多、氧气不足，菌丝生长和子实体发育都会受到明显的抑制，这就加速了菌丝老化，子实体易产生畸形，也有利于杂菌的孳生。新鲜的空气是保证香菇正常生长发育的必要条件。

5. 光照

香菇属好光性菌类。菌丝生长阶段可以不需要光线。强光对菌丝生长有抑制作用，在明室下的菌丝易形成茶褐色菌膜。子实体形成阶段则要求有一定的散射光。如果在完全黑暗的条件下，一般不能形成子实体。如果光线不足，则出菇少，菌柄长，朵小，色淡，质量差。但强烈的直射光，又会使菇木水分过多散失和晒裂树皮，对香菇的生长也不利。因此，选作栽培的场所，既有一定光线，又要有适当的遮荫条件，一般以保持 60%～70% 的荫蔽度为宜。

6. 酸碱度

香菇菌丝生长发育要求微酸性的环境，培养料的 pH 值在 3.0～7.0 都能生长，以

5.0~6.0最适宜，超过7.5生长极慢或停止生长。子实体的发生、发育的最适pH值为3.5~4.5。在生产中常将栽培料的pH值调到6.5左右。高温灭菌会使料的pH值下降0.3~0.5，菌丝生长中所产生的有机酸也会使栽培料的酸碱度下降。

三、品种与菌种生产

（一）主要栽培品种

国内已开始应用了一大批优良香菇品种，有的适合于段木栽培，有的则更适合于代料栽培，还有的既适合于段木又适合于代料栽培。代料栽培的品种中有的适合于春栽，如香菇9608、香菇135、花菇939、香菇9015；有的适合于秋栽，如L26、泌阳香菇、087、苏香2号；还有的适合于夏栽。常见的优良品种还有7401、7402、7420、L241、闽优1号、闽优2号、L8、L9、L380、Cr01、Cr04、沪香、常香、农安1号、农安2号、豫香、古优1号、辽香8号、花菇99、香菇66、香9、广香51、香浓7号、香菇9207、香菇241、香菇856、广香8003、菇皇1号等。其中代表性的品种有L-241：中低温型，柄短肉厚，最适菇温12~16℃，180天出菇，抗逆性强适应性广；939：中温型，最适菇温14~18℃，菌龄约90天，抗逆性强耐高温；135：中低温型，适菇温9~13℃，菌龄约200天，质优抗逆性较差；庆科20：中型，最适菇温15~20℃，菌龄90~150天，转色快，易形成优质花菇，抗逆性强，最适播种期4~7月；Cr-33：中温型，最适菇温15~22℃，菌龄60天，大型种，圆而肥厚，色较深，柄细高产质优；L82~2：最适菇温14~19℃，菌龄60天，菌丝抗逆性强，中型偏大种，圆整，盖深褐色，畸形菇少，菇质较好。

（二）菌种生产

1. 母种制作

制备PDA母种培养基并灭菌，然后接种。

接种后，将试管放在22~24℃恒温箱中培养2~3天后，上长出白色的菌丝，并向培养基上蔓延生长，培育成母种。

2. 原种制作

原种培养基的制作配方：锯木屑78%，米糠（或麸皮）20%，蔗糖1%，硫酸钙（石膏粉）1%，水适量或者棉籽壳40%，锯木屑40%，麸皮或米糠20%，蔗糖1%，石膏粉1%，水适量。木屑以阔叶树的为好，棉籽壳（木屑）均要求干燥无霉烂、无杂质。米糠或麸皮要求新鲜、无虫。将木屑（或棉籽壳）与麸皮、石膏粉拌匀，蔗糖溶于水，将其加直至用手紧握一把培养料时，指缝间有水渗出而不下滴为宜。然后将其装入菌种瓶中，边装边用捣木适度压实，直装至瓶颈处为止，压平表面，再在培养基中央钻一洞直达瓶底。最后用清水洗净瓶的外壁及瓶颈上部内壁处，上棉塞。用牛皮纸包住棉塞及瓶口部分，用绳扎紧。放入高压锅内，在1.5kg/cm²的压力下维持1.5h。如采用土法灭菌，当蒸笼内达100℃后再维持6~8h。

已培育好的母种用接种针挑取蚕豆大一小块放入原种培养基上，经22~24℃下培育35~45天，菌丝体长满全瓶，即成原种。

3. 栽培种制作

栽培种培养基的配方及制作方法同原种。无菌条件下，从原种里掏出菌种移入灭过菌的瓶子或袋中，培养温度 22 ~ 24℃，培育时间约 2 个月以上，可获得栽培种。

四、棚内袋栽技术

香菇历来都是被局限在少数地区用段木或原木进行栽培，由于受到树木、地区、季节的限制，发展速度很慢。自上海栽培成功并大面积推广木屑栽培法以来，为发展香菇生产，开辟了一条新途径，代料栽培得以迅速发展。香菇袋栽是把发好菌的袋子脱掉后直接在室外荫棚下出菇。

代料栽培的优点：首先是，可以广开培养料来源，综合利用农林产品的下脚料，把不能直接食用、经济价值极低的纤维性材料变成经济价值高的食用菌，节省了木材，充分利用了生物资源，变废为宝。其次是，可以有效地扩大栽培区域，有森林的山区可以栽培，没有森林资源的平原及沿海城镇也可以栽培，适于家庭中小型栽培，更便于工厂化大批量生产，为扩大香菇的生产开辟了新的途径。同时，由于采用代料栽培的培养基可按香菇的生物学特性进行合理配制，栽培条件（如菇房）比较容易进行人工控制，因此产量、质量比较稳定，生产周期短（从接种出菇，仅需要 3 ~ 4 个月，至采收结束10 ~ 11 个月），资金收回快又可以四季生产，调节市场淡旺季，满足国内外市场需要。

香菇袋栽的主要生产过程可概括如下：菌种制备→确定栽培季节→菇棚建造→培养料选择→料的处理→拌料→调 pH 值→装袋→扎口→装锅灭菌→出锅→打穴→接种→封口→发菌→脱袋排场转色→催蕾→出菇管理→采收→后期管理。

（一）栽培设施

香菇栽培设备和香菇制种设备类似，也需要有配料称量设备、灭菌设备、接种设备、培养设备以及菌种保藏设备等。

1. 切片机

切片机（将木材切成小木片）→粉碎机→过筛机（筛出木屑中的块状木等杂物），可根据栽培的品种不同，切片或粉碎后形成颗粒大小不同的木屑。

2. 搅拌机

搅拌机（将各原料及水分混合、搅拌均匀）→装瓶机（将原料装于菌种瓶）→装袋机（将培养料装入塑料膜制的菌种袋中），现已有装瓶装袋两用机械。

3. 灭菌设备

因熟料栽培的容器、培养料等物品都要经过高温灭菌，所以最有效的工具也是高压灭菌锅或常压灭菌锅，并且栽培规模较大时需要灭菌设备的容积也要较大。

（二）培养料的配制

木屑是代料栽培香菇主要的原料，除松、杉、樟木外，大多数阔叶木及枝条经粉碎后可作为香菇生产原料。几种栽培料的配制比例如下：①木屑 78%、麸皮（细米糠）20%、石膏 1%、糖 1%，另加尿素 0.3%。料的含水量 55% ~ 60%。②木屑 78%、麸皮 16%、玉米面 2%、糖 1.2%、石膏 2% ~ 2.5%、尿素 0.3%、过磷酸钙 0.5%。料的含水量 55% ~ 60%。③木屑 78%、麸皮 18%、石膏 2%、过磷酸钙 0.5%、硫酸镁

0.2%、尿素0.3%、红糖1%。料的含水量55%~60%。上述3种栽培料的配制：先将石膏和麸皮干混拌匀，再和木屑干混拌均匀，把糖和尿素先溶化于水中，均匀地泼洒在料上，用锨边翻边洒，并用竹扫帚在料面上反复扫匀。④棉籽皮50%、木屑32%、麸皮15%、石膏1%、过磷酸钙0.5%、尿素0.5%、糖1%。料的含水量60%左右。⑤豆秸46%、木屑32%、麸皮20%、石膏1%、食糖1%。料的含水量60%。⑥木屑36%、棉籽皮26%、玉米芯20%、麸皮15%、石膏1%、过磷酸钙0.5%、尿素0.5%、糖1%。料的含水量60%。上述3种栽培料的配制：按量称取各种成分，先将棉籽皮、豆秸、玉米芯等吸水多的料按料水比为1∶14~1.5的量加水、拌匀，使料吃透水；把石膏、过磷酸钙与麸皮、木屑干混均匀，再与已加水拌匀的棉籽皮、豆秸或玉米芯混拌均匀；把糖、尿素溶于水后拌入料内，同时调好料的水分，用锨和竹扫帚把料翻拌均匀。不能有干的料粒。

配料时应注意问题木屑指的是阔叶树的木屑，也就是硬杂木木屑。陈旧的木屑比新鲜的木屑更好。配料前应将木屑过筛，筛去粗木屑，防止扎破塑料袋，粗细要适度，过细的木屑影响袋内的通气，在木屑栽培料中，应加入10%~30%的棉籽皮，有增产作用；但棉籽皮、玉米芯在栽培料中占的比例过大，脱袋出菇时易断菌棒。栽培料中的麸皮、尿素不宜加得太多，否则易造成菌丝徒长，难于转色出菇。麸皮、米糠要新鲜，不能结块，不能生虫发霉。豆秸要粉碎成粗糠状，玉米芯粉碎成豆粒大小的颗粒状。

香菇栽培料的含水量略低些，生产上一般控制在55%~60%。含水量略低些有利于控制杂菌污染，但出过第一潮菇时，要给菌棒及时补水，否则影响出菇。由于原料的干湿程度不同，软硬粗细不同，配料时的料水比例也不相同，一般料水比为1∶0.9~1.3，相差的幅度很大，所以生产上每一批料第一次用来配料时，料拌好后要测定一下含水量，确定一个适宜的料水比例。

（三）栽培技术

1. 装袋

香菇袋栽实际上多数采用的是两头开口的塑料筒，有壁厚0.004~0.005cm的聚丙烯塑料筒和厚度为0.005~0.006cm的低压聚乙烯塑料筒。聚丙烯筒高压、常压灭菌都可，但冬季气温低时，聚丙烯筒变脆，易破碎；低压聚乙烯筒适于常压灭菌。生产上采用的塑料筒规格也是多种多样的，常用幅宽15cm、筒长55~57cm的塑料筒。

手工装料是用手一把一把地把料塞进袋内。当装料1/3时，把袋子提起来，在地面小心地震动几下，让料落实，再用大小相应的啤酒瓶或木棒将袋内的料压实，装至满袋时用手在袋面旋转下压或在袋口拍击几下，使料和袋紧实无空隙，然后再填充足量，袋口留薄膜6cm，直接"双层"扎紧袋口，即在离封口2cm处再用棉线回折扎紧，而不必用口圈扎口。

大规模生产时，最好采用装袋机，这样既能大大提高工作效率，又能保证装袋的质量。一台装袋机每小时一般可装香菇菌袋300~500袋。无论手工装料还是机械装料，都要松紧度适宜。装料不能太紧，也不能太松，以孔隙度为12.5%最佳。其检验方法：五指握住料袋，稍用力才出现凹陷；用手指托起料袋中部，两端不向下弯曲。装料过紧，灭菌后容易胀破袋子；装料过松，袋膜与料不紧贴，接种、搬动操作时，代料必然上下滚动，杂菌随气流进入接种穴，从而引起杂菌污染。装袋时为防止杂菌污染，必须轻拿轻放，不可硬拉乱扔，还需扎紧袋口并及时装袋灭菌，做到当日拌料，当日灭菌。在高温季节装袋，要集中人力快装，一般要求从开始装袋到装锅灭菌的时间不能超过6h，否则料会变酸变臭。

2. 灭菌

袋装锅时要有一定的空隙或者"井"字型排垒在灭菌锅里，这样便于空气流通，灭菌时不易出现死角。采用高压蒸汽灭菌时，料袋必须是聚丙烯塑料袋，加热灭菌随着温度的升高，锅内的冷空气要放净，当压力表指向 $1.5kg/cm^2$（0.15MPa）时，维持压力 $1\sim2h$ 不变，停止加热。自然降温，让压力表指针慢慢回落到 0 位，先打开放气阀，再打开锅出锅。

采用常压蒸汽灭菌锅，开始加热升温时，火要旺要猛，从生火到锅内温度达到100℃的时间最好不超过 4h，否则会把料蒸酸蒸臭。当温度到100℃后，要保持温度不停地烧火 $14\sim16h$，才能达到彻底灭菌的目的。中间不能降温，最后用旺火猛攻一会儿，再停火焖一夜后出锅。出锅前先把冷却室或接种室进行空间消毒。出锅用的塑料筐也要喷洒2%的来苏水或75%的酒精消毒。把刚出锅的热料袋运到消过毒的冷却室里或接种室内冷却，待料袋温度降到30℃以下时才能接种。

3. 接种

香菇接种的环境在接种前必须经过严格的消毒，过去多用甲醛熏蒸，现在多用气雾消毒剂，如气雾消毒盒、克霉灵烟雾剂等。

接种是栽培香菇成败的关键一环，为保证菌袋的成品率，还必须注意接种室的温度、接种时间的选择、菌袋面的消毒和正确的打穴封口方法。香菇的接种多选在温度较低的时间内进行。春天接种可在白天进行；秋天或温度高的时候，应选择晴天的早晨或午夜接种。

接种香菇料袋多采用侧面打穴接种，要几个人同时进行，所以在接种室和塑料接种帐中操作比较方便。具体做法是先将接种室进行空间消毒，然后把刚出锅的料袋运到接种室内一行一行、一层一层地垒排起，每垒排一层料袋，就往料袋上用手持喷雾器喷洒一次0.2%多霉灵；全部料袋排好后，再把接种用的菌种、胶纸，打孔用的直径 $1.5\sim2cm$ 的圆锥形木棒、75%酒精棉球、棉纱、接种工具等准备齐全。

侧面打穴接种一般用长55cm塑料筒作料袋，接 5 穴，一侧 3 穴，另一侧 2 穴。3人一组，第一个有先将打穴用的木棒的圆锥形类头放入盛有75%酒精的搪瓷杯中，酒精要浸没木棒尖头2cm，再将要接种的料袋搬一个到桌面上，一手用75%酒精棉纱擦抹料袋朝上的侧面消毒，一手用木棒在消毒的料袋侧面打穴 3 个。1 个穴位于料袋中间，其他 2 个穴分别靠近料袋的两头。第二人打开菌种瓶盖，将瓶口在酒精灯上转动灼烧一圈，长柄镊子也在酒精灯火焰上灼烧灭菌；冷却后，把瓶口内菌种表层刮去，然后把菌种放入用75%酒精或2%来苏水消过毒的塑料筒里；双手用酒精棉球消毒后，直接用手把菌种掰成小枣般大小的菌种块迅速填入穴中，菌种要把接种穴填满，并略高于穴口。第三人则用 $3.5cm\times3.5cm$ 方形胶粘纸把接种后的穴封贴严，并把料袋翻转 180°，将接过种的侧面朝下。第一人用酒精棉纱擦抹料袋朝上的侧面，等距离地在料袋上打 2

个穴，然后把打穴的木棒尖头放入酒精里消毒，再搬第二个料袋。第二人把第一个料袋的2个接种穴填满菌种，第三人用胶粘纸封贴穴口，并把接完种的第一个料袋（这时称为菌袋）搬到旁边接种穴朝侧面排放好。每接完一批料袋，应打开门窗通风换气30min左右，然后关闭门窗，再重新进袋、消毒，继续接种。接种时切忌高温高湿。

4. 管理

（1）**发菌期** 接种后，菌袋在培养室内控温发菌。菌丝生长的好坏，直接关系到以后出菇的好坏。因此，要尽可能调节好培养环境的温度、湿度和光照，促进菌丝的健壮生长。菌袋发菌时多采用"井"字型堆放，每层排4袋，依次堆叠4~10层，堆高1m左右，最多40袋为一堆。要注意堆放时不要使一菌袋压在另一菌袋的接种穴上。温度高时堆放的层数要少，反之要多些。发菌时一定要注意防湿遮阳、通风换气并及时翻堆检查。每隔7~10天翻次堆，逐渐降低袋层高度，轻度污染处及时注射杀菌药液。

接种后2~3天，接种穴内菌种开始长出白毛，4~5天后开始吃料，15天后接种穴菌丝呈放射状蔓延，直径达4~6cm，然后可将胶布对角撕开一角或在其周围刺孔透气，以增加供氧量，满足菌丝生长。20~25天后菌丝圈可达8cm左右。接种30天后，菌丝生长进入旺盛期，新陈代谢旺盛，室温升高。此时菌袋温度比室温高3~4℃，应及时把穴口上的胶布或胶片拱起一个豆粒大的通风口，并加强通风管理，把温度调到22~23℃，经过50~60天的培养，即可长满菌袋。菌丝满袋，瘤状物占菌袋2/3，接种穴周围呈少许棕褐色，表明菌丝生理成熟。

（2）**转色期** 表面白色菌丝在一定条件下，逐渐变成棕褐色的一层菌膜，叫作菌丝转色。转色的深浅、菌膜的薄厚，直接影响到香菇原基的发生和发育，对香菇的产量和质量关系很大，是香菇出菇管理最重要的环节。

转色的方法很多，常采用的是脱袋转色法。要准确把握脱袋时间，即菌丝达到生理成熟时脱袋。脱袋太早了不易转色，太晚了菌丝老化，常出现黄水，易造成杂菌污染，或者菌膜增厚，香菇原基分化困难。脱袋时的气温要在15~25℃，最好是20℃。除了脱袋转色，生产上有的采用针刺微孔通气转色法，待转色后脱袋出菇。还有的不脱袋，待菌袋接种穴周围出现香菇子实体原基时，用刀割破原基周围的塑料袋露出原基，进行出菇管理。

转色的标准是菌膜厚薄适当，有光泽，棕褐色。转色差的表现有深褐色：较厚，出菇迟、出菇少、个大；黄褐色：偏薄，出菇早，出菇密，个小；灰白色：太薄，出菇少，菇小而薄。

（3）**分化期** 转色15~20天，菌筒表面形成棕褐色菌膜，可以对香菇进行分化催蕾。香菇属于变温结实性的菌类，一定的温差、散射光和新鲜的空气有利于子实体原基的分化。出菇温室的温度最好控制在10~22℃，昼夜之间能有5~10℃的温差。如果自然温差小，还可借助于白天和夜间通风的机会人为地拉大温差。空气相对湿度维持90%左右。条件适宜时，3~4天菌棒表面褐色的菌膜就会出现白色的裂纹，不久就会长出菇蕾。

（4）**育菇期** 菇蕾分化出以后，进入生长发育期。不同温度类型的香菇菌株子实体生长发育的温度是不同的，多数菌株在8~25℃的温度范围内子实体都能生长发育，最适温度在 15～20℃，恒温条件下子实体生长发育很好。要求空气相对湿度 85%～90%。随着子实体不断长大，呼吸加强，二氧化碳积累加快，要加强通风，保持空气清新，还要有一定的散射光。

下面以两种常用方法加以介绍。

一种是育板菇：温度保持 15℃ 左右，空气湿度 85%～90%，蕾至 2.5～3cm 时，增强光照及通气，可以收获板菇。

长菇阶段要加强通风换气，保持空气新鲜。菇场的光照春季以"四分阳六分阴"、夏季以"一分阳九分阴"、秋季以"三分阳七分阴"、冬季以"五分阳五分阴"为好。不同季节采用不同的遮阳方法和光照时间，日照短的山区"阳多阴少"，日照长的平原"阴多阳少"。

每年 9 月至 11 月底是菇棚袋栽香菇大量出菇的季节，即产秋菇。春天菌丝经秋天出菇和越冬，菌筒含水量很少，为使香菇正常出菇，就必须对菌筒浸水、注水。补水后，覆盖薄膜 3～4 天，使菌丝迅速恢复生长，再掀开塑料薄膜加大通风，采用变温刺激促进子实体分化，最后长成春菇。春菇、夏菇、秋菇和冬菇的管理有所不同，春菇、夏菇要注意保湿降温措施，秋菇、冬菇要保温防寒，提高菇畦温度。应尽可能地通过调节香菇生活条件，达到多出厚菇目的，从而取得良好的经济效益。

另一种是育花菇：花菇是香菇中的珍品，是自然界香菇生长过程中遇到特定气候等方面的刺激而形成的一种菌盖露出白色菌肉、龟裂成白色花纹的珍贵畸形菇。通过合理利用自然条件或创造花菇生长所需的生态条件，进行科学的栽培管理，培育出更多的花菇。形成优质花菇的主要条件是温差大，通风好，湿度小，光照强。通常采用降低棚内湿度、避雨避雾、加强通风、增加光照、保持地面干燥、揭膜降温、拉大温差等手段，经过催蕾、蹲蕾、催花、育花等环节，就能培育成菌盖花纹多、纹深、纹宽和色白的优质白花菇、爆花菇。

选择菇蕾 1～1.5cm 时，每袋 8～10 个圆、均、旺的菇蕾（未脱袋的可围蕾环割袋膜 3/4）的菌棒作为育花菇的对象。当菌盖直径达 2～3cm 时，可以催花，白天揭膜降温约至 15℃，降湿约至 60%，保持日晒；晚上盖膜增温 28～35℃，湿度增加 15%。维持 3～4 天，菌盖形成花纹。以后保持温度 5～15℃，空气湿度约 60%，良好的通气与光照，通过这些措施来保花。

5. 采收与烘干

（1）采收　当香菇子实体七八分成熟时，菌盖尚未完全展开，边缘稍内卷呈铜锣边状，菌膜刚破裂，菌褶伸直时，应适时采收。如果过早采收，就会影响产量，过迟采摘又会影响品质。只有适时采摘，香菇才会色泽鲜艳，香气诱人，盖厚，肉质鲜嫩，商品价值高。采收宜在晴天进行，采摘前数小时不应喷水。晴天采摘的香菇可先摊晒再烘烤，有利于提高香菇商品的外观品质，如颜色自然、不易变形等；而在阴雨天采摘的香菇含水量高，烘烤后颜色发暗，质量较差，商品价值低。采收时，应按照采大菇留小菇的原则，用手指捏紧子实体基部，先左右旋转，然后轻轻拔起，尽量使菇柄基部不带起培养料，也可用小刀切下或用剪刀剪下，注意不可伤及周围小菇。

（2）烘干　刚采收下的香菇马上进行清整，剪去柄基，根据菇盖的大小、厚度分类，菌褶朝下摊放在竹筛下，筛的孔眼不小于1cm。先将烘干机预热到45℃左右，降低机内湿度，然后将摊放鲜菇的竹筛分类置于烘干架上。小的厚菇，含水量少的菇放于架的上层，薄菇、菌盖中等的菇置于架的中层，大且厚的菇或含水量大的菇置于架的下层。机内温度逐渐下降。注意掌握烘烤的起始温度，较干的香菇为35℃，较湿的香菇为30℃。这时菇体含水量大，受热后表面水分迅速蒸发，为了加速水分蒸发，烘干机的进气口和排气口全开，加大通风量，排出水蒸气，促使直立的菌褶固定下来，防止倒伏。此时烘烤的温度不易高，否则菇体易烘黑、蒸熟。要及时排出水蒸气，防止菇表出现游离水，以免影响香菇色泽和香味，也不易烘干。烘烤时，每3h温度升高5℃，当烘烤温度升到45℃时，菇体水分蒸发减少，此时可关闭1/3的进气口和排气口。烘烤进入菇体干燥期，维持3h后，打开箱门将烘筛上下层的位置调换一下，使各层的菇体干燥程度一致。以后每1h升温5℃，当温度升到50℃时，关闭1/2的进气口和排气口。温度升到55℃时，菌褶和菌盖边缘已完全烘干，但菌柄还未达足干，这时要停止加热，使烘烤温度下降到35℃左右。由于此时菇内温度高于菇体表面温度，加速了菇内水分向菇体表面扩散。4h后重新加热复烘，温度升到50～55℃时，打开1/2的进气口和排气口，维持3～4h后，关闭进气口和排气口，控制烘烤温度在60℃，维持2h，即可达到足干。

6. 间歇期

整个一潮菇全部采收完后，要大通风一次，晴天气候干燥时，可通风2h；阴天或者湿度大时可通风4h，使菌棒表面干燥，然后停止喷水5～7天。让菌丝充分复壮生长，待采菇留下的凹点菌丝发白，就给菌棒补水。补水方法是先用10号铁丝在菌棒两头的中央各扎一孔，深达菌棒长度的1/2，再在菌棒侧面等距离扎3个孔，然后将菌棒排放在浸水池中，菌棒上放木板，用石头块压住木板，加入清水浸泡2h左右，以水浸透菌棒为宜。浸不透的菌棒水分不足，浸水过量易造成菌棒腐烂，都会影响出菇。补水后，将菌棒重新排放在畦里，重复前面的催蕾出菇的管理方法，准备出第二潮菇。第二潮菇采收后，还是停水、补水，重复前面的管理，一般出4潮菇。有时拌料水分偏大，出菇的温度、湿度适宜，菌棒出第一潮菇时，水分损失不大，可以不用浸水法补水，而是在第一潮菇采收完，停水5～7天，待菌丝恢复前面的催蕾出菇管理，当第二潮菇采收后，再浸泡菌棒补水。浸水时间可适当长些。以后每采收一潮菇，就补一次水。

（四）杂菌和害虫的综合防治

在香菇生产过程中，常受到杂菌及害虫的侵袭，如果防治不利，会使香菇栽培陷入恶性循环的境地，轻则造成减产，重则栽培失败，所以，必须引起高度重视。

1. 木霉

木霉又称为绿霉菌，广泛分布于各种植物残体、土壤和空气中。木霉靠孢子传播，常借助气流、水滴、昆虫、原料、工具及操作人员的手、衣服等为媒介，侵入培养基内，一旦条件适宜就萌发繁殖为害。当生产环境不清洁、培养料灭菌不彻底、接种操作不严格，且处于高温高湿条件时，就给木霉侵染造成良机，尤其是多年的菇场和老菇房，常是木霉猖獗为害的场所。

为害香菇生长的所有杂菌中，木霉威胁最大。木霉适应性强，繁殖速度快，它本身能分泌毒素，抑制香菇菌丝生长。木霉能生长在生长势减弱的香菇菌丝体上，使香菇组织细胞溶解死亡。木霉在 4～42℃ 范围内都能生长，孢子萌发喜高湿环境，侵害香菇培养基时，初期为白色棉絮状，后期变为绿色。菌种如果被木霉为害，必须报废，即使轻度感病的菌种也应弃之不惜。

木霉至今没有理想的根治性药物，常用的杀菌药，对木霉只是抑制，而不是杀死，加大药量，只能同时杀死木霉和香菇菌丝。因此，创造适合香菇菌丝生长而不利于木霉繁殖的生态环境，是控制为害的根本措施。一旦发生木霉为害，要立即通风降湿，以抑制木霉菌的扩展，处于发菌阶段的培养料感染杂菌以后，可采用注射药液的方法抑制木霉扩张，常用的药液有 5% 石碳酸、2% 甲醛、1∶200 倍的 50% 多菌灵、75% 甲基托布津、pH 值为 10 的石灰水，此外，往污染处撒白灰面，防治效果也很好。

2. 链孢霉

链孢霉生长初期呈绒毛状，白色或灰色，生长后期呈粉红色、黄色。大量分生孢子堆集成团时，外观与猴头菌子实体相似，链孢霉主要以分生孢子传播为害，是高温季节发生的最重要杂菌。链孢霉菌丝顽强有力又快速繁殖的特性，一旦大发生，便是灭顶之灾，其后果是菌种、培养袋或培养块成批报废。

防治链孢霉，首先应尽量避免在高温季节生产。在香菇发菌阶段温度最好控制在 20℃ 以下，这样链孢霉生长缓慢，可减少污染。香菇发菌场所潮湿有助于链孢霉的发生，所以控制发菌场所的湿度就可以有效地防止链孢霉发生。链孢霉的药物防治可参照木霉的防治。菌袋生产时，如果发现链孢霉，要在分生孢子团上滴上柴油，可防止链孢霉的扩散。菌袋发菌后期受害，一般不要轻意报废，可将受害菌袋埋入深 30～40cm 透气差的土壤中，经 10～20 天缺氧处理后，可有效减轻病害，菌袋仍可出菇。

3. 毛霉

毛霉又叫黑霉，长毛霉，菌丝初期白色，后灰白色至黑色，说明孢子囊大量成熟。该菌在土壤、粪便、禾草及空气中到处存在。在温度较高、湿度大、通风不良的条件下发生率高。生长速度明显快于香菇菌丝，毛霉菌丝体每日可延伸 3cm 左右。

毛霉在香菇菌丝体培养期间侵染时，蔓延速度快，数日内便能布满基质，而受害的香菇菌丝则生长缓慢，尽管最终仍能伸达基质各处，但香菇菌丝已无正常浓白色，而是呈灰黄色。发生的主要原因是基质中使用了霉变的原料，接种环境含毛霉孢子多，在闷湿环境中进行菌丝培养等。防治方法同木霉。

4. 螨类

螨类包括红蜘蛛、菌虱。其发生环境主要潜藏在厩肥、饲料和培养料内，鸡窝畜舍，谷物仓库或环境条件差，腐殖质丰富的场所，往往有大量的螨类存在。螨类非常微小，发生初期常被忽视，一旦暴发易酿成大灾。螨类在香菇生产的各个阶段均可能造成为害，取食香菇菌丝体及子实体。培养基发生螨害后，接种部位的菌种块不萌发或萌发后菌丝外观稀疏暗淡，并逐渐萎缩，严重时培养料中的菌丝会被全部吃光，造成栽培失败。

搞好培菌场所的环境卫生，可有效地杜绝螨害的发生。对发生螨害的培菌室，在重新使用前用敌敌畏等药物熏蒸杀螨。菌丝体培养期间可喷洒 1 000 倍液的三氯杀螨醇或

500倍液的克螨特效果较好。子实体培育期间不宜用药，否则菇体易产生药害以及农药残留。

五、露地套种技术

露地菇粮套种，不与粮食生产争地，空气充足，长出的香菇质量好、个大、肉厚、厚菇率高，占总产量的40%~60%。不用竹木作棚架，减少了投资，省工省料，成本低。效益高，每667m²玉米占300~400m²，产量400~500kg，其行间套种香菇200~300m²，每平方米用木屑等培养料20~25kg，每667m²投料5 000~6 000kg，投资3 000~4 000元，可产干香菇200~300kg，产值1.2万~1.5万元。栽培后的培养料就地还田作肥料，增加土壤腐殖质，改善土壤结构，增加肥力。

多与玉米套作。应选择排灌条件好、砂质壤土或腐殖土、背风向阳且为东西走向的地块，于上一年封冻前或当年早春解冻时做好玉米、香菇的栽培畦床。

香菇生产主要原料有阔叶树木屑，木屑资源匮乏地区，可用粉碎后的玉米芯、豆秸等农产品的有机废料与木屑混合，进行混合料栽培。麦麸、米糠等可作为香菇生产的辅助原料，但发霉变质的不可用于生产。先将各种原料按比例称好，把辅料撒在主料堆上，再把杀菌剂多菌灵喷洒在料堆上，边加水边搅拌，拌匀后闷3h。用手紧握培养料成团不松散，指缝间稍有水印，这时培养料的含水量在55%~60%。然后做畦床，宽60cm，长不限，深10cm。畦间留50cm的步道，40%~60%播种前畦床每平方米用200g白灰消毒。播种时间在3月末至4月上旬为宜，气温在0~12℃均为香菇的安全播种期。露地栽培香菇采用菌种和培养料混合播种和表面播种相结合的方式，播种量较大，通常每667m²实种香菇面积330m²，用种量为1 500~2 000袋，播种量为15%~20%。播种选择无风天，将菌种掰成小块，2/3菌种拌入培养料中，在畦床内铺塑料同时撒培养料，料厚不超过10cm。剩下的1/3菌种表播，然后用木板压实，再用床边回折的塑料把培养料盖上，最后往床面上覆土3~4cm厚。在上面每延长米扎眼6~8个，眼粗1.5~2cm，以便于通风降温。香菇播种后再种植玉米，每亩可种植玉米3 000株。

播种后要经常检查发菌情况，4月初播种，一般在5月中旬菌丝就能吃透培养料。在床面上选2~3个观察点，当菌丝洁白、上下一致时，必须把塑料薄膜上的土抖掉，同时遮上阴棚，避免阳光直接照射培养料。阴棚为拱形，拱高50cm，用稻草打帘。当料面有1/3转色时非常关键，既要通风好，促进转色，又要保湿防止水分散失。

转色期间，香菇菌丝需在散射光下生长，避免阳光直射，要求通风良好、菇床湿度保持在60%~70%。具体做法：每天早、晚揭开草帘，打开地膜通风，及时用海绵吸去床面积水，去掉病块，做好消毒处理。通风2h后再盖上地膜和草帘，促进菌丝转色。转色期一般历时20~30余天，不应太急，待床面转为棕褐色菌皮时即可进入出菇期。转色期间有时也出菇，应及时采收，不要留菇脚。

大量出菇在8月份立秋以后，天气凉爽，昼夜温差大，此时出菇多，质量好，立冬前出菇结束。秋季如长时间无雨干旱，可往畦床内灌水，增加湿度。一般从开始出菇至出菇结束可采收4~5潮菇。

香菇长大后，一定要适时采收。一般在七至八成熟时采摘，此时菌膜已破、菌盖尚未完全展开、有内卷的菇沿、菌褶已全部伸长，为香菇的最适采收期。

思考题：

1. 香菇的生物学特性怎样？栽培前景如何？
2. 叙述香菇栽培管理要点。

第二节　平菇栽培

一、概述

平菇〔*Plenrotus ostreatus*（Jacp.：Fr.）Kummer〕在真菌分类上属于伞菌目，侧耳科、侧耳属。我国已发现的食用侧耳有 30 多种，进行培植的主要有糙皮侧耳、紫孢侧耳（美味侧耳）、金顶侧耳（榆黄蘑）、栎平蘑。先后驯化成功红平菇和从美国引进的佛罗里达平菇，并从中国香港、澳大利亚引进的凤尾菇等。

平菇肉质肥嫩，味道鲜美，营养丰富，是高蛋白低脂肪的保健食品。平菇含丰富的营养物质，每百克干品含蛋白质 20~23g，而且氨基酸齐全，矿物质含量十分丰富。

平菇性味甘、温，具有追风散寒、舒筋活络的功效。用于治腰腿疼痛、手足麻木、筋络不通等病症。平菇中的蛋白多糖体对癌细胞有很强的抑制作用，能增强机体免疫功能。常食平菇不仅能起到改善人体的新陈代谢，调节植物神经的作用，而且对减少人体血清胆固醇、降低血压和防治肝炎、胃溃疡、十二指肠溃疡、高血压等有明显的效果。另外，对调节妇女更年期综合征、改善人体新陈代谢、增强体质都有一定的好处。

平菇生长旺盛，适应性强，是目前世界上人工栽培面积最大的食用菌之一，主产中国、日本、意大利。我国很多省市都有栽培，特别是近几年在北方各省发展迅速。平菇分解纤维素的能力较强，因而栽培原料十分广泛。人工栽培时，棉籽壳、秸秆、玉米芯等农副产品废弃物都可做培养料。我国是产粮大国，农作物秸秆特别多，90% 都烧掉，造成环境污染。利用这些废弃物栽培平菇生长快，产量高，从种到采收 20 天，3 个月一个生产周期。目前国内每 100kg 玉米秸可产鲜菇 70~110kg，每 100kg 玉米芯可产鲜菇 100~150kg，所以栽培平菇经济效益十分显著。

二、生物学特性

（一）形态特征

平菇和其他菇类一样也是由菌丝体和子实体两大部分组成。菌丝体为白色，多细胞，具分枝和横隔的丝状体，呈绒毛状。子实体分菌盖和菌柄两部分。菌盖为贝壳状或扇状，常呈覆瓦状丛生在一起，直径 4~12cm，甚至更大；幼时暗灰色，后变浅灰色或褐黄色，老时黄色；菌肉白色，肥厚柔软；菌盖下面着生有许多长短不一的菌褶，白色，质脆易断，是产生孢子的场所。菌柄侧生或偏生，长 3~5cm，粗 1~4cm，白色，中实，上粗下细，基部常有白色绒毛覆盖，各菇体基部常互相连接一起。孢子光滑、无色，圆柱形或椭圆形，大小为 7.5~10μm×3.5μm。成熟的孢子弹射在一起形成一层白色的粉末。平菇的孢子也是四极性的。

平菇在生长发育过程中，由于菌丝体在培养基中得到了足够的营养物质和外界适当的温、湿度，适宜的光照和新鲜的空气等条件后，便由营养生长转变为生殖生长。

（二）生活史

平菇的生活史和其他食用菌相似。担孢子成熟后就会从菌褶上弹射出来。在适宜的环境条件下，孢子就开始萌发、伸长、分枝，形成单核菌丝，又称初生菌丝。单核菌丝是不可孕的。当不同性别的单核菌丝结合后，菌丝内就含有两个核，称为双核菌丝，又称次生菌丝。有锁状联合，此时即由营养生长转入生殖生长，开始在基质表面出现成堆的小米状的白色菌蕾，因形似桑葚，故称桑葚期。在适宜条件下，约经 1～2 天部分小菌蕾开始伸长，基部粗，上部细，参差不齐，形似珊瑚，故称珊瑚期。又经 2～3 天，在菌管顶部形成灰黑色小扁球即原始菌盖，这时称为形成期。3～4 天后即进入成熟期。

（三）生活条件

1. 营养

平菇属木腐真菌。营养是平菇生命活动的物质基础，在生长发育过程中，所需的主要营养为碳源，如木质素、纤维素、半纤维素、淀粉、糖类等。这些物质主要来源于棉籽壳、木屑、稻草、玉米芯以及其他农作物秸秆等材料中。简单的碳源如葡萄糖、有机酸和醇类等小分子化合物可直接被菌丝细胞吸收，而纤维素、半纤维素、淀粉等大分子化合物则需要经酶分解成小分子化合物后才能被吸收利用。所以在培养料配制时需添加糖、麦麸、玉米面等，因为它们都是食用菌易利用的碳源。

氮源也是平菇不可缺少的营养物质，平菇菌丝生长时适宜的碳氮比为 20：1，子实体生长时适宜的碳氮比为 30～40：1。所以针对不同的栽培原料需添加的氮源也不同，用量也不尽相同。

无机盐等矿质元素也是平菇生长发育不可缺少的营养物质。如磷、钾、钙、镁、铁等。它们的主要功能是构成细胞成分和酶的组分，并调节体液的平衡。在无机盐中以镁、钙、磷、钾为最重要，尤其是镁，它能促进细胞酶的活性，使细胞的新陈代谢加快，进而促进菌丝的快速生长。同时更使菌丝洁白，更有生命力。出菇后菇质柔韧富有弹性，易于运输和存放。

维生素类对平菇有促进生长的作用。如果缺少维生素菌丝生长迟缓、稀、弱。在配料时加入的麸皮、玉米面、米糠作为间接加入维生素，不需另外再添加。麸皮、米糠、玉米面越新鲜，其维生素含量越丰富，所以强调加入新鲜的麦麸、米糠或玉米面。

2. 温度

平菇属变温结实性菇类，也就是说营养生长和生殖生长所需温度不同。菌丝生长的温度范围为 5～32℃，最适宜的温度为 24～28℃。子实体形成的最适宜温度为 13～20℃，低于 10℃生长缓慢，高于 25℃不易出菇。平菇菌丝耐低温能力强，成品菌棒在 -30℃也不会被冻死，温度回升后菌丝可继续生长，并且不会影响后期子实体的形成和产量。在出菇温度范围内，温度越高，平菇生长得越快，但菌盖薄、质量差、颜色浅；温度低，平菇生长慢，但菌盖厚，质量好，颜色深。

3. 湿度

平菇含水量达90%以上，水是主要含量。水是平菇分解吸收培养料基质中各类营养的必须的代谢环境，只有能溶解于水的物质才能进入平菇的菌丝细胞内，被吸收和利用。与其他菌类相似，平菇菌丝生长发育阶段，培养料中含水量为60%~65%，培养场地的相对湿度为70%以下。子实体生长时期培养料中含水量为65%~70%，空气相对湿度为85%~95%，低于80%子实体生长缓慢，菌盖边缘干裂向上卷。如果高于95%，菌盖容易变色腐烂。培养基中含水量低于55%，菌丝生长缓慢或停止，子实体不能形成，如果培养基中含水量高于70%，菌丝往往因氧气不足停止生长，以致培养料酸败造成污染。

4. 空气

平菇是好气性菌类，生长发育需要新鲜的空气。平菇菌丝对二氧化碳的耐受能力很强，当培养基内二氧化碳浓度达到10%~15%时仍可旺盛生长，超过20%时菌丝受到抑制。但是，平菇子实体的形成和生长时期对二氧化碳的浓度非常敏感，当菇棚内二氧化碳浓度达到0.3%时，菌柄就增长，菌盖发育不良，当二氧化碳浓度达到1%时，就很难形成菇蕾。

5. 光线

平菇属喜光型菌类。在菌丝生长阶段平菇不需要光线，在完全黑暗温度适当的条件下菌丝生长得最好最快。这主要是因为光波中的蓝紫光对平菇菌丝有抑制作用。在出菇阶段，环境需要一定的散射光，以在出菇场所内能正常看报纸为度。光线的作用是诱导出菇和使菌盖发育，研究表明：完全黑暗不能形成菇蕾；光线不足，容易长出柄长盖小的畸型菇；在适宜的光照下菇蕾才能形成和正常的生长。但是强光会妨碍平菇的正常生长。在山洞或地下室栽培平菇时，有时菇柄会二度分叉，菇盖不能正常伸展，这也是光线不足造成的。另外，菇盖的颜色也与光线紧密相关，光线强时菇盖色深，光线弱时菇盖色浅，但寒冬栽培可以强光照射。

6. 酸碱度

平菇适应培养基内 pH 值的范围较广，在 pH 值 4~9 之间都能生长，但以 pH 值 5.5~7 为适宜。在栽培料蒸制或发酵过程和菌丝生长过程中都会产生有机酸而使培养基 pH 值下降。所以在配料时加入碳酸钙等作为缓冲剂，以降低 pH 值的变化速度，达到稳定酸碱度的作用。

酸碱度是影响平菇菌丝生长的主要环境因素。在平菇生料或发酵料中加入2%~4%的石灰，一方面起到增强杀灭杂菌的作用，另一方面调整了培养料的酸碱度。有些栽培者为达到防止杂菌污染的目地，超量的添加石灰，使 pH 值达到 12 以上，这是十分危险和有害的。影响酸碱度的另一个主要问题就是尿素复合肥的添加量，根据专家测试每50kg 干料最多添加尿素和复合肥各 0.5%，菌丝生长最旺盛、产量最高。

三、品种与菌种生产

（一）主要栽培品种

不同地区人们对平菇色泽的喜好不同，因此，栽培者选择品种时常把子实体色泽放在第一位。按子实体的色泽，平菇可分为深色种（黑色种）、浅色种（浅灰色）、乳白色种三大品种类型。

1. 深色种（黑色种）

这类色泽的品种多是低温种和广温种，属于糙皮侧耳和美味侧耳。而且色泽的深浅程度随温度的变化而有变化。一般温度越低色泽越深，温度越高色泽越浅。另外，光照不足色泽也变浅。这类品种如 ACCC50822，ACCC50823，ACCC50596，ACCC50272，ACCC50249，ACCC50149，ACCC50151 等。深色种多品质好，表现为肉厚、鲜嫩、滑润、味浓、组织紧密、口感好。

2. 浅色种（浅灰色）

这类色泽的品种多是中低温种，最适宜的出菇温度略高于深色种，多属于美味侧耳种。色泽也随温度的升高而变浅，随光线的增强而加深。这类品种如 ACCC50618，AC-CC50484，ACCC50544，ACCC50545 等。

3. 乳白色种

这类色泽的品种多为中广温品种，属于佛罗里达侧耳种。

还可以根据子实体分化和发育期的温度要求，把平菇属的种类划分为低温、中温和高温 3 种类型。低温型品种：栽培最广、灰或黑灰色柄短肉厚、品质上乘，如糙皮侧耳、美味侧耳等。中温型品种：耐贮运，高产稳产，如佛罗里达、凤尾菇等。高温型品种：味鲜美、售价高，如红平菇、鲍鱼菇等。

（二）菌种生产

平菇属木腐菌，凡是适合于木生食用菌的培养基，也都适合平菇菌丝的生长。本节仅对平菇的菌种分离和一些平菇专用的培养基做简单的介绍。

1. 母种的生产

平菇是用孢子分离和组织分离法获得菌丝体后扩大转管制作母种，特殊情况也用菇木分离法。平菇母种分离和菌种保存宜用普通培养基（PDA），平菇菌丝在此培养基上生长速度较慢。扩大转管适宜用高粱粉培养基，配方和制作方法是：高粱粉 30g，加 1 000ml 蒸馏水，加 1% 琼脂，置于铝锅中加热，待琼脂充分溶化后搅匀，分装于试管，灭菌接种。平菇在高粱培养基上生长很快，长势均匀，菌丝旺盛。高粱培养基适合于生产平菇母种。菌种培养：分离后的平菇菌丝应放在最适宜的温度（25℃ ±2℃）培养并经过提纯、转管，一般培养 7～10 天菌丝可长满试管。如果没有出现杂菌，分离培养就算成功。但该菌株是否优良，生产价值如何，还需出菇栽培试验。

2. 原种的生产

母种菌丝数量太少，在实际生产中必须把一级种扩大繁殖成二级种（即原种）才能满足生产种的需要。平菇菌丝在木屑培养基上一般原种 20～25 天可以满瓶。在麦粒培养基上 15～20 天可以长满使用。好的原种菌丝密集、洁白、长势均匀、粗壮、呈棉毛状，有爬壁现象。原种长满瓶之后，应立即扩大为栽培种，否则一旦营养耗尽，菌丝就会衰老甚至死亡。麦粒种更要及时使用。

3. 栽培种的生产

原种扩大繁殖就成栽培种。栽培种也就是直接用于大生产的生产种，又称三级种。

平菇栽培在培养料配方、制作、灭菌、接种和培养等方面与原种生产相同，其培养容器用玻璃瓶子，也有用塑料薄膜袋的。栽培种在制作完成以后，播种之前必须检查菌种是否带螨类或其他病虫害。如果发现菌种有螨或病虫害应及时杀灭及弃去不用。同时，菌丝生活力强弱与菌龄有密切关系，它直接影响到栽培的成败。菌丝生活力减弱，播种后不容易成活或菌丝生长缓慢，时间长了菌丝没布满培养料则易感染杂菌，往往造成栽培失败。所以，控制菌龄很重要，一般接种一个月之内，菌丝生活力最强。菌种长出原基时为成熟菌种，应尽快用；原基一旦变干枯或菌丝柱收缩，瓶底出现积液时，菌种已老化，不宜再使用，应淘汰。

四、栽培技术

平菇过去常采用短段木栽培，但目前主要是采用代料栽培。代料栽培是指利用农业、林业、工业生产的下脚料（如木屑、棉籽壳、稻草、废棉、酒糟等）为主要物质，再加入一定的辅助原料配制成培养料，用来代替传统的段木或原木来栽培各种食用菌的方法。

代料栽培依其对培养料的处理情况，可分为熟料栽培、发酵料栽培和生料栽培 3 种。依据栽培的容器可分为瓶栽、袋栽、压块栽培、箱栽、大床栽培。依栽培场地可分为室外栽培和室内栽培。室外栽培可分为阳畦栽培、地沟栽培、露地栽培、树阴栽培等。

虽然平菇的栽培方式多种多样，但是它们之间有一定联系，只要掌握了一种方法，其他方法便可触类旁通，在这里重点介绍平菇的袋栽。

袋栽：是袋式栽培的简称，又称太空包栽培。它是指在耐热塑料袋中栽培食用菌的方法，也是木腐性食用菌代料栽培的主要方法。根据其培养料是否经过热力灭菌分成熟料袋栽和生料袋栽。袋栽平菇能充分利用空间，减少占地面积，充分利用培育菌丝和栽培出菇的不同设施，有利于控制杂菌和病虫为害，提高栽培成功率，是目前应用最广泛的栽培方法。

（一）菇房、菇架设置

菇房的建造：选择地势干燥、环境清洁、背风向阳、空气流畅的地段。菇房应坐北朝南。每间 $20m^2$ 左右、高 3.5m，墙壁和屋面要厚，可减少气温突变的影响，尤其是可防止高温袭击。内墙及屋面要粉刷石灰，有利于杀菌。地面要光洁，坚实，以便清扫保持卫生。门窗布局要合理，便于通风和床架设置。墙脚安下窗，房顶安拔风筒。有条件的要配备加温、降温设施。

简易菇房设计有两种：一种是地面挖下 1.5 ~ 2m 深，搞半地下式，有利于冬季保温和夏季防暑。要求在无地下水处建造。下墙壁和地面整实，四周挖排水沟。从下挖的地面墙壁伸出 45°坡的排气管道，防止通气不良。上墙用土坯，墙高 2.5m 左右。两头留门，墙外用石灰抹皮，用草盖顶。另一种是用木桩扎架，用芦苇、高粱秆围墙，内外用泥抹面，草盖顶。此种菇房只适应春秋季用。

床架的设置：床架又叫菇床或菌床。一般床面宽 1 ~ 1.5cm，5 ~ 6 层，层间相隔 60cm，最低一层离地面 30 ~ 35cm，最上一层离顶棚约 1.5m。

床架的材料可以有多种：一种是钢筋水泥结构；一种是木制；一种是铁架，也可以几种材料搭配制作。最简易的是用砖垒垛，木棒搭横条、芦帘铺层。

（二）栽培季节的选择

平菇虽然有各种温型的品种，适宜于一年四季栽培。但是，平菇总体属于低温型，只不过是人为地选育了少数高温型来满足夏季生产需要，绝大部分品种还是中、低温型的。根据平菇生长发育对温度的要求，春秋两季是平菇生产的旺季。高寒地区9月份即是中温型平菇生产季节；低热地区10月份进入中温型平菇生产季节。根据不同的品种特性安排适宜的生产季节，辅之以防暑保温措施和适当的栽培方式可获得栽培成功。

（三）培养料的选择与处理

根据当地食用菌主要原料的来源和栽培品种对原料的适应性，来选择适宜的原料作主料。然后采用科学的配方，进行合理的培养料配制。栽培平菇的常用培养料配方：配方一：棉籽皮93%，尿素0.3%～0.5%，过磷酸钙1%，草木灰1%～2%，石灰2%～3%。配方二：麦秸48%，棉籽皮40%，饼粉（棉籽饼粉、豆饼粉、花生饼粉、芝麻饼粉）4%～5%，草木灰1%～2%，过磷酸钙1%，尿素0.3%～0.5%，石灰2%～3%。配方三：玉米芯48%，棉籽皮40%，棉籽饼粉4%～5%，过磷酸钙1%，草木灰1%～2%，尿素0.3%～0.5%，石灰2%～3%。配方四：花生壳或花生蔓或两种混合59%，棉籽皮30%，棉籽饼粉3%～4%，过磷酸钙1%，草木灰1%～2%，尿素0.3%～0.5%，石灰2%～3%。

以上各组配方可按料水比1∶1.3～1.5进行，培养料用pH值9～10石灰水拌料，含水量达65%～70%。拌匀后按每平方米堆料50kg，料量少，宜堆成圆形堆，有利升温发酵；料量大，可堆成长条形堆。因麦秸等有弹性应压实，其他应根据情况压实。然后用直径2～3cm的木棍每隔0.5m距离打一孔洞至底部，以利通气。为通气良好，铺料时底部放两根竹杆，上面两侧打孔时与底部竹杆交叉，堆好后撒出底部竹杆，然后覆盖塑料薄膜保温、保湿使之发酵。经1～3天料温升至50～60℃，经24h翻堆一次。翻堆时要注意将外层料翻入料内，内层翻到外层，上层翻到下层，下层翻到上层，内外上下调整位置，以便保持温度一致，承受压力一致，有利菌丝生长均匀、整齐，再按原法堆好。当温度再次升至50～60℃，经24h发酵完毕，料发好后质地柔软酥松，用手一拉即断，清香、不酸臭、茶褐色。

（四）装袋、播种

气温低时宜用长而宽塑料筒，装料量相对大，装料袋应以宽20cm，长40～45cm为宜，用前可以用缝纫机空针扎3道微孔线。

接种时多采用层播。先将袋的一端用绳扎好，将另一端口打开，放一层菌种于袋底，厚度约1cm，然后装培养料，装至袋长1/3处时，播一层菌种，厚度约1cm，再装培养料至袋长2/3处，接一层菌种，方法同上，装培养料至袋口，以袋子能扎紧为准，最后在料面播一层菌种，均匀散在料面，与底层菌种量相同，随后在料袋中央打孔，最后将袋口扎紧。这样，一个4层种、3层料的培养袋就做好了。若要缩短发菌时间，或塑料袋较长时，可按5层种、4层料播种。菌种使用量为干料重的15%左右。

（五）发菌管理

要控制温度，早春晚秋和冬季温度低，可南北两行并列为一排，每排间留 50cm 走道，可堆 5～15 层，其他季节要单行排列，层数宜少。温度高也可"井"字型堆叠 3～5 层。在室内或棚栽都要控制适宜温度，培养温度为 20～23℃适宜，且宜低不宜高，料温度控制在 22～25℃为好，短时间内不应超过 28℃，最高不超过 30℃。较低温度发菌不仅成功率高，也有利于高产。在适宜温度、湿度和通风良好的条件下，经 20～30 天菌丝可长满培养料。空气相对湿度不宜过大，初期不超过 60%，因为如果空气相对湿度大易发生杂菌，后期可相应增加空气相对湿度，达 60%～70% 为宜。培养期间结合温、湿度情况进行通风，每天 2～3 次，温度高、湿度大时，应增加通风次数和延长时间，堆放数量大也应注意通风。

平菇菌丝体适宜弱光下生长，黑暗条件也可，光线强反而不利于生长。翻堆并及时检查杂菌，发现有点片状杂菌发生，应予以拣出及时进行防治。利用注射器注入消毒液或将塑料袋用剪刀（或刀片）剪一小口，用 pH 值 10 以上的浓石灰水或火碱溶液涂抹，菌袋杂菌发生严重，应淘汰。

（六）出菇期间的管理

一般情况下菌丝长满后应给予低于 20℃的温度和较大的温差处理，有利于刺激原基的形成。平菇子实体发育期间的温度会影响菌蕾生长的快慢以及菌盖的颜色。如佛罗里达、杂 17 等为白色中温型品种，在 20℃以上出菇，菌盖为白色，在 15℃以下低温，菌盖色泽变为黄褐色。通常情况下，温度越低，子实体生长越慢，但菌盖肥厚，菌盖色泽越深，品质也越优。温度高时子实体生长快，色泽浅、肉薄、疏松、柄长、易破碎、品质差。

在出菇阶段，每天注意水分管理，保持空气相对湿度为 90%～95%，用喷雾器对菌袋、空间和地面喷水。气温高或空气干燥时，可向地面泼水，增加空气中的湿度，保持地面湿润。

平菇子实体生长发育时耗氧量大，对二氧化碳浓度敏感，当室内通风不良时，易造成菌盖小、柄长的畸形菇。在菇房通风换气时，也不要通风过于剧烈，以免吹干菇蕾。

在子实体生长期间，也同样要注意光照，栽培场（室）太暗：形成的菇蕾易发育成树枝状的畸形菇，同时也影响菌盖的色泽，所以栽培场所要有适当的散射光。

（七）间歇期的管理

第一潮菇采收之后 10～15 天，就会出现第二潮菇，共可收 4～5 潮，其中主要产量集中在前三潮。在两潮菇之间是菌丝休整积累养分的时间，此时要做到：清理菌棒表面老菇根和死菇，防止腐烂。轻压菌棒并使老菌皮破裂，以利新菇再生。将门窗打开通风 4～5h，换入新鲜空气。用清水将薄膜正反两面彻底擦洗干净，然后贴菌棒覆盖，清理室内杂物，保持卫生。一周后按头潮菇管理法，浇出菇水和高温差刺激催蕾。以后管理均按头潮菇管理方法。

（八）采收与加工

一般以鲜销为主的平菇，应在菇体发育成熟的初期和中期，菌盖边缘尚未完全展开，孢子未弹射时采收。此时菌盖边缘韧性好，破损率低，菌肉厚实肥嫩，菌柄中实柔软，纤维质低，产品外观好，宜贮藏，商品价值高。用于加工制罐头的平菇，则在子实体成熟早期采收。采收过早，产量低；采收过迟，菌盖反卷开裂，菇柄硬化，菌肉老化，鲜味减退，大量孢子弹射，降低了产量，从而影响平菇的商品价值。因此，合理地适时采收十分重要。

采收前 3~4h 一般要喷一次水，以使菌盖保持新鲜、干净，不易开裂，但喷水不宜过大。采收时通常一手按住菇柄基部的培养料，一手捏住菌柄轻轻拧下，但切不可硬拔，以免将培养料带起，影响下潮出菇。有条件时，最好一手握着菇柄，一手用刀在基部将菇轻轻切下。

（九）病虫害的防治

平菇菌丝生活力很强，生长速度快，而且具有抗杂菌能力。所以在制种与栽培过程中，菌丝发育阶段管理得好，后期就不容易感染杂菌。甚至染了杂菌也照样还能长菇。但是，在开放式生料栽培中培养料本身就陷藏着各种杂菌孢子，若在环境因子不适合平菇菌丝旺盛生长的情况下，其优势则不再存在而杂菌容易泛滥成灾。引起杂菌感染的重要环境因子是温度和湿度。平菇菌丝生长的温度范围对所有霉菌也都适合，只是霉菌最合适的温度和湿度略高些。因此，在菌丝培养阶段，稍微疏忽温度上升至 28~30℃以上，若湿度也大，杂菌就猖獗起来。而且虫卵也纷纷孵化，螨类也随之而来，病虫害一旦蔓延之后就难以驱除，另外，平菇对敌敌畏极为敏感，低浓度的敌敌畏都会致使小菇蕾枯死。由于不能轻易用药，只能以防为主，避免病虫害发生。一旦发生，则采用生态防治、生物防治和化学防治三者结合的综合措施来控制蔓延。

思考题：
1. 平菇的生物学特性怎样？栽培前景如何？
2. 叙述平菇栽培管理要点。

第三节　黑木耳栽培

一、概述

黑木耳［Auricularia auricula（L. ex Hook）Underw.］，又名云耳，光木耳等。属于层菌纲，木耳目，木耳科，木耳属。是人们喜爱的一种传统食、药用真菌。

我国人民栽培和采食利用黑木耳的历史悠久。早在唐朝苏恭《唐本草注》中就有关于黑木耳栽培和食用方面的记载。新中国成立后，我国广大的山区人民，利用传统的黑木耳栽培经验和丰富的耳林资源，进行"半人工，半自然"栽培。目前，我国农林区人民除了段木栽培木耳外，又发展了代料栽培，如利用工农业废物木屑、棉籽壳、玉米芯等，在室内外栽培黑木耳也取得了较好的效果。

黑木耳具有丰富的蛋白质和维生素，营养价值较高。化学分析表明：每100g黑木耳干品含蛋白质10.9g、脂肪0.2g、碳水化合物65.5g、总糖22.8g、氨基酸7.9g、灰分 4.2g、钙 357mg、磷 201mg、铁 185mg，还有胡萝卜素 0.03mg、硫胺素 0.40mg、核黄素 0.73mg、抗坏血酸 8.2mg。从上述成分可以看出，黑木耳是一种营养丰富的真菌食品。它所含的蛋白质、维生素远比一般蔬菜和水果高，而且其蛋白质中还含有人类所必需的主要氨基酸，其中尤以赖氨酸和胱氨酸的含量特别丰富。因此，它不仅是食谱中的佐料，而且是一种营养丰富、低热量，具药性的保健食品。

黑木耳具有胶质特性。近代发现胶质不仅对于人类的消化系统具有良好的润滑作用，可以消除肠胃中的积败食物，对痔疮有较好的疗效，而且可以被吸收到循环系统中去，具有清肺润肺的作用。因此，长期以来供作矿工、纺织工等职业的保健食品。研究认为，黑木耳能减低血液凝块、缓和冠状动脉粥样硬化。黑木耳所含的多糖体是酸性异葡聚糖，它的主要成分为木糖葡萄糖醛酸、甘露糖极少量的葡萄糖和岩藻糖，对于皮下移植内瘤具有显著的抗肿瘤活性。此外，对阿米巴痢疾也有较好的疗效。因此，黑木耳生产发展前景广阔。

二、生物学特性

(一) 形态结构

黑木耳由菌丝体和子实体组成。菌丝体无色透明，纤细，有分枝，粗细不匀，常出现根状分枝，菌丝多弯曲，有锁状联合。但是，锁状联合不像香菇菌丝那样多而明显，而呈骨关节嵌合状。子实体是由双核菌丝不断生长发育而形成的。黑木耳的子实体单生为耳状或叶状，群生为花瓣状，有弹性，胶质，半透明，中凹。背面（不孕面），常呈青褐色，有绒状短毛，长不超过 85～100μm，基部呈褐色，往上色渐变浅，不分隔，多弯曲，向顶端渐渐尖削。腹面（孕面）平滑，有脉状皱纹，红褐色。子实体直径 6～12cm、厚 0.8～1.2mm，干后强烈收缩。担子圆柱形，有 3 个横隔，每个细胞上产生一个小梗，其上着生担孢子。担孢子腊肠形或肾状，光滑，无色，其大小为 9～14μm×5～6μm。

黑木耳子实体内部结构，从子实体横切面的背面数起，共由下列层次组成。①茸毛层。此层由不孕的毛状细胞构成，由于它着生在表面，肉眼很容易看出。同时，由于它具有顶端锐利或钝削，褐色的分布等特征，在种与种之间有较明显的差别。光木耳的茸毛长 85～100μm，直径 4.5～6.5μm，基部呈褐色，不分隔，无中线，常弯曲，顶端圆或渐尖削，茸毛不成密丛。②致密层。它由纤细的菌丝非常致密地纠合成一薄层，分不出单条菌丝，该层宽 65～75μm。③亚致密上层。它由菌丝较疏松地组合而成，使本层呈稀疏粗糙颗粒状的外貌，宽 115～130μm。④中间层。位于子实体的中央，菌丝呈水平排列，有无数小空隙，宽 285～300μm。⑤亚致密下层。它是由较粗的菌丝（直径约 2.5μm）结成较致密的菌丝网。此层宽 100～120μm。⑥子实层。它是一胶质层，深褐色，位于子实体的腹面，是由圆筒形担子紧密排列而组成。圆筒形担子有 3 个横隔，每个细胞上产生一个小梗，小梗伸长，并穿出于胶质膜之外，然后在它们的顶端各产生一个腊肠形或肾形孢子。

(二) 生活史

黑木耳的子实体成熟时，在其子实层（腹面）长出成千上万的担孢子。担孢子萌发后生成初生菌丝，多核，然后形成横隔，菌丝形成单核菌丝。担孢子有性的区别，属于二级性、异宗结合。因此，两个亲和单核体交配，经菌丝融合形成异核双核体，即次生菌丝体。以后随着双核菌丝的分化、发育，达到生理成熟。一旦条件适宜，就扭结形成子实体原基，进一步胶质化发育成子实体。子实体成熟后，又产生大量的担孢子。

三、生长发育对环境条件的要求

黑木耳生长发育过程中，需要的生长条件主要是营养、温度、水分、空气、光照和酸碱度。

（一）营养

黑木耳在生长中，必须从基质中摄取碳素、氮素、无机盐等营养物质。这些物质均可以从木材中获得，也可从代料栽培的适宜树种的木屑或相适应的农副产品下脚料中获得。在代料栽培中，为了加快菌丝的生长速度，常人为地添加一定量的麦麸或米糠等含氮量较高的物质作为营养物质。对营养物质的吸收，主要是通过菌丝体分泌出的各种酶类，降解各类有机质，然后加以吸收利用。

在生长发育中，黑木耳还需要少量的无机盐类，如钙、磷、镁、钾、铁等，而木材中这些养分是很丰富的。在代料栽培中，适量加入过磷酸钙和硫酸镁即可满足。

（二）温度

黑木耳属中温型菌类，它的菌丝体在 $15 \sim 36℃$ 之间均能生长，但以 $22 \sim 30℃$ 之间最为适宜，在 $14℃$ 以下和 $38℃$ 以上受到抑制。黑木耳子实体在 $15 \sim 28℃$ 之间可以形成和生长，但以 $20 \sim 24℃$ 之间生长最好。

黑木耳在适温范围内，温度较低时，生长周期虽长，但菌丝体生长健壮，形成的子实体色深肉厚，质量好；温度越高，其生长发育快，造成菌丝徒长，纤细脆弱，易衰老，子实体色淡肉薄，质量次之。若在高温、高湿条件下，子实体易腐烂，出现"流耳"现象。成熟的担孢子在 $22 \sim 32℃$ 之间均能萌发。

（三）水分

在不同的生长发育阶段，黑木耳对水分的要求是不同的。菌丝生长要求段木含水量为 $35\% \sim 40\%$ ，代料栽培的培养料含水量为 $55\% \sim 60\%$ ，菌丝生长阶段空气相对湿度保持在 70% 左右，子实体形成阶段需要较高的水分，空气相对湿度以 $90\% \sim 95\%$ 为宜，低于 80% 时生长迟缓。黑木耳属于胶质菌类，晴雨相间的天气，有利于菌丝向纵深生长蔓延，促进耳片的发育、展开。一次降雨可以吸收其干重15倍的水分。天晴后，耳片强烈收缩，具有较强的抗旱能力。干湿交替的水分管理法是目前人工栽培黑木耳增产的有效措施。

（四）空气

黑木耳是好气性真菌。因此，栽培场地应空气流通，以保证菌丝生长时对氧的需求。若栽培场地通风不良，则耳片不易展开，形成"鸡爪耳"，而失去商品价值。保持良好的通风条件，还可以避免耳片霉烂和减少杂菌的感染。

（五）光照

黑木耳菌丝生长阶段，一般不需光线。子实体形成阶段，却需要一定量的散射光。

在完全黑暗条件下，不易形成子实体原基。如果散射光不足，子实体生长发育则不正常，光照强度为150lx时，子实体色泽趋淡，200～400lx时为淡黄色，1 250lx以上色泽趋深为正常。

（六）酸碱度

黑木耳喜在微酸性条件下生长，以pH值5.5～6.5为宜。

四、栽培技术

目前黑木耳的栽培法有两种：一种是段木栽培法，另一种是代料栽培法。无论哪种栽培法，都需要优质的菌种，因其直接影响黑木耳的质量和产量。人工栽培黑木耳，要获得高产、稳产，首先必须培育或选用优质的黑木耳菌种。

（一）菌种培养

可向有关单位购买黑木耳母种，也可由组织分离法或孢子弹射法培养菌种。常用试管斜面是PDA培养基。原种、栽培种二者在配料、装瓶、灭菌、接种和培养方面基本与常规食用菌制种技术相同。下面重点介绍黑木耳锯木屑栽培种和木块及枝条栽培种的制作。

常用的培养基：①木屑栽培种培养基。阔叶树锯木屑78%，米糠或麦麸20%，蔗糖1%，石膏粉1%，水适量，pH值6.5；②木块及枝条栽培种培养基。种木（用枝条剪成1cm长有斜面的种木或制成直径0.8～1cm，长1.5cm的木塞形种木）50kg，锯木屑9kg，蔗糖0.3kg，石膏粉0.3kg，水25kg。

制备上述配方时，先将1%的蔗糖水浸泡种木12～18h，使其充分吸水，达到含水量50%～55%左右。将其他配料与锯木屑充分拌匀，含水程度与锯木屑种相似。然后用锯木屑配料的2/3与种木混合均匀，装入广口瓶内，最后用剩余的1/3锯木屑配料盖在表面，轻轻压紧，把瓶口擦干净，加棉塞。

木屑栽培种培养基和种木培养基在装瓶、灭菌、接种过程的制作方法都相似。接种后在25～28℃左右培养1个月，菌丝即可长满全瓶，便为栽培种。

优质的黑木耳栽培种，呈白色绒毛状，菌丝粗壮密集，上下一致，培养料表面生有少量胶质耳芽；瓶的内壁附有无色透明的水珠，菌种没有干涸收缩现象，挖出后呈块状而不碎裂。

（二）栽培工艺

1. 段木栽培

（1）选场 黑木耳的栽培场应选择避风向阳、排灌容易的山坳，白天日照时间长，比较温暖，昼夜温差小，早晚有云雾覆盖，湿度较大，不易积水，便于管理。耳场选好后，要砍掉多余的杂树灌木及丛棘，清除枯枝烂叶，在场地及周围喷洒一些杀虫和灭菌药剂。

（2）段木准备 包括耳树的砍伐、段木发酵和段木接种等步骤。

首先是耳树的砍伐。除含有松脂、精油、醇、醚等杀菌物质的松、杉、柏等针叶树及樟科、安息香料等树种外，一般阔叶树种都能栽培木耳。一般以叶大、树皮厚、边材发达的树种为佳，如洋槐、法国梧桐、酸枣、槭树、桃树、桑树、桦木和柳树等均可选作耳树。同时，选择树种最好要单一，种类过杂不易管理，并力求就地取材。砍伐期以树木进入冬季休眠在翌年未发新芽这段时间为佳，因这时树木中存在的养分最丰富，形成层停止代谢活动，树皮不易脱落。砍伐的气候应选择晴天无雨进行。砍伐的树木以8~9龄、直径在10~13cm为宜。这种树木表面积大，黑木耳发生期早，产量大。树木过细则段木易干燥，储存养料也少，出耳薄小；树木过粗与用材矛盾，不经济。树源少的农村、城郊，可利用道路两旁树木剪下的枝、杆作材料。耳树砍倒后10天内让水分蒸发，然后剔除枝叶，以减少枝叶消耗养分，使倒木含水量保持在70%左右。而后将其截成1~1.2m长的段木，并保持段木清洁，不污染杂物，搬运时避免损伤或刮破树皮。

其次是段木发酵。段木需集中堆积，保持一定温度和湿度，使之发酵。段木发酵是一种复杂的生物学过程。除了树木细胞死亡后消解之外，还包含各种微生物所引起的分解作用。发酵过程中，各种有机酸（酒石酸、苹果酸、琥珀酸等）是一些中间代谢产物，所以发酵中的段木有酒酸气味放出，它有助于黑木耳菌丝的生长蔓延。段木堆积发酵方法是把段木粗细分开，以"井"字型堆叠在地势高而燥、通风向阳的地方，或者室内地面。堆高约1m左右，10~15天翻堆一次，把段木上下里外调换，使之发酵均匀。下雨天最好用塑料薄膜覆盖，以防雨淋回潮影响发酵。一般堆积发酵1个多月，当段木能闻到酒酸气味和断面变成黄色时，便可接种。杨、柳段木，如未充分枯死，往往萌发新芽，为了避免萌芽消耗养分，可用熏烤，使其组织死亡，再进行发酵接种。为减少感染杂菌发生病害，在横断面及伤口处应涂上石灰水或喷洒0.5%的波尔多液。

最后是段木接种。当自然温度稳定在10℃以上时，就可以开始接种。南方一般在1~2月，北方在3月以后。接种最好选在雨后初晴，空气湿度大的天气进行。

接种前，用打孔机在发酵后的段木上打直径1.5cm、深1.2~1.5cm的接种穴，穴距8~10cm，行距5~7cm，行与行的穴交错成"品"字型。由于木耳菌丝在段木中生长纵向大于横向，所以穴距应大于行距，菌丝才能迅速长透段木。接种密度应根据段木的粗细、硬度，气温的高低进行调整。如段木材质硬，接种可适当密些，反之可稀些；气温低的地区接种可密些，气温高的地区可稀些。打孔后应尽快将菌种接入，防止壁干燥及杂菌侵入。接种时应先接小段木，而后接中、大段木。若是木屑菌种，应尽量保持块状，轻轻填入接种穴，以八成满为准；若是木塞菌种，放入接种穴后要用力塞紧，使木塞外端和树皮呈平面，不致脱落。木耳菌种应随挖随用，挖出来的菌种最好当天用完，不宜放置过夜。采用木屑菌种接种完毕后，应将事先打好的树皮盖（比接种穴大1.5~2mm）盖上，用木锤打紧。种盖和耳木必须是同一树种，厚4~5mm，以免受冷引起脱落。木塞菌种则不需加盖。在断面的结疤处及伤口处可多接几穴，可减少杂菌污染。接种后的段木称为菌棒。

2. 代料栽培

黑木耳代料栽培在我国始于20世纪70年代。代料栽培资源丰富，成本低，产量高，是一种很有前途的栽培方法，可以进行不同规模的生产。现以袋栽为例，介绍黑木耳代料栽培技术。

（1）培养料的配制、装袋和灭菌　各地可根据本地的资源情况选料，常用锯末、棉籽壳、玉米芯等。常用配方：①木屑 78%，玉米芯 20%，麦麸或米糠 1%，白糖 1%；②棉籽壳 78%，玉米芯 20%，麦麸或米糠 1%，白糖 1%；③木屑 44.5%，棉籽壳 44.5%，玉米芯 8%，麦麸或米糠 1%，白糖 1.5%，石膏粉 0.5%；④木屑 38%，棉籽壳 50%，玉米芯 10%，麦麸或米糠 1%，白糖 1%；⑤木屑 50%，棉籽壳 36%，玉米芯 12%，麦麸或米糠 1%，白糖 1%。料水比为 1：1～1.2。

在拌料时，木屑、玉米芯、棉籽壳等主料可直接按配方中的配比拌入辅料。先干拌，待均匀后再加水，翻拌均匀。培养料含水量应严格控制在 55%～60% 之间。手测时，要求手握一把料，指缝间有水珠渗出但以不下滴为宜。

将拌好的培养料及时装袋，要做到当天拌料，当天装袋，当天灭菌。用塑料薄膜筒（聚丙烯或低压聚乙烯）裁制成栽培袋，规格为 17cm×35cm。装袋时先将袋底部的两角内塞，边装料边压实，使料袋不起皱，料不脱节。装料至袋高的 3/5，约装 0.25kg 干料（湿料为 0.7～0.75kg）。装料的松紧度一定要适中。装料松菌丝老化快，形成料、袋分离，影响子实体的产生；装料过紧透气差，灭菌不彻底，发菌慢。装料后将外面沾上的料用布揩拭干净，套上塑料套环，袋口通过套环后再翻转到环外用皮筋扎牢。袋口套环时应使环尽量紧贴料面，不要松动，再用锥形圆棒在料中央打一洞，洞深至袋底 2cm 左右，然后塞紧棉塞。

装料的塑料袋灭菌有高压灭菌和常压灭菌两种。聚乙烯膜袋适于常压蒸气灭菌，100℃保持 8～10h；聚丙烯膜袋适于高压灭菌，$1.5×10^5$Pa（0.15MP）保持 1.5～2h。

（2）接种和发菌　灭菌后的料袋冷却至 20℃左右时，便可接种。接种前，把料袋、种瓶和接种工具预先放入接种箱和接种室内进行消毒灭菌。接种时，将袋口棉塞轻轻取下，袋口对着酒精灯火焰，每袋接 1～2 块菌种，一般每瓶原种可接 30 袋左右。

菌袋培养时要选择通风、干燥、保温的房间，使用前要清扫干净，并进行消毒灭菌。为了充分利用培养室的空间，可设置培养架。直袋可单层摆放，横袋可"井"字型排放。培养时要保持空气流通清新。室温控制在 20～26℃，空气相对湿度为 75% 以下。接种后 7～10 天内要检查有无污染的菌袋，如有要及时清除。约经 30 天培养，菌丝长满料袋，即可出耳管理。

（三）管理与采收

1. 段木栽培管理

（1）菌棒管理　由于早春时接种气温较低，为了使菌丝能够尽快恢复生长，必须将接种后的菌棒集中堆放在适宜条件（保温保湿）的场所，使菌丝定殖和蔓延，这称之为上堆发菌。发菌时间的长短是根据段木的树种、质地、干湿度，堆场的保温及保湿、通风状况而决定的。一般南方上堆发菌控制在 40～50 天，北方则控制在 50～70 天。

菌棒堆积发菌方法是在地面干燥、向阳的地方进行，垫上石块或横木等，然后将已接种的菌棒摆放在垫物上，以"井"字型堆层，堆高 1m 左右。若气温低时，可用草帘或塑料薄膜覆盖保温，并注意通风，防止霉菌孳生，相对湿度控制在 70%～80%，温度为 20～28℃，以利菌丝定殖。中午阳光充足时，易出现短时间的高温，这时要揭膜通风降温。

随着菌棒堆积发菌时间的延长，堆温逐渐升高，此时可视段木干湿程度，适当喷水。塑料薄膜覆盖保湿效果好，一般 1～2 周内不用喷水。如用树枝、草帘覆盖，1 周后即需分次喷水保湿或结合翻堆适当喷水。喷水之后，不要急于盖膜，否则会使堆内闷热，导致杂菌生长，从而影响菌丝在菌棒内蔓延。一般以树皮稍干再覆盖薄膜或草帘为宜。

在上堆期间，7～10 天翻堆一次，以使木耳菌丝在菌棒内均匀生长，菌棒表面始终保持干燥，避免杂菌孳生。如发现杂菌感染，应及时处理。轻者将菌棒放在太阳下翻晒；污染面积较大的则用刀刮除，伤口处用 1%～3% 生石灰水或 2%～5% 漂白粉涂抹处理。

上堆定殖 30～40 天后，可进入催耳阶段。能否转入催耳阶段，应根据菌棒内菌丝蔓延的情况而定。方法是锯一截菌棒劈开观察，如两个接种孔之间的菌丝已连接并有少量耳芽，便可拆堆，将菌棒排在地面，继续养菌，这称为散堆排场。此时，管理工作的重点以保湿、通风为主。散堆前要再次清理耳场，然后将菌棒以"一面坡"形式铺开。环境干燥时，菌棒排列密一些，潮湿时排列疏一些。排列坡度不要过大，尽量使菌棒能够均匀地吸收地面的潮气，接受光照、雨露和新鲜空气，以利菌丝在菌棒中充分生长。

排场阶段遇干旱时，可适当人工喷水 3～5 次。以少喷、勤喷为主，每周翻动菌棒2～3 次，使其吸湿、光照均匀，但要采取措施，防止日光暴晒。在正常情况下，菌棒排场 30 天后，接种穴陆续出现耳芽，这时应逐棒进行一次检查，如菌棒生长耳芽达70% 左右，即可转入起架产耳管理。形成耳芽后的菌棒成为耳棒。

（2）出耳管理　又称起架出耳，就是把生长耳芽的耳棒按"人"字型架起来，并按照产耳阶段要求的条件进行管理，促使早产耳，多产优质耳。

耳棒起架后水分的管理非常重要，干湿交替环境有利于耳芽健全生长发育。喷水的时间、次数、水量应根据气候条件灵活掌握。一般晴天多喷，阴天少喷，雨天不喷。喷水时，最好用喷雾方式反复喷浇，使耳场空气相对湿度稳定在 80%～90% 为宜。喷水时间的掌握，在早春和晚秋期间，一般应在中午；在夏季、晚春和初秋期间，以傍晚喷水为最好，否则会出现水分蒸发快，耳片生长慢和烂耳、流耳，耳棒变质等不良后果。当采完第一批耳后，停止浇水，让其晒棒，大约 5～7 天（根据当地气温、光照、风速及耳棒粗细确定），等菌丝恢复后，再喷水催耳。一般为 20 天左右可采第二批耳，一直到秋末冬初为止。

（3）耳木过夏越冬管理　段木栽培黑木耳一般可以连续采收 3 次，头年初收，翌年盛收，第三年尾收。木耳的总产量是段木原来重量的 10% 左右。

耳木过夏越冬管理在 3 年连续栽培中极为重要。夏季温高光强，可搭简易凉棚，保持耳片正常生长。每年秋末冬初，气温下降，子实体就会停止生长，菌丝体由缓慢生长至休眠，此时便进入越冬管理。其方法是将耳木集中，仍按"井"字型堆放在清洁干燥处，上加覆盖物保温保湿。到来年的 3～4 月间气温回升，耳芽大量发生后，再进行散堆起架，按照出耳后的条件精心管理。

2. 代料栽培管理

完成发菌的栽培袋应及时排场出耳，如推迟排场，菌丝就会在培养料表面形成一层白色菌皮，影响耳芽的产生和生长发育。

（1）选择出耳场地　耳场应选择靠近水源、地势高燥、环境卫生，通风良好的地方，也可选在树林或河边树荫下。目前常用耳场是塑料棚和沟坑拱棚。塑料棚建制时需设置前后门窗，以便空气对流；棚顶要覆盖草帘以遮挡阳光的直射；棚内地面可设若干水槽或铺设砂土、煤渣等以富集水分；棚内空间搭架（木、竹架均可），以便吊菌袋出耳。

沟坑拱棚的建制是先开一条宽 1m、深 0.3m、长 10m 左右的地沟，沟两边固定30cm 高的竹架。竹架上横向搭 1.1m 长的竹竿，竹竿上挂菌袋出耳。最后在地沟上方用竹片搭拱棚，棚顶覆盖塑料薄膜并加盖草帘。沟坑拱棚可调节自然温度，延长木耳的栽培期。在气温较低的春季和秋季，可利用低温和太阳辐射热提高培养温度；而在高温阶段可采用地沟中灌水、架上挂袋、草帘遮阳等降温措施来创造空间湿度适宜的小气候。除了上述两种方式外，还有室内出耳、林间吊袋出耳等。无论采用哪种方式出耳，都需要创造适宜的温度、湿度、光照、通风换气等环境条件。

（2）菌袋开孔出耳　开孔前，先绕扎袋口，然后拔塞脱环将菌袋浸入 0.1% 高锰酸钾溶液（或 5% 石灰水溶液）中旋转几次，提起，随即挂袋（袋间相距 15cm）。在23～25℃下培养 5～7 天，待袋壁出现子实体原基后开孔。开孔时，使用的刀片和操作者双手用酒精棉球消毒。用刀片在袋面划"+"、"v"字型的破口，口长 2cm，每袋以10～13 个为好，穴距 8～10cm，行距 6～8cm，呈梅花型排列。

菌袋开孔后管理的关键是保温出耳，要防止孔口菌丝干燥失水，但不可向菌袋直接喷水，以免孔口积水影响耳芽生长。棚内应向空间和地面喷水，保持耳场的空气湿度在85%～90% 之间。温度控制在 15～22℃，并保持一定亮度的散射光和新鲜的空气。约经5～7 天，划口处便会有耳芽生成，待耳芽生长 5 天左右，芽基已封住孔口，这时便可直接向耳片喷水。喷水应轻喷、勤喷。开始时每天傍晚向耳片喷水一次，以耳片湿润为度。喷水次数要根据气温的高低和耳片的大小灵活掌握。在保温的同时一定要注意耳场的空气新鲜。从耳基形成到采收一般约 20～30 天，整个生长期为 2～3 个月。

3. 采收

当耳片全部展开、边缘略卷、耳色由黑变褐色，并稍有白色孢子弹射时即可采收。通常用小刀从耳基处切下子实体或直接用手捻下。采收春耳和秋耳要采大留小，使未成熟的幼耳继续生长。伏耳要一次采干净，因为夏天温度高，害虫多，细菌大量繁殖，耳片留在基质上，容易腐烂。采耳时必须保护好耳芽，否则会影响下批黑木耳的生长。

采收后的子实体含水量很大，其重量约为干制品的 10 倍。为了防止黑木耳腐烂变质，采收后应及时加工干制。

思考题：

1. 概述黑木耳的食药用价值。
2. 简述黑木耳的形态特征。
3. 黑木耳的担孢子形成与蘑菇担孢子的形成有何不同？
4. 简述黑木耳的生物学特性。

5. 简述黑木耳段木栽培和代料栽培的工艺流程。

6. 黑木耳和香菇的段木栽培有何异同？

7. 黑木耳和平菇的代料栽培有何相同点和不同点？

8. 黑木耳的代料栽培和段木栽培在管理上有何相同点和不同点？

第四节　银耳栽培

一、概述

银耳（*Tremella fuciformis* Berk）亦称为白木耳，在真菌分类中隶属于银耳目，银耳科，银耳属。是我国久负盛名的滋补品，具有较高的药用价值。

银耳在世界上分布极广，主要产于中国、日本、古巴、西印度群岛、美国、巴西等地。银耳在我国四川、贵州、福建、湖北、陕西、湖南、广西、浙江、安徽、江西、青海、台湾等省的山林中都有生长，产量较大的有四川、贵州、福建、湖北、陕西等省。以四川的"通江银耳"和福建的"古田银耳"最为称著。目前，全国产量最高的当数福建、四川。福建古田县银耳代料栽培产量居全国第一，四川通江县段木栽培银耳仍居全国第一。

我国人工栽培银耳始于光绪二十年（1894 年），距今已有 100 多年。过去银耳生产处于半野生状态，每年只有把树木砍倒，靠天然孢子接种，收成无保证，而且只能在生产过银耳的地区才能栽培。产量低，价格昂贵，作为配伍中药，只有少数人才能享用。

抗日战争期间，杨新美（1941 年）在贵州湄潭，采用银耳子实体进行担孢子弹射分离，在国内外首次获得银耳纯菌种。其后，他又利用这种纯菌种做成孢子悬浮液，在大量的壳斗科段木上进行了 3 年（1942～1944 年）的田间人工纯种接种对比试验，最高可增产 20 倍，取得了显著的效果和肯定的结论。

在长期的栽培实践中，人们注意到一种经常与银耳相伴生长的菌，其外表很像"香灰"（人们称之为"香灰菌"），它与银耳的产量有关。杨新美对香灰菌与银耳的关系做了调查与研究，在他的"中国的银耳"一文中叙述如下：有一种灰绿色的淡色线菌及一种球壳菌（未作鉴定）经常与白木耳伴随生长，耳农称前者为"新香灰"，后者为"老香灰"，认为是银耳的变态，并认为与银耳产量有极其重要的关系。它们可能在营养上与银耳有着密切的关系，但它们并非银耳的一个世代是可以肯定的（在它们的培养上并未发现其相互转化的迹象）。银耳与香灰菌关系的确定，为银耳混种的研究奠定了基础，提供了理论依据。

新中国成立后，陈梅朋、杨新美等真菌学工作者深入四川、云南、贵州、湖北和福建等银耳产区，总结各地的栽培经验，研究了银耳的生态学和生物学特性。20 世纪 50 年代末至 60 年代初，当时的华中农学院、福建省三明真菌研究所先后用银耳纯种——孢子悬浮液栽培银耳。1959 年，陈梅朋首次分离到银耳和香灰菌的混合菌种，并认为是银耳纯菌种，以此进行段木人工接种试验，亦长出银耳子实体。1962 年以后，上海市农业科学院、福建省三明真菌研究所证明银耳纯种在灭菌的人工培养基上能够完成它的生活史。经过华中农业大学、上海市农业科学院、福建省三明真菌研究所等单位的科研人员的深入研究，探明了银耳生长的理论，即银耳生长过程必须和分解能力较强的香灰菌（羽毛状菌丝、耳友菌丝）混合，才能大大提高出耳率。三明真菌研究所分离出银耳和香灰菌的纯菌种，采用混合制种并进行人工接种栽培试验，出耳率达到100%。1974年，福建古田姚淑先改进了银耳瓶栽方法。其后，该县的戴维浩在段木栽培银耳和瓶栽银耳工艺的基础上，首创木屑、棉籽壳塑料袋式栽培法，降低了生产成本，大幅度提高产量。目前，该工艺在全国各地得到大面积推广。近年来，福建古田县成为银耳的主产区，"古田银耳"商标被认定中国驰名商标。

银耳是一种含有丰富营养成分的食用菌，不仅含有脂肪、蛋白质，还含有人体十分需要的氨基酸，据化验分析，高达十七、八种之多。银耳不仅是一种食用珍品，也是我国医药宝库中一种久负盛名的良药。历代医药学家都认为银耳有"滋阴补肾、润肺止咳、和胃润肠、益气和血、补脑提神、壮体强筋、嫩肤美容、延年益寿"之功能。现代医学表明，银耳含有酸性异多糖、中性异多糖、有机铁等化合物，能提高人体免疫能力，起扶正固本作用，对老年慢性支气管炎、肺源性心脏病有显著疗效，还能提高肝的解毒功能，起护肝作用。据《中国医学大词典》中记载，"木品入肺、脾、肾、胃、大肠五径。主治肺热咳嗽、久咳喉痒、咳痰带血或痰中血丝成久咳络伤肋痛及肺痛及肺痛、肺痿、月经不调、肺热胃炎、大便秘结、大便下血"。同时，我国历代医学家都认为银耳有"强精、补肾、润肺、生津、止咳、降火（清热）、润肠、养胃、补气、和血、强心、壮身、提神……"之功能。近代医学家认为：常食银耳能促进人体新陈代谢，使皮肤毛发滋润，骨骼牙齿坚硬，能促进生长，辅助发育，帮助消化。在临床上治疗慢性肠炎及外科手术后（需卧床休息）防止肠粘连有特殊疗效。据有关资料报道，银耳多糖对小白鼠移殖性肿瘤有抑制作用。总之，银耳是一种滋补良药，它在医疗上的功效和临床上的应用还有待于我们今后进一步研究。

二、生物学特性

（一）形态特征

新鲜的银耳子实体白色，半透明，由多片呈波浪曲折的耳片丛生在一起，呈菊花形或鸡冠形，大小不一，最大可达到30cm以上。子实体晒干后呈白色或米黄色。子实层着生于耳片表面，担子椭圆形或近球形，被纵隔膜分割成4个细胞，每隔细胞长出一个担子梗，在担子梗上着生一枚担孢子。孢子印白色，在显微镜下担孢子无色透明，大小为 $5 \sim 7.5 \mu m \times 4 \sim 6 \mu m$。担孢子萌发时直接长菌丝或以芽殖方式产生酵母状分生孢子（yeast like conidia）。银耳菌丝白色，有锁状联合，多分支，直径 $1.5 \sim 3 \mu m$。在斜面培养基上，菌丝生长极为缓慢，有气生菌丝，从接种块直立或斜立长出，菌落呈绣球状，也有一些菌丝平贴于培养基表面生长。银耳菌丝体易扭结、胶质化，形成原基。银耳菌丝也易产生酵母状分生孢子，尤其是在转管接种时受到机械刺激后，菌丝生长转向以酵母状分生孢子为主的无性繁殖世代，这种分生孢子形似酵母，以芽殖或裂殖进行无性繁殖。银耳在完成其生活史的过程中，需要另一种真菌协助，即香灰菌（conhabitant fungi）。香灰菌丝生长迅速，初期白色，后渐变灰白色，有时有碳质的黑疤，并使培养基变为黑褐色。

(二) 生活史

在食用菌中，银耳的生活史最为特殊，体现在两个方面：具有酵母状分生孢子的无性型世代，需要香灰菌伴生。银耳是四极性异宗配合的菌类，在子实体成熟时，耳片表面产生许多担孢子，担孢子在适宜的条件下芽殖形成酵母状分生孢子，再由其萌发成单核菌丝，两个可亲和的单核菌丝通过质配形成双核菌丝，双核菌丝有锁状联合，菌落绣球状或绒毛团状，若培养条件不适 (受热、浸水) 或菌丝受伤，双核菌丝可形成酵母状分生孢子。酵母状分生孢子椭圆形，单核，以芽殖方式进行无性繁殖，在适宜条件下它可萌发形成双核菌丝 (单核酵母状分生孢子如何产生双核菌丝，其过程尚不清楚)。银耳降解木质纤维素的能力弱，需要香灰菌伴生，协助银耳降解利用基质。银耳菌丝大量生长后，积累营养，达到生理成熟，在基质表面形成"白毛团"并胶质化形成耳基 (primordia)。耳基在适宜的环境条件下，逐渐发育，分化出耳片，在耳片的外表面形成子实层，产生担孢子。

(三) 银耳的特殊性

银耳是一种较为特殊的木腐菌，自然生长于阔叶树枯枝上，其菌丝能吸收利用葡萄糖、蔗糖、麦芽糖等小分子糖类，不能在木屑培养基上生长，需要借助香灰菌。对此，许多学者进行了深入研究。

黄年来 (1982，1985) 报道，利用棉花纤维、滤纸崩解法测定，银耳菌丝几乎没有分解纤维素的能力；利用间苯三酚—浓盐酸染色法测定，银耳几乎没有分解木质素的能力；用路哥氏液 (碘化钾—碘液) 染色法发现，银耳基本上不能利用淀粉。文中还指出，银耳要完成其生活史，需要"香灰菌"来帮助它分解木材作为开路先锋，提供营养，把银耳菌丝无法直接利用的木质纤维素变成可被利用的营养成分，这样有利于银耳孢子的萌发、菌丝的定殖和子实体的生长发育。徐碧如 (1984) 把银耳纯种接种于木屑培养基上，银耳菌丝不能生长，说明银耳菌丝不能降解木屑。王玉万 (1988) 研究了"香灰菌"降解木质纤维素的能力，结果表明，在菌丝生长过程中，主要分解纤维素与半纤维素，而不分解木质素，"香灰菌"具有较高的纤维素酶、半纤维素酶和多酚氧化酶活性。

杨新美 (1989) 研究银耳与香灰菌的胞外酶系时发现，银耳的 C_x 酶、β-1,4-葡萄糖苷酶、半纤维素酶 (木聚糖酶) 及多酚氧化酶的活性非常低，但 C_1 酶活性较高，与此相反，香灰菌的 C_x 酶、β-1,4-葡萄糖苷酶、半纤维素酶 (木聚糖酶) 及多酚氧化酶的活性较高，而无 C_1 酶活性；分别从银耳和香灰菌提取胞外酶，体外配合降解木屑试验结果表明，两者不仅有酶活性的互补作用 (enzymatic activity complementary)，而且表现出极显著的酶活性的协同增效作用 (enzymatic activity effect)。

由于银耳人工栽培是用银耳菌与香灰菌混合制作的混合菌种，所以栽培材料可用富含木质纤维素的天然材料 (如木屑、棉籽壳、蔗糖、秸秆等) 作为碳源，以米糠、麦麸、尿素等作为氮源，添加少量的磷酸二氢钾、硫酸镁、石膏提供矿质营养。

(四) 生长发育条件

银耳是中温型的恒温结实性菌类，栽培环境保持稳定的温度有利于子实体形成与发育。银耳菌丝生长的最适温度为 20～25℃，低于 12℃菌丝生长极慢，高于 30℃菌丝生长不良。子实体分化和发育的最适温度为 20～24℃，不能超过 28℃。

银耳与香菇相似，银耳培养基的含水量最适为 53%～58%，低于 52% 菌丝生长不良，高于 60% 时，培养料中孔隙度小，通气不良，菌丝生长缓慢甚至停止生长。

纯银耳菌丝很耐旱，把长有银耳菌丝的木屑菌种块于硅胶干燥器中 2～3 个月，香灰菌丝会死亡，而银耳菌丝仍然存活。利用这一特性，可从混合菌丝的基质中分离纯银耳菌丝。

在子实体生长阶段，空气相对湿度对产量、质量影响很大，湿度低影响原基形成，湿度高易发生"流耳"，适合的空气相对湿度为 85%～95%。

银耳不论是在菌丝生长阶段还是在出耳阶段，对空气的新鲜度要求都较高。在菌丝生长阶段，培养料的含水量影响着培养料底部的氧气供应，菌丝生长受抑制；发菌室如果通风不良，易造成接种（穴）口杂菌污染；如果通风太多，接种口过分蒸发失水，影响原基形成。所以，在菌丝生长阶段，空气直接或间接影响着菌丝生长。在出耳阶段，耳房空气中的二氧化碳严重影响子实体的形成。通风不良，二氧化碳浓度太高，抑制耳芽发育，阻碍开片，最后长成"拳耳"，没有商品价值。银耳栽培如果需要用煤火加温，必须安装排气管，否则不但提高二氧化碳浓度，还有一氧化碳会使银耳中毒致死。

银耳菌丝生长不需要光照。子实体分化发育需要有少量的散射光，黑暗中的耳房很难形成子实体。在稍荫蔽的环境中、足够的散射光下子实体发育良好，有活力；光照弱，子实体分化迟缓。直射光不利于子实体分化发育。在银耳子实体接近成熟的 4～5 天里，室内应尽量明亮，有利于提高银耳的品质。

在 pH 值 5.2～7.2 的范围内银耳菌丝都能生长，以 pH 值 5.2～5.8 为好。人工栽培时，培养基的 pH 值一般在 6.0～6.5 之间，适合银耳生长。在银耳菌丝（包括香灰菌丝）生长过程中，会分泌一些酸性物质，使培养料酸化，但在出耳时培养料的 pH 值一般为 5.2～5.5。

三、栽培技术

银耳栽培比其他菌类稍复杂些。目前人工栽培银耳有两种方式，即段木和代料栽培。段木栽培银耳的质量较高，表现在泡发率高，蒂头小，糯性强，耳片开张度好，质脆，内、外销售价高，此法适宜在森林资源丰富的地区栽培，但对树种要求较严格，单位产量较低。代料栽培又可分为瓶栽和袋栽。袋栽是瓶栽基础上发展起来的新工艺，是现阶段广泛采用的栽培方法。代料栽培周期较短，产量高。本节主要介绍银耳袋式代料栽培技术。

（一）栽培季节

银耳的栽培周期为 35～45 天，其中菌丝生长阶段为 15～20 天，要求温度 25～28℃；子实体生长期 18～25 天，温度要求为 20～25℃。因此，每年银耳栽培可安排在春、秋两季，当气温稳定在 25℃左右时即可开始栽培。为了提高耳房在适宜季节下的使用周转率，可采用二区制，即发菌室和出耳室。在第一批银耳采收前 5 天，就开始第二批装袋、接种，置发菌室内培养。当第一批银耳采收结束后，立即清场、消毒、通风，然后将第二批菌袋移入出耳室，首尾衔接，可增加栽培批数。

（二）栽培管理

1. 菌种制备

银耳菌丝分离，银耳各级菌种的生产方法与一般的食用菌不同，需要特别加以介绍。由于银耳菌丝有以下特点，不能降解天然材料中的木质纤维素，在木屑培养基中不能生长，生长速度缓慢，仅在耳基周围或接种部位数厘米内生长，远离耳基、接种部位处没有银耳菌丝，银耳菌丝易扭结、胶质化形成原基（耳芽），耐旱，在硅胶干燥期内2～3个月不会死亡，它不耐湿，在有冷凝水的斜面培养基上易形成芽孢。因此，银耳菌种的分离主要在耳基、接种部位周围取材料，放于硅胶干燥器内2～3个月，然后取一小块移入PDA斜面上，22～25℃培养10～15天可获得白色的银耳菌丝。

香灰菌丝分离，香灰与银耳菌丝相反，生长速度极快，不仅在耳基的周围或接种部位数厘米内生长，远离耳基、接种部位处也有香灰菌丝生长。香灰菌丝生长的后期会分泌黑色色素，使培养基变黑。香灰菌丝不耐旱，基质干燥后即死亡。因此，香灰菌的分离是在远离耳基、接种部位处取材料，钩取一小块基质移入PDA培养基，25℃下培养5～7天，培养基颜色变黑者即为香灰菌。

母种制备。在PDA斜面培养基上选接一小块银耳菌种，放于22～25℃下培养5～7天，可见到接种块长出白色绣球状，再在离银耳接种块0.5～1cm处接种一小块香灰菌菌种，继续放在22～25℃下培养5～7天即可。

原种制备。采用木屑培养基，其配方为：木屑78%，麦麸20%，蔗糖1%，石膏1%，料水比（1.0～1.2）。用750ml的菌种瓶作为容器，只装半瓶，料面压平，清洗瓶壁内外，塞棉花塞，高压灭菌，冷却后接入银耳与香灰菌混合后的母种，一般每只母种接种一瓶原种培养基，如果母种不够，可在母种的银耳菌种接种处分割成4块（保证每块都有银耳菌丝最为关键），分别接入4瓶原种培养基，放于22～25℃培养15～20天，料面会有白色菌丝团出现，并分泌黄水珠，随后胶质化形成原基。

2. 菌袋制作

以棉籽壳为栽培主料，麦麸、石膏为辅料。棉籽壳要求透气性好，营养丰富、全面、无霉变的棉籽壳。麦麸为银耳和香灰菌提供丰富的氮素营养，同时也提供必要的维生素，陈旧麦麸维生素被分解，应选用新鲜、没有霉变的麦麸。也可用米糠代替麦麸，但米糠应选用细糠，而不是砻糠或三七糠。另外添加石膏，生石膏或熟石膏均可，都要求为粉状，便于搅拌均匀。银耳栽培一般选用12cm×45～50cm的聚丙烯塑料袋，每袋可装干料600g，根据生产袋计算各种原料的用量。按配方棉籽壳83%～90%，麦麸14%～17%，石膏2%。料水比（1:1.1～1.2），在一块干净的水泥地面上，把棉籽壳摊开，在棉籽壳上撒入麦麸，最后撒入石膏，拌和均匀。按干料重的1.1～1.2倍量加入清水，搅拌均匀。用半自动螺旋压料式装料机填料，培养料填装到离袋口8cm左右。将袋口内外两面粘附培养料擦抹干净后，用棉线绑扎3圈后反折，再复扎二圈，拉紧线头即可。用直径1.2cm打穴器在料袋单面打穴，每袋打3～4个等距离穴，穴口直径1.2cm，深2cm。将食用菌专用胶布剪成3.3cm×3.3cm的小方块，贴封穴口，穴口四周封严压密。配制好的培养料，必须在5h内装袋结束。

装好的菌袋要尽快灭菌，采用常压蒸汽灭菌灶灭菌。菌袋进锅采用上下层横竖交叉排列成"井"字型。装锅时，料袋之间要留有间隙，让蒸气流通。料袋装好后，先盖上农膜，再盖上蓬布或麻布。四周固定压密即可。烧火要"攻头、控中、保尾"。开始时火力要猛，3.5～4h内锅仓内温度要达到100℃，然后保持100℃达16～18h。灭菌后，菌袋要趁热出锅，搬运到已消毒过的接种室中排放。

选择银耳菌丝与香灰菌丝比例适当，培养基表面有许多白毛团，白毛团色洁白，菌丝细短，密集，健壮，有少量白色水珠；香灰菌丝生长有力，均匀，整齐，能分泌黑色素，瓶壁上有黑色花纹，菌龄7～12天的菌种。在接种前12～24h要进行拌种。在接种箱内，按无菌操作要求，用接种匙将菌种表层铲碎后，再将整瓶菌种拌匀待用。

注意接种室的消毒。大批量生产时，接种室和发菌室是同一房间。在接种前一天，将接种室内菌袋、接种用具等进行消毒。一般采用药物熏蒸消毒，熏蒸药物可用福尔马林＋高锰酸钾或气雾消毒剂。福尔马林＋高锰酸钾的用量为每立方米7～8ml福尔马林加5g高锰酸钾。使用前，先将门窗关闭，然后将适量的高锰酸钾放在盆内，操作人员戴上口罩或屏住呼吸倒入相应量的福尔马林快速出室关门。为减少对福尔马林接种人员的伤害，熏蒸12h后最好使用和福尔马林等量的氨中和空气中的福尔马林后再进行接种。气雾消毒剂的种类和品牌很多，要选择杀菌效果好和对人员无毒害的、符合国家相关安全要求的产品，最好使用行业推荐产品，使用方法参照产品使用说明书。

接种最好在深夜或凌晨进行。在酒精灯火焰旁，第一者掀开穴口上胶布，第二者迅速用接种枪将银耳菌种接入穴内（接种前，按无菌操作要求，在接种枪的筒内吸入菌种）。第一者又迅速地将胶布贴严穴口，第三者将接种后的菌袋，上下层按"井"字型横竖交叉叠放，每层排4袋，每堆叠10～12层。接入穴内的菌种一定要比穴口凹下1～2cm。每穴接种量约5g菌种，一瓶三级种可接种140～160穴。

3. 菌丝培养

接种后1～3天，为菌丝萌发定植期，此时要求菌袋重叠室内发菌，保护好接种口的封盖物，室温控制在26～28℃，不得超过30℃，相对湿度55%～65%，不必通风，弱光培养。接种后4～8天，接种穴中凸起白毛团，袋壁菌丝伸长，此时要求翻袋检查杂菌，疏袋散热，防止高温，室温控制23～25℃。当室温低于20℃时，应采取加温措施。相对湿度控制在55%～65%，每天通风2次，每次10min，弱光培养。

4. 出耳管理

接种后9～12天，菌落直径8～10cm，白色带黑斑。此时对耳房、床架进行消毒，并将菌袋搬入出耳房排放床架上，每天轻度喷水1～3次，保持胶布湿润。控制室温22～25℃，不超过25℃，相对湿度75%～80%。要注意通风换气，每天通风3～4次，每次10min，弱光。

接种后13～16天，此时菌丝基本布满菌袋，穴中出现黄水珠，撕掉胶布，覆盖无纺布，喷水加湿，每天掀布增氧1～2次，控制室温22～25℃，相对湿度85%～90%，每天通风3～4次，每次20min，菌袋穴口朝侧向，让黄水自穴外流。

接种后17～19天，淡黄色原基形成，随即原基分化出耳芽，此时要求割膜扩口

1cm，并喷水于布面保持湿润，控制室温 20～22℃，不低于 18℃，不高于 28℃，适时采取升降温措施。控制相对湿度 90%～95%，每天通风 3～4 次，每次 30min。

接种后 20～25 天，朵大 3～6cm，耳片未展开，色白，此时要求取布晒干后再盖上，并喷水保湿，控制室温 20～24℃，相对湿度 90%～95%，每天通风 3～4 次，每次 20～80min，耳黄多喷水，耳白少喷水，结合通风，增加散射光。

接种后 26～30 天，朵大 8～12cm，耳片松展，色白，此时掀开无纺布喷水，控制室温 20～24℃，相对湿度 90%～95%，每天通风 3～4 次，每次 20～30min，以湿为主，干湿交替，晴天多喷水，喷水结合通风。

接种后 31～35 天，朵大 12～16cm，耳片略有收缩，色白，基黄，有弹性。此时停止喷水，控制温度，成耳待收，控制室温 20～23℃，相对湿度 80%～85%，每天通风 3～4 次，每次 30min，35 天后选择晴天采收。

5. 病虫害防治

做好预防工作，搞好栽培场所环境卫生，创造适合银耳菌丝与子实体生长的环境，降低病虫害发生率。发现链孢霉、绿色木霉、烂耳、"杨梅霜病"为害，要将受害菌筒用干净密封的塑料袋装好并及时搬离栽培场所，为害较轻的可重新灭菌后再利用，较严重的直接焚烧掉或掩埋。同时要加强通风，防止高温、高湿，适当降低湿度，制止蔓延。

若有必要使用农药，应使用国家规定允许在食用菌生产上使用的农药，出菇阶段禁止使用任何药剂。

6. 采收与加工

采收前准备箩筐等采收工具。一次性采收，采收时用手抓住整个子实体扭起即可。采收后，应及时清除废料、清理生产场地，栽培床架等洗净晒干、以备再生产。

银耳烘干用蒸汽烘干。生产户也可根据银耳加工的数量和产量，自行砌造成购置定型脱水烘干设备。脱水烘干设备要求结构合理，能根据不同干燥期，可调节热风循环量和干热风温度，热交换率和热传递效率高，配设齐全，操作简单，安全可靠。

银耳加工分为雪花银耳、冰花银耳两种方式，雪花银耳加工是将鲜银耳采收后去除耳基、粘附在耳基周围的培养料及烂耳，根据市场需求，剪切成单片或连片的银耳。剪切后的鲜银耳，倒入泡洗池用洁净水洗净附着在耳片上的培养料或其他附着物，排干清洗。清洗后的银耳，重新注入饮用水浸泡 3～5h 后，经翻动清洗后，捞出沥干。泡洗后的银耳，平整均匀地摊在竹帘或竹筛上晾晒，并根据银耳表面水分的干燥速度和干度，适时向银耳表面淋洒洁净水催白（俗称洗白），并不断观察耳片脱色情况适当增减淋洒次数。将已基本脱色的鲜银耳，放进脱水烘干机内加热烘干，烘干工艺同常规烘干工艺。

冰花银耳加工工艺，除不进行剪切外，其余工艺同雪花银耳的工艺一致。

银耳包装要求同一包装件内必须是同一等级，不允许混级包装。银耳包装材料应符合卫生要求规定。包装箱内应附产品合格证。短期贮存干银耳应避光、常温、清洁卫生、阴凉干燥、防虫蛀、防鼠咬，并有防潮设备的库房贮存。中、长期贮存，应严格控制温度在 20℃ 以下，相对湿度在 50%～60% 之间，箱体之间留有一定的空隙。贮存前严禁硫磺薰蒸，贮存时银耳干品不得直接裸露在空气中，尤其是严禁与含二氧化硫的空气接触，应分级装入聚乙烯或聚丙烯袋内，在严格密封的情况下贮存。严禁与有毒、有害、有异味物品混放、混存。更不得与有毒品混装，不得用被有毒或其他有害物质污染的运输工具运载。运输时要有遮蓬、防止高温、雨淋并避免挤压。

思考题：
1. 银耳的生物学特性怎样？栽培前景如何？
2. 银耳菌种具有怎样的特殊性？
3. 叙述银耳栽培管理要点。

第五节　金针菇栽培

一、概述

金针菇［*Flammulina velutipes*（Fr.）Sing］，又名毛柄金钱菌，俗称构菌、朴菇、冬菇等，属伞菌目、口蘑科、金针菇属。金针菇在自然界广为分布，中国、日本、俄罗斯、欧洲、北美洲、澳大利亚等地均有分布。在我国北起黑龙江，南至云南，东起江苏，西至新疆均适合金针菇的生长。

金针菇是一种木材腐生菌，易生长在柳、榆、白杨树等阔叶树的枯树干及树桩上。金针菇是秋冬与早春栽培的食用菌，以其菌盖滑嫩、柄脆、营养丰富、味美适口而著称于世。据测定，金针菇氨基酸的含量非常丰富，高于一般菇类，尤其是赖氨酸的含量特别高，赖氨酸具有促进儿童智力发育的功能。金针菇干品中含蛋白质 8.87%，碳水化合物 60.2%，粗纤维达 7.4%，经常食用可防治溃疡病。最近研究又表明，金针菇内所含的一种物质具有很好的抗癌作用。因此，金针菇既是一种美味食品，又是较好的保健食品，金针菇的国内外市场日益广阔。

20 世纪 30 年代，我国学者维藩等采用瓶栽法栽培金针菇成功。1964 年，福建三明真菌研究所开始金针菇的品种培育工作，选育出了三明 1 号，在全国大面积推广栽培成为当家品种。在 20 世纪 80 年代末期以前，我国栽培的金针菇品种主要是黄色品种。1928 年，日本京都的森本彦三郎生产出了菌盖，菌柄都是白色的金针菇。此后我国从日本引进了纯白色品种，目前白色金针菇的栽培量正趋旺盛。

二、生物学特性

（一）形态特征

金针菇由营养器官（菌丝体）和繁殖器官（子实体）两大部分组成。

菌丝体由孢子萌发而成，在人工培养条件下，菌丝通常呈白色绒毛状，有横隔和分枝，很多菌丝聚集在一起便成菌丝体。和其他食用菌不同的是，菌丝长到一定阶段会形成大量的分生孢子，在适宜的条件下可萌发成单核菌丝或双核菌丝。试验发现，金针菇菌丝阶段的分生孢子多少与金针菇的质量有关，分生孢子多的菌株质量都差，菌柄基部颜色较深。子实体主要功能是产生孢子，繁殖后代。金针菇的子实体由菌盖、菌褶、菌柄三部分组成，多数成束生长，肉质柔软有弹性。菌盖呈球形或呈扁半球形，直径1.5～7cm，幼时球形，逐渐平展，过分成熟时边缘皱折向上翻卷。菌盖表面有胶质薄层，湿时有黏性，色黄白到黄褐，菌肉白色，中央厚，边缘薄，菌褶白色或象牙色，较稀疏，长短不一，与菌柄离生或弯生。菌柄中央生，中空圆柱状，稍弯曲，长3.5～15cm，直径0.3～1.5cm，菌柄基部相连，上部呈肉质，下部为革质，表面密生黑褐色短绒毛。担孢子生于菌褶子实层上，孢子圆柱形，无色。

（二）生长发育条件

1. 营养

金针菇是木腐真菌，只能通过菌丝从现成的培养料中吸收营养物质。在栽培中，培养料的选择对产量和质量有很大的影响。金针菇菌丝生长和子实体发育所需的营养包括氮素营养、糖类营养、矿质营养和少量的维生素类营养。氮素营养是金针菇合成蛋白质和核酸的原料，在栽培配料中麦麸、大豆粉等原料含有大量的氮素养料。糖类主要指碳水化合物，它是金针菇生命活动的能源和构成细胞的主要成分。金针菇可利用培养料中的淀粉、纤维素、木质素。在菌丝生长阶段，培养料的碳、氮比以20：1为好，子实体生长阶段以30～40：1为好。金针菇需要的矿质元素有磷、钾、钙、镁等，所以在培养中应加入一定量的磷酸二氢钾、硫酸钙、硫酸镁等矿质养料。金针菇也需要少量的维生素类物质，由于在培养料中如麦麸、豆粉中含有的维生素量基本可以满足金针菇生活需要，因而在栽培中常不再添加维生素类物质。

2. 温度

金针菇属低温结实性真菌，菌丝体在5～32℃范围内均能生长，但最适温度为22～25℃，菌丝较耐低温，但对高温抵抗力较弱，在34℃以上停止生长，甚至死亡。子实体分化在3～18℃的范围内进行，但形成的最适温度为8～10℃。低温下金针菇生长旺盛，温度偏高，柄细长，盖小。同时，金针菇在昼夜温差大时可刺激子实体原基发生。

3. 水分

菌丝生长阶段，培养料的含水量要求在65%～70%，低于60%菌丝生长不良，高于70%培养料中氧气减少，影响菌丝正常生长。子实体原基形成阶段，要求环境中空气相对湿度在85%左右。子实体生长阶段，空气相对湿度保持在90%左右为宜。湿度低子实体不能充分生长，湿度过高，容易发生病虫害。

4. 空气

金针菇为好气性真菌，在代谢过程中需不断吸收新鲜空气。菌丝生长阶段，微量通风即可满足菌丝生长需要。在子实体形成期则要消耗大量的氧气，特别是大量栽培时，当空气中二氧化碳浓度的积累量超过0.6%时，子实体的形成和菌盖的发育就会受到抑制。

5. 光线

菌丝和子实体在完全黑暗的条件下均能生长，但子实体在完全黑暗的条件下，菌盖生长慢而小，多形成畸形菇，微弱的散射光可刺激菌盖生长，过强的光线会使菌柄生长受到抑制。以食菌柄为主的金针菇，在其培养过程中，可加纸筒遮光，促使菌柄伸长。

6. 酸碱度

金针菇要求偏酸性环境，菌丝在 pH 值 3~8.4 范围内均能生长，但最适 pH 值为 4~7，子实体形成期的最适 pH 值为 5~6。

三、栽培技术

下面以袋栽为例加以说明。

（一）袋式栽培培养料的选择及配制

1. 培养料配方

杨柳木屑 10%、花生壳 20%、麦麸 5%、高粱面 5%、玉米面 20%、玉米芯 40%、石膏 1%、白灰 2%、多菌灵 0.1%、硫酸镁 0.2%、磷酸二氢钾 0.3%、食盐 0.5%、菇大壮 0.07%。

配方要求：陈木屑比新木屑好，木屑要粗细搭配，也可用玉米芯代替。麦麸用新鲜大片的好，千万不要用过夏、发霉变质的麦麸，没有麦麸的地区可用细稻糠代替。各种秸秆不要发霉腐烂，粉碎都不应过细，石膏粉用无水的熟石膏，白灰最好用建筑用的生石灰，也可用白云灰。玉米面要新鲜无霉烂。

2. 拌料

拌料是把栽培原料按配方比例称好，辅料要按照配方准确称取，然后混合均匀达到含水量合适，pH 值合理。拌料的目的是使各种原料与水充分混合，使菌丝充分地吸收基质中的营养，正常的生长。因此，拌料时一定要认真充分地搅拌，使各种原料和水在培养基中均匀分布，给菌丝生长创造一个良好的、舒适的生长环境。

（二）装袋

1. 塑料袋的选择

金针菇袋料栽培目前我国多选用 17cm×33cm×0.0045cm 或 17cm×38~40cm×0.0045cm 规格的聚丙烯折角塑料袋或低压聚乙烯折角塑料袋，高压灭菌应选择聚丙烯折角袋；常压灭菌则选择聚丙烯或低压聚乙烯折角袋。由于金针菇采用塑料袋为容器，整个出菇期塑料袋都起保持水分作用，所以必须选用专用塑料袋。装袋前应采用吹气法检查塑料袋是否漏气，凡漏气、厚薄不均的塑料袋均应淘汰。有折痕、有砂眼、有裂缝的次品也不宜使用。一般来讲，袋的厚度不少于 0.004cm，耐高温的聚丙烯袋透明度好，易于观察菌丝生长状况，但柔韧质差，易于破损；聚乙烯袋透明度差，且不耐高温，但质地柔软，冬季气温低时不易破损，易收缩，袋壁紧贴在菌块上不易出现壁菇，开口后保湿性好，且喷水后不易使菌袋内积水，减少出菇后期污染。

2. 装袋方法

装袋分手工装袋和机械装袋两种方法。

（1）手工装袋 手工装袋是一边装料一边用手压料，压料时用一手提起袋，一手四指向下紧贴袋平压袋内的料，一边装一边压，不要一次装满，从上面一次往下压缺点很多，一是上下松紧不一，下面很难装实；二是塑料袋易起褶，起褶的部位划口时不利子实体形成，同时因起褶，袋和料形成的空间在出锅时易窝气，聚积冷凝水，产生吐黄水现象；三是用力过大易挤破塑料袋。装袋时要注意松紧一致，袋面光滑无褶，料面平整。装料太松，菌丝细弱，易衰老，出耳时易发生污染；装料太实，通气不良，发菌慢。

每袋装料至 16～18cm 处即可，每袋装干料 0.35kg 或湿料 1kg 以上。料不要装得过少或过多，料过少，数量、质量不到位，降低了产量；料过多，料面上面的空间小，袋内氧气少，不利菌丝生长。装够高度的袋，按平料面后，用直径 2～2.5cm 的锥形头木棍或铁棍在料中间打一孔至袋底，然后按顺时针旋转着将木棍拔出（以免直接拔出木棍带料），然后将袋口擦净收紧，套上颈环，将高出套环部位的袋口翻卷到套环外沿下口，然后盖上无棉盖体。也可用颈圈和棉花封袋口。要特别注意盖盖时料面上必须保持 3～5cm 的高度，尤其是塞棉塞的棉塞与料面之间留有空隙，以免棉塞受潮被杂菌污染。装好的袋应高度、重量一致，外表整洁。装完袋后放入周转筐内。

（2）机械装袋　装袋机可代替手工装袋，使生产者从繁重的体力劳动中解脱出来，并提高效率数倍。

装袋方法：将拌好的料放入料斗，塑料袋套在料筒上，一手托住袋底，一手把住袋的中下部，用脚踩动离器，开始装袋，装至 18～19cm 处，将脚抬起关闭离合器，取下装满的袋（装袋机可以直接打孔）。装袋时两手配合有力，一是防止装袋过松，二要防止用力过猛造成袋破裂，用装袋机装，袋上下内外松紧一致，袋面平整光滑不起褶，装袋质量较高。装袋套颈圈、塞棉花等工序同手工装袋。装袋后的封口材料，国内有用套颈环、盖无盖棉的；也有套颈圈塞棉花的。上述两种方法比较科学，传统。

（三）灭菌

金针菇袋灭菌一般采用高压灭菌和常压灭菌两种方法。高压灭菌法：在 1.5kg/cm^2（0.15MPa）下灭菌 2～2.5h。常压灭菌法：料袋在 100℃ 情况下保持 10～12h。总之，无论常压灭菌还是高压灭菌，均要灭菌彻底，凡发菌期、出菇期霉菌污染严重的往往与培养料灭菌不彻底有关。如出菇期霉菌侵染严重的"软袋"主要是灭菌不彻底造成的。

（四）接种

接种是在无菌条件下把原种转接到经过灭菌的栽培袋内的培养料上，是金针菇栽培的一个关键环节。因此，一定要保证接种设备好，环境清洁卫生，消毒降尘彻底。一般每瓶原种接 25～30 袋。

（五）菌袋培养

菌袋培养在培养室进行。培养室可利用房屋，房间内搭培养架，培养架宽 80～100cm，长度不限，层间距离 35cm，6～8 层床架，过高导致上下层温差过大，管理不方便。床架用角铁或原木搭建，并在窗上安装排风扇。

培养室内的各方面条件应满足金针菇菌丝生长的发菌要求，培养室具体要求如下：有良好的控温、调湿、通风设施；要有闭光措施；要经严格的消毒杀虫处理；环境卫生良好，远离污染源；根据生产实际情况进行搭架，充分利用空间。

培养室的消毒措施：培养室在袋放入前应进行严格消毒，墙壁刷生石灰，并用高效绿霉净溶液喷雾消毒，然后用气雾消毒盒熏蒸。地面撒一层白灰粉。为防止虫害，在使用前培养室也应用 0.1% 菇虫速杀喷雾一次。若是老菇房最好用甲醛熏杀一次，再用 20%~30% 烧碱（氢氧化钠）喷洒。

菌袋接种后，应及时上架摆袋，袋要轻拿轻放，切忌用手直接拎袋口，这样很容易造成污染。在架上摆放袋要间隔 1cm 以上，便于通风降温。千万不要为了追求单位面积的数量而加大菌袋数量。

这个时期的技术管理，应加强如下环节。

1. 温度控制

温度对金针菇的发育至关重要，它关系到菌丝生长的速度，菌丝对培养基分解能力的强弱，菌丝分泌酶的活性高低和菌丝生长的强壮程度。金针菇菌丝生长的最适温度在 22~25℃，以 25℃ 生长最佳。但在温度控制要注意：随培养基内菌丝生长量的增加，菌丝发热程度将逐步加强，菌袋内菌丝在袋内小气候生长其温度一般比外部空间高 2~3℃，因此，室内控温时应当掌握在最适温度之下 2~3℃ 为宜。菌袋培养应严格注意菌温、气温、堆温的关系，严防烧堆。菌袋培养要有冬季能低温，夏季能降温的措施。金针菇菌袋培养温度要求 "前高后低，守低勿高" 的原则。

（1）培养初期 即接种后 3 天内，培养室的温度应适当高些，以 24~25℃ 为宜。使刚接种的菌丝迅速恢复生长。菌丝萌发快，生长迅速，能减少杂菌污染。

（2）培养前期 即接种后 3~15 天内，培养室的温度以 20~22℃ 较为适宜。

（3）培养后期 即接种后 15~35 天，以温度 18~20℃ 较为适宜，这个时期金针菇菌丝已占优势，虽然室温较低，但菌体本身代谢也会增加温度，菌丝也快速健壮生长。

当菌丝吃料 1/3 时，绝不可使温度超过 28℃，以 22℃ 以下为宜。因为在超温下培养的菌丝不死也伤，没等出菇，菌丝就会收缩发软吐黄水，不仅易生长绿霉，而且子实体也很难长出。

2. 湿度控制

由于金针菇菌丝体是在袋内生长，只要培养基水分适宜，湿度控制比较容易，为有效地防止杂菌侵入，培养室湿度应以 "宜干不宜湿"，空气相对湿度保持在 45%~60% 为宜。若湿度过大，可在培养室内多撒白灰粉吸潮，或加强通风排湿。若发菌期过于干燥，接入的菌种在袋内发干，不宜萌发，可在地面喷 2% 白灰水使其达到湿度要求。

3. 空气控制

应掌握 "先小后大，先少后多" 的原则，培养的前 5~7 天，如果不超温可不用通风。菌丝萌发生长封面后应及时通风，每天中午通风 1 次，每次 1h。菌丝长至袋面 1/3 以后应加大通风换气次数，每天早、中、晚各通风 1 次，每次 1h，必要时打开门窗进行大通风一次。越到菌丝生长后期越要注意，加大通风量。总之，金针菇菌是好气性真菌，在培养室内要注意通风换气，要有适当的通风设施。另外，要注意空气的对流，最低限度使培养室内不气闷，无异味。

4. 光照控制

金针菇菌丝生长阶段不要光线，光照菌丝易老化，诱发原基形成，形成半袋或袋四周出菇，影响后期产量。因此，金针菇发菌室应有遮光措施，即 "暗光培养，宁黑勿亮"。

5. 菌袋检查与处理

菌袋培养头3~5天，对菌丝进行第一次粗检。主要检查菌种是否萌发成活，7~10天再检查1次，主要检查菌丝长势及污染情况；15天左右全面仔细检查一次。详细检查菌袋污染情况，将污染菌袋按污染的种类及污染程度分别处理，污染较轻的可以用药剂处理，用75%酒精加高效绿霉净混合液注射到杂菌袋里，（也可用30ml甲醛加50ml 75%酒精混合液处理）注射面应大于污染面。注射后贴上胶布，然后移到低温15℃以下培养，温度低霉菌很难生长，金针菇菌丝仍能继续生长，将来照样正常长菇。个别污染严重的菌袋，不能随便扔弃，应集中在一起，将袋内料倒出，堆在一起盖上塑料膜发酵（将袋烧掉）后做新的培养基原料。如袋内培养料已发臭，或感染链孢霉的袋，应深埋处理，防止造成交叉感染。

在发菌期间，每隔7~10天喷洒3%消霉护菇液或2%过氧乙酸交替消毒，可有效地预防各种杂菌。并且对金针菇菌丝生长无不良影响。

金针菇菌袋在适宜的条件下，一般30~40天菌丝可发满全袋。长满袋即可采取措施促其出菇。

（六）出菇期管理

发菌结束后，但菇蕾不会自然产生，还必须经过人工"催蕾"才能出菇，其方法如下。

1. 搔菌

打开袋口，用铁丝做成3~4个齿的手耙，将培养料表面的一层厚菌膜搔破，连同老菌种块一同去掉。

2. 降温

把搔菌后的菌袋搬进出菇棚，两头出菇的堆码成行，一头出菇的竖摆在地上，有条件的可搭架。将棚内温度降到10~12℃。

3. 增湿

给菌袋以外的地方喷水，增加棚内湿度，使空间湿度达到80%~85%。

经过上述管理，培养料表面出现黄色水珠，这是菇蕾出现的前兆。不久，米黄色的菇蕾出现，子实体开始生长。

4. 子实体生长期的管理

（1）适温出菇　金针菇出菇的适宜温度为10℃左右，超过15℃，子实体生长迅速，菌柄粗短，菌盖大，易开伞，失去商品性。低于8℃。子实体生长缓慢，出菇期拉长。为获得柄长、整齐、健壮的优质菇，在子实体不同的发育时期，应对菇房温度进行调节。开袋前，保持菌丝培养温度，以促进菌丝充分成熟；现蕾后到子实体生长初期，降温到5~8℃，维持3~5天驯养，使同批菇蕾同步生长。驯养结束，恢复出菇时所需温度。

（2）调节湿度　在菇蕾形成期，空气相对湿度要加大到90%左右；当菌柄开始伸长时，湿度控制在80%~85%。喷水要形成雾状，不能直接喷到菇体上，以免引起病害。

（3）弱光诱导 金针菇具有较强的向光性，用一定的光照可诱导菌柄向光伸长。因此，可在棚顶上方隔 3~5m 装一灯炮或棚顶开洞，诱导子实体生长。为防止菇体向光乱长，菇棚其他部位应严密遮光。

（4）氧气调节 金针菇子实体在不同的生长阶段对氧气的需求量不同。在菇蕾形成期为使菇蕾形成量多，出菇整齐，应加大通风量；在菌柄伸长期为抑制菌盖生长，促使菌柄伸长，就要减少通风量以增加棚内二氧化碳浓度，同时把袋端留的薄膜撑开拉直形成桶状，这样既保湿，又能增加袋内二氧化碳浓度。但浓度过大，容易形成菌柄纤细无菌盖的针头菇。一旦出现针头菇就要及时通风。当菌柄长到 15cm 左右时便可采收，采收时同袋内长短大小一次采净，一般能收 2~3 茬。

（七）采收与分级

1. 采收

菌盖形态和色泽符合相应等级产品标准时及时采收。采收时手握菇柄整丛扭出。采收后，去掉菌柄基部的碎屑杂质，拣出伤、残、病菇，分拣后称重或归类堆放。移动时应小心轻放。

2. 金针菇级别

一级菌盖呈半圆球形，直径 0.5~1.3cm，柄长 14~15cm，整齐度 80% 以上，无褐根，无杂质；二级菌盖未开伞，呈半圆球形，直径 1.2~1.5cm，柄长 13~15cm，柄基部浅黄至浅褐色，有色长度不超过 1.5cm，无杂质；三级菌盖直径 1.5~2cm，柄长 10~15cm，柄基部黄褐色占 1/3，无杂质。

思考题：

1. 金针菇的生物学特性怎样？栽培前景如何？
2. 叙述金针菇栽培管理要点，并说明管理的特殊性。

第六节 灵芝栽培

一、概述

灵芝〔*Ganoderma lucidum*（Leyss. ex Fr.）Karst.〕俗称灵芝草，古代称为瑞草或仙草。历来作为一种治病的良药，吉祥的象征和天然的观赏品。灵芝作为药用，古代认为有益心气，安精魂，坚筋骨，好颜色等功效。主治神经衰弱、头昏失眠和虚劳咳嗽等症。据现代医学研究报道，灵芝有强精、消炎、镇痛、抗菌、免疫、解毒、利尿、净血等多种功效。对癌症、脑溢血、心脏病、肠胃病、白血病、神经衰弱、慢性支气管炎等多种疾病都有一定的疗效。作为健康食品，灵芝含有两种最珍贵的成分，一是有机锗，含量达 800~2 000mg/kg，是人参含锗量的 3~6 倍。锗能消除血液中的胆固醇、脂肪、血栓及其他不纯物质，使血液循环畅通。还能增强红血球带吸氧的能力，促进新陈代谢，因而有健身、美容和延缓衰老的作用。二是高分子多糖体（灵芝多糖），能强化人体免疫系统，提高对疾病的抵抗力。还能抑制癌细胞的恶化与蔓延。伴随着社会的进步科学技术的发展，特别是20世纪60年代以后，灵芝大量人工栽培成功和药理药化研究及生物研究，被神化了数千年的灵芝，揭开了神秘的面纱，同时又进一步肯定了《神农本草经》和《本草纲目》等记述的"扶正固本"、"久食长生"之原由，2000年灵芝被正式列入《中华人民共和国药典》。目前日本、美国等国家和中国香港地区等正在掀起灵芝热，即提倡多食用健康食品——灵芝，以达到延年益寿的目的。我国林木资源丰富，气候适宜，环境无污染，栽培开发有基础，产品销售有渠道，积极发展灵芝生产是开发山区资源，发展山区经济的有效途径之一。

二、生物学特性

（一）形态特征

1. 菌丝体特征

灵芝的菌丝有单核菌丝、双核菌丝、结实菌丝3种。单核菌丝没有生育能力，生长缓慢；双核菌丝显得洁白粗壮，生长迅速，分解木质素、纤维素能力强。

2. 子实体特征

子实体一年生，菌盖呈肾形、半圆形或近圆形，直径3～32cm，厚0.6～2cm，表面褐黄色至红褐色，幼嫩时边缘黄色，有环带和同心辐射皱纹，有漆样光泽，边缘锐或稍钝，常稍向内卷。菌肉淡白色或木材色，接近菌管处常呈淡褐色或近褐色。菌管长0.4～1cm，管面初期白色，后变为淡褐色或褐色，有时呈污黄褐色，管口近圆形，每毫米有菌管4～5个。菌柄近圆柱形，木栓质，侧生、偏生或罕见近中生，长2～20cm，与菌盖同色，有光泽。皮壳构造呈拟子实层型，淡褐色，组成菌丝棍棒状。孢子卵形或顶端平截，双层壁，内壁有小刺，有时中间有油滴。

（二）生活习性

1. 地理分布

灵芝品种多样，分布广泛。我国大部分省份均有分布，一般适宜300～600m海拔高度山地生长，特别是热带、亚热带杂木林下均可找到它的踪迹。

2. 生态环境

灵芝在野外多生于夏末秋初雨后栎、槠、栲树等阔叶林的枯木树兜或倒木上。亦能在活树上生长，故属腐生真菌和兼性寄生真菌。

3. 生物学特性

（1）营养　主要是碳素、氮素和无机盐。灵芝在含有葡萄糖、蔗糖、淀粉、纤维素、半纤维素、木质素等基质上生长良好。它同时也需钾、镁、钙、磷等矿质元素。

（2）温度　灵芝属中高温型菌类，对其温度适应范围较为广泛。

菌丝体生长温度范围3～40℃，正常生长范围18～35℃，较适宜温度为24～30℃，最适宜温度为26～28℃。子实体形成的温度范围为18～32℃，最适温度26～28℃，30℃发育快，质地、色泽较差，25℃质地致密，光泽好。温度持续在35℃以上，18℃以下难分化，甚至不分化。孢子萌发最适温度为24～26℃。

（3）水分　灵芝菌丝体在基质中要求最适含水量为60%～65%，菌丝在段木中要求段木含水量为33%～48%之间。短段木埋土时，要求土壤含水量为16%～18%，而在出菇期间要求土壤含水量为 19%~22%。

菌丝生长阶段，空气相对湿度为 70%~80%，在形成子实体阶段，空气相对湿度要求在 85%~95% 之间，不可超过 95%，否则对子实体发育形成与分化不利。

（4）空气 灵芝为好气真菌。对氧气的需求量比一般食用菌大，一般空气中二氧化碳在正常情况下为 0.03%。试验表明，当空气中的二氧化碳含量超过 0.1%，将使灵芝只长菌柄或菌柄分枝不开盖而形成鹿角芝。

（5）光线 灵芝菌丝在菌丝生长阶段不需要光线，光照对菌丝生长有明显的抑制作用。灵芝子实体在形成阶段，若在全黑暗环境下不分化，而过强的光线也将抑制子实体正常分化，只有在漫射光达到 200~5 000lx 范围内，使子实体正常分化与形成。荫棚遮阴程度达到"四分阳，六分阴"便可。四周只需西面遮围，其他三面视情况稍加遮阴。

灵芝子实体不仅有趋光性，另外还有明显的向地性，即灵芝子实体的菌管生长具有向地性，不管菌伞生长的方向是向上或向下倾斜，通常菌管的生长朝地面，与地面垂直。

（6）酸碱度 灵芝菌丝生长最适 pH 值 5~6，灵芝子实体生长最适 pH 值 4~5。

三、栽培技术

（一）制种

1. 纯菌种分离培养

（1）孢子弹射分离法 将已灭菌的琼脂培养基倾倒在培养皿内，制成平板培养基，备用。选好成熟、正在释放孢子的灵芝，将菌盖剪下，用 75% 酒精对菌盖进行表面消毒（切勿触及子实层的一面）；将菌盖切成 1cm 的小方块，用锋利小刀将皮壳状菌盖连同少许菌肉切去，然后在剖面上涂上胶水，贴到培养皿盖内的上方，再盖到培养皿上。将培养皿放在室温下培养。6h 后，将培养皿的盖子按顺时针方向转动若干度，以后每隔 4h 按同样方向再转动若干度，直到回复到原来的位置。移去供分离用的组织块，用纸将培养皿包好，倒放在恒温箱内培养。孢子萌发后可形成不同密度的菌落，挑选分散性好且连接成片的菌落，转入试管内培养。

（2）组织分离与培养 成熟的灵芝子实体其细胞已木栓质化，回复到营养生长的能力明显下降。因此，灵芝的组织分离应选取尚未木栓质化的幼嫩组织，可以选用尚未形成菌盖的幼蕾作为分离材料，菌盖边缘呈浅黄色。将切下的黄色灵芝组织块放在 0.1% 升汞溶液内进行表面灭菌，处理 1~2min，也可用 75% 酒精作表面灭菌处理。用小刀切去外部皮壳，再将组织块切成 0.2cm 的小块，接种在培养皿上，放在 28℃ 的黑暗条件下培养。

2. 固体菌种的选择

良好的灵芝菌种在斜面培养基表面呈线状菌束，洁白粗壮，培养基内菌丝发达。刚长满瓶的原种菌丝体坚牢，挖出瓶时能呈块状，有一股浓郁的菌丝体味。

3. 固体菌种的培养

按棉籽壳 79%、麸皮 20%、石膏粉 1%，含水量 60% 的比例混合均匀，配制好固体培养基，装入玻璃菌种瓶中，经高压灭菌，接种，在 22 ~ 25℃ 下培养，注意通气、湿度等因素，当菌丝长满瓶时，即可供袋栽接种用。

（二）栽培

灵芝的栽培方法很多，有代料瓶栽、代料袋栽，还有段木栽培及短段木熟料栽培，其中短段木熟料栽培生产的灵芝质量最好，产量也较高，产品深受欢迎。

现就灵芝短段木熟料栽培介绍如下。

1. 短段木熟料栽培优点

（1）灵芝品质好，销路俏　短段木熟料栽培灵芝最大优点在于灵芝子实体菌盖厚实、宽大、色泽鲜亮、含多糖体与有机锗丰富；重金属含量极低，几乎没有农药残留；外销需求量大。

（2）生物转化率较高　生产 1t 灵芝约耗段木 25m³。每 1m³ 木材两年可产干灵芝约 40kg。

（3）经济效益好　经济效益好，市场售价高。

（4）成品率高、合格率高　由于通过高温、高压使段木中的营养成分被有效降解，易被灵芝菌丝分解与吸收，污染机会少，故成品率、合格率均比较高。

2. 生产过程

（1）生产流程　树木选择→砍伐→切段→包装→灭菌→接种→菌丝培养→场地选择→搭架→开畦→脱袋→埋土→管理（水分、通气、光线）→出芝→子实体发育→孢子散发→采收→晒干→烘干→分级→包装→贮藏。

（2）生产中的几个基本知识　在栽培实践中经常用到：①1m³ 段木：10cm 直径 15cm 长的短段木，850 段。12cm 直径 15cm 长短段木 590 段；14cm 直径 15cm 长的短段木 434 段；16cm 直径 15cm 长的短段木 332 段。②1 亩地 = 667m²，埋种 20 ~ 25m³ 段木。③1m³ 段木当年约产干灵芝 15 ~ 20kg（一般可出芝两年）。④1kg 鲜灵芝晒干为 0.3 ~ 0.35kg。⑤1m³ 段木约需菌种量 100 包。

（3）生产工艺　包括了如下几个环节。

①选好树种，育好菌种　灵芝产量高低取决于菌材的菌丝总量，而菌丝量又与段木的体积和营养成分有关。因为段木是灵芝生长和发育的营养来源，也是产生灵芝子实体的物质基础。故段木树种的选择与灵芝的单产、品质有着直接关系。

树种应选用壳斗科树种为主，如栲、栎、槠、槟等。其他如枫、杜仲、苦栎、乌桕等亦可，但产量与品质均不如壳斗科树种。栎、栲、槟类栽培灵芝其菌丝生长速度快、产量高、色泽好、子实体中实等优点；槠类树种菌丝生长较慢、出芝较迟，但子实体厚实，产量稍低；枫树等其他杂树生长的灵芝子实体较轻薄、易出芝，当年产量高等特点。砍伐的杂木应选择生长在土质肥沃，向阳的山坡。其营养比较丰富，产量也高，品质亦佳。

菌种是灵芝生产的基础。选用良种是夺取灵芝优质高产的首要环节。一是菌种的遗传性状要好；二是菌种繁育的质量要好。目前生产上普遍使用的有信州和南韩，表现为适应性广，稳定性好，抗杂抗污能力强；芝大形好，一级品率高，产量也高等特点，是灵芝栽培的理想品种。另外，还有 801、日本二号、植保六号、台湾一号、云南四号等。

除了选择优良菌种外，在培养灵芝的三级菌种中，都要严格把关，注意合理配料，繁育好洁白粗壮、生活力强的适龄菌种，为优质高产打下坚实的基础。

②适时栽培，无菌接种　灵芝属中高温性菌类。生产的接种季节，安排在11月下旬至1月下旬，或2月中旬至3月上旬，当年均可收获两批子实体。

首先考虑适时砍伐。树木休眠期10月至翌年1月，一般根据灵芝栽培时间早一个月砍伐，去枝运回生产场地，凡是种香菇的树木，都可以栽培灵芝，尤以质硬为好，直径不小于6cm，不大于22cm，以8～18cm为宜，砍伐运输过程中，尽可能保持树皮完整。

其次是切段装袋。在熟化消毒的当天或前一天进行切段，长度一般30cm，切面要平，周围棱角要削平，以免刺破塑料袋。袋的规格有15cm、20cm、26cm、32cm的0.005cm聚乙烯筒料，每袋装1段，大段装大袋，小段装小袋，两头缚紧。若段木过干，则浸水过夜再装袋。

然后熟化灭菌。用常压灭菌，保持100℃10h，或97～99℃保持12～14h。在加热时，要避免加冷水以致降温，影响灭菌效果。要注意灶的实际温度，防死角、防断水。

接着消毒接种。按每立方米段木100包接种量接种。接种时，要进行二次空间灭菌。接种室要选门窗紧密、干燥、清洁的房间，墙壁用石灰水粉刷，地面是水泥地。第一次消毒在段木出灶前进行，按每立方米空间用烟雾消毒剂4g，消毒过夜；第二次消毒在段木冷却至30℃以下时，在各项接种工作准备完毕后进行。为了减少污染率，整个过程中，动作要迅速。接种主要在两段木表面，中间可不接。菌种要紧贴段木切面。这样发菌快，减少污染，一般接种成活率可达98%。

最后菌袋培养。菌袋放在通风干燥的室内较暗处培养，放室外要有遮雨、保湿、遮阴措施。菌袋立体墙式排列，两菌墙之间留通道，以便检查。接种后一周内要加温到22～25℃培养，有利菌丝恢复生长。菌丝生长中后期若发现袋内大量水珠产生，则要加强通风或降温，每天午后开门窗通风换气1～2h。一般培养20天左右菌丝便可长满整个段木表面。这时，可结合刺孔放气，减少袋内积水。通过开门窗换气增加袋内氧气，促进菌丝向木质部深层生长。室内培养期约2个月。

对污染的菌袋，可脱袋清洁杂菌后重新灭菌培养，且用种量宜大些。

③搭棚作畦，排场埋土　应选择在海拔300～700m，夏秋最高气温在36℃以下，6～9月份平均气温在24℃左右，排水良好，水源方便，土质疏松，偏酸性砂质土，朝东南，坐西北的疏林地或田地里。

栽培场应在晴天翻土20cm，畦高10～15cm，畦宽1.5～1.8m，畦长按地形决定，去除杂草、碎石。畦面四周开好排水沟，沟深30cm。有山洪之处应开好排洪沟。然后搭架建棚，具体操作与普通香菇荫棚相同。最后排场埋土，即排场时间应选择4～5月天气晴好时进行。场地应事先清理干净，注意白蚁的防治。排场应根据段木菌种不同，生长好坏不同进行分类。去袋按序排行。间距5cm，行距10cm。排好菌木后进行覆土，土厚2cm。以菌木半露或不露为标准。覆土深浅厚薄应视栽培场湿度大小酌情处理。覆土最好用火烧土，既可提高土壤热性又可增加含钾量，有利出芝。

④加强管理，适时采收　灵芝生长对光照相当敏感，搭荫棚，郁闭度比香菇棚应透亮些。如过阴，灵芝子实体柄长盖细小，再加上通气不良和 CO_2 浓度高，则形成"鹿角芝"。光线控制总的原则是前阴后阳，前期光照度低有利于菌丝的恢复和子实体的形成，后期应提高光照度，有利于灵芝菌盖的增厚和干物质的积累。

灵芝子为恒温结实型，正常的生长温度为 $18 \sim 34℃$，最适范围为 $26 \sim 28℃$。菌材埋土后，如气温在 $24 \sim 32℃$，通常 20 天左右即可形成菌芽。当菌柄生长到一定程度后，温度、空间湿度、光照度适宜时，即可分化菌盖。气温较高时，要时常注意观察展开芝盖外缘白边色泽变化，防止变成灰色，否则再增大湿度也不能恢复生长。即保持湿度，如中午气温高，还要加强揭膜通风。

灵芝生产需要较高的湿度，灵芝的子实体分化过程，要经过菌芽、菌柄、菌盖分化、菌盖成熟、孢子飞散。从菌芽发生到菌盖分化未成熟前的过程中，要经常保持空气相对湿度 $85\% \sim 95\%$，以促进菌芽表面细胞分化，土壤也要保持湿润状态，晴天多喷，阴天少喷，下雨天不喷。但不宜采用香菇菌棒浸水催芽的经验。

灵芝属好气性真菌，在良好的通气条件下，可形成正常肾形菌盖，如果空气中 CO_2 浓度增至 0.3% 以上则只长菌柄，不分化菌盖。为减少杂菌为害，在高温高湿时要加强通气管理，让畦四周塑料膜通气，揭膜高度应与柄高持平。这样有利分化菌盖，中午高湿时，要揭开整个薄膜，但要注意防雨淋。

做到"三防"，确保菌盖质量：一防联体子实体的发生。排地埋土菌材要有一定间隔，当发现子实体有相连可能性时，应及时旋转段木方向，不让子实体互相连结。并且要控制短段木上灵芝的朵数，一般直径 15cm 以上的灵芝以 3 朵为宜，15cm 以下的以 $1 \sim 2$ 朵为宜，过多灵芝朵数将使一级品数量减少；二防雨淋或喷水时泥沙溅到菌盖造成伤痕，品质下降；三防冻害。海拔高的地区当年出芝后应于霜降前用稻草覆盖菌木畦面，其厚度 $5 \sim 10cm$，清明过后再清除覆稻草。

注意适时采收。在灵芝子实体达到：一有大量褐色孢子弹散；二菌盖表面色泽一致，边缘有卷边圈；三菌盖不再增大转为增厚；四菌盖下方色泽鲜黄一致时即可采收。采收时，要用果树剪，从柄基部剪下，留柄蒂 $0.5 \sim 1cm$，让剪口愈合后，再形成菌盖原基，发育成二潮灵芝。但在收二潮灵芝后准备过冬时，则将柄蒂全部摘下，以便覆土保湿。灵芝收后，过长菌柄剪去，单个排列晒干，最好先晒后烘，达到菌盖碰撞有响声，再烘干至不再减重为止。

（三）病虫害防治

1. 白蚁防治

采用诱导为妥。即在芝场四围，每隔数米挖坑，坑深 0.8m，坑宽 0.5m。将芒萁枯枝叶埋于坑中，外加灭蚁药粉，然后再覆薄土。投药后 $5 \sim 15$ 天可见白蚁中毒死亡，该方法多次采用，以便将周围白蚁群杀灭。

2. 害虫防治

用菊酯类或石硫合剂对芝场周围进行多次喷施。发现蜗牛类可人工捕杀。

3. 杂菌防治

在埋木后如有发现裂褶菌、桦褶菌、树舌、炭团类应用利器将污染处刮去，涂上波尔多液，并将杂菌菌木烧灭。

（四）产品加工

灵芝产品有灵芝子实体与灵芝孢子粉，子实体经干制后可做切片与粉碎成灵芝精粉，为提高附加值，常以做酒或茶方式进行粗加工。具体方法如下：

1. 灵芝酒的制作

取干燥的灵芝 50g，经粉碎后用 500g 60°以上的白酒浸泡，在常温下泡 2～3 周，至酒变成棕红色即可饮用。为减少苦味，可在泡酒时加入适量的冰糖或白糖。

2. 灵芝茶的制作

选用优质、干燥、无虫蛀、无霉烂的灵芝，用粉碎机粉碎成粉末状；将新鲜的优质绿茶粉碎成粉末状，然后按灵芝粉与茶末以 1：10 的比例配合后拌匀，分别装入小塑料袋中，每袋装 2～3g，装袋后密封贮藏或出售。

（五）质量标准

目前，灵芝还没有相应的药用标准，对灵芝子实体的质量管理可参考相关的食品标准。对药用菌中重金属和农药残留的要求，可参考如下标准：鲜子实体和菌丝培养物中砷、铅、汞等有毒元素的含量应分别低于 1.0mg/kg、2.0mg/kg 和 0.2mg/kg；干子实体中这些元素的含量则应分别低于 0.5mg/kg、1.0mg/kg 和 0.1mg/kg；在食用菌中不应检出甲胺磷、对硫磷等 8 种农药残留。

（六）灵芝盆景的制作工艺

灵芝形态奇特，色彩绚丽，被认为是吉祥的象征，可以作为盆景，以供观赏。在国际市场上，尤其是在日本和东南亚地区，灵芝盆景倍受欢迎，是开发灵芝生产又一产品。

灵芝盆景制作，是将生物学技术和传统盆景造型艺术结合起来的一种新工艺，它是利用灵芝的生物学特性，通过对灵芝生环境条件的控制，并结合人工截枝、靠接、化学药物处理，培育出具有不同形态、造型奇特的灵芝，再配以山石、树桩、枯木、便成为古朴典雅、造型奇特的工艺品。

制作盆景的灵芝，可以用塑料袋做容器栽培灵芝，其菌丝体培养阶段，可在栽培瓶（袋）中进行，到原基出现后，再按不同需要进行分别处理。也可直接用花盆培育，当菌丝在盆内长满后，在培养基表面盖一块塑料薄膜，在薄膜上视需要打若干个直径为 1～2cm 的圆洞，紧贴于培养基表面，洞四周再用铁片围住，迫使灵芝子实体从洞中长出，然后再视需要进行处理。灵芝造型方法如下：

1. 盆景灵芝的生长管理

灵芝造型的管理是在灵芝的栽培场地中进行，灵芝的形态别致、造型奇特，不同的造型管理产生别样的艺术效果。

（1）单株生长　原基出现后，把培养室温度和湿度同时降低，使培养条件不再适于原基分化，于是菌蕾周围的颜色加深老化，并形成革质皮壳，使菌蕾生长停止。当菌蕾向上延伸成菌柄后，再把温、湿度提高到适宜范围，菌柄长出瓶口后，很快分化成菌盖。在菌柄长出瓶口之前，间断性地调整温、湿度，在菌柄上会出现几个长短不一的分枝。

（2）菌盖加厚 将已形成菌盖而未停止生长的灵芝，放在通气不良的条件下培养，菌盖下面会出现增生层，形成比正常菌盖厚 1~2 倍的菌盖。

（3）子母盖培育 在加厚培养中，继续控制通气条件，可从加厚部分延伸出二次菌柄。再给以通风条件，从二次菌柄上可形成小菌盖，有时一个，有时多个。用机械刺激的方法，也可诱导菌盖上分化出小菌盖。当灵芝的边缘生长点接近停止时，继续保持适宜的生长条件，用消毒的钢针或小刀将菌盖背面或沿皮壳轻轻挑破，形成一个或若干个小疤痕。继续培育，可从疤痕处抽出短柄，很快就形成小菌盖。

（4）盖上生柄和双重菌盖 在生长处于旺盛阶段的幼嫩菌盖上，套上一个很长的纸筒，使光线从顶上透入，菌盖会停止水平面生长，而从盖面上长出一个很小的突起。继续控制培养，突起向上延伸成菌柄。在突起形成后，去掉套筒，在适宜条件下培养，保持菌种瓶原来放置方向不变，突起分化出菌盖，成为双重菌盖。

（5）脑形菌盖 正常的菌盖呈半圆形、肾形，有时是圆形。为了培育脑形或鼓槌形菌盖，应在菌柄长出瓶口开始分化成菌盖时，频繁地大幅度调整培养室温、湿度，造成很大的波动，同时控制通气和透光条件，会形成不规则的脑形子实体，菌盖下面看不到菌管，有时出现在背面。

（6）丛生菌盖 当培养室通风极为不良，二氧化碳浓度很高，已分化的原基不能正常发育，成为不规则柱状物。若改善通气条件，在不规则柱状物上就能发育成丛生菌柄和菌盖。

（7）鹿角状分枝 在温度、湿度、光照均能满足其生长要求时，若室内二氧化碳积累过多（达到 0.1% 以上），菌柄上就出现许多分枝，越往上分枝越多，而且渐渐变细，在菌柄顶端始终不发育菌盖。也可在瓶内套一个内面衬有薄膜的长纸筒，会在筒内形成鹿角状分枝。

（8）光诱导培养 灵芝子实体生长有明显的趋光性，其菌柄生长先端和菌盖的边缘生长点，都是向有光的一面生长。在进行鹿角状分枝培养时，固定光源，不时改变瓶子方向，或将瓶子固定不动，改变光源射入方向，其子实体形状则形如盘根错节的枯树枝。当菌盖形成后，用同样的方法给予光刺激，会形成各种类型的菌盖。

（9）药物刺激 给正在生长的菌柄先端涂上药物（如酒精），即出现柄粗、分偏枝以及偏生和节疤的菌盖。

（10）靠接和截枝 根据造型的需要，将两个或若干个菌柄的生长先端用细线固定在一起，或用消毒小刀削去一部分幼嫩皮壳后再固定，愈合后再拆去细线，连接成一个整体。或将另一株老化菌柄剪去。

（11）强制造型 将正在生长的灵芝，用塑料薄膜包扎成弯曲、节疤或各种简单造型，按一定造型强制生长。再通过人工整修、剪枝，可造成多种形状。

（12）控制光照 子实体形成后，在有充足散射光条件下，由于色素沉积在细胞壁上，使子实体表面皮壳色泽加深。栽培时利用光强度的强弱，能使颜色发生变化。

2. 灵芝盆景的制作

造型灵芝长好后，还要经过打磨、修饰加工或用防腐剂浸渍、涂保护膜等工艺处理；或用水玻璃胶贴在黄杨木基座上；或装入陶盆内，用泡沫塑料、白云石作填充物。

再根据灵芝形态命名，便成为一件精美的灵芝盆景。

思考题：

1. 灵芝的生物学特性怎样？栽培前景如何？
2. 灵芝如何栽培？
3. 灵芝盆景如何制作？

第七节　天麻栽培

一、概述

天麻（*Gastrodia elata* Blume）别名赤箭、定风草、山区人称"仙人脚"、回笼籽，地下茎是一种名贵的中药材。天麻的主要成分是天麻素，味甘，性微寒，有祛风、定惊、镇静止晕、通经和强筋骨等功效。可治头昏、眼花、风寒湿痹、四肢拘挛、小儿惊风等症。被《神农本草经》列为中药上品，目前市场商品极缺，售价较高。

二、生物学特性

（一）天麻的形态特征

天麻属兰科，多年生草本植物，无根；地下茎长圆形或椭圆形，有明显的环节，节处有薄膜鳞片，成熟的块茎生有顶芽，茎由顶芽抽出，单生，直立，呈圆柱形；茎的颜色随品种不同有橙红色、橙黄色、灰棕色、蓝绿色等；叶为退化的膜质鳞片，互生，叶脉较细，基部呈鞘状包茎。花的色泽随品种而异，有橙黄色、蓝绿色、青绿色、米黄色等；花为穗状的总状花序，顶生；花梗短于子房，苞片膜质，狭披针形，每苞片内具花一朵；花冠倾斜，基部膨大，呈歪壶状，缘部五裂，下面具有一个较大的唇瓣；唇瓣上方为合蕊柱，同雄蕊和花柱合生而成。花药二室，花粉块状，子房下位。蒴果长圆形，有6条纵缝线，成熟时由缝线处裂开；种子细小，粉末状，每个果实中的种子一般有2万~3万粒。花期6~7月，果期7~8月。

天麻不能进行光合作用制造营养，靠蜜环菌分解木材上的半纤维素和纤维素为营养来源。从而形成一个由"绿色植物—蜜环菌—天麻"三者组成的生态群落和食物链。

近年来，一些科技工作者通过多次实验，培养出了蜜环菌，用人工接菌方法培养菌材，再用菌材伴栽天麻获得了成功，极大缩短了天麻的生长周期，为发展天麻商品生产、农村致富脱贫开辟了一条新途径。

（二）天麻和蜜环菌的关系

天麻和蜜环菌都喜欢凉爽、湿润和适当荫蔽、通气性好、pH值5~6的酸性土壤中生长。但它们的生长起点温度不同。蜜环菌在土温达5℃时即开始生长。而天麻的生长温度为10℃；二者生长加快的土温都在15~24℃；当土温超过30℃时，二者生长都又受到抑制。在生产上一般多采用先接菌，然后用培养好的菌材再伴栽天麻。

蜜环菌是伞菌目白蘑科蜜环菌属的一些种类，分布在高山树林里。初期发生在腐烂的树桩、树根上，倒地树干及枝桠上常发现有野生蜜环菌生长，特别是溪沟两边湿润的地方最多。凡有野生天麻生长的地方都有蜜环菌分布。

1. 蜜环菌的形态

蜜环菌在不同发育阶段，有子实体、菌丝体两种形态。菌丝体又分为菌丝和菌索两种。

子实体通常称"蕈子"，伞形、蜜黄色，蕈柄上有一个环，故称蜜环菌。基部丛生，常于秋末冬初丛生在树桩上，味美可食。

菌丝体为乳白色，单个菌丝肉眼看不清，在显微镜下观察为透明细丝状。很多菌丝纠结在一起成菌丝束。菌索的外面生有一层胶质外壳，壳内呈菌丝束状。幼嫩菌索为棕红色，前端有白嫩生长点，能继续生长并分枝杈。菌索老化后为棕黑色或黑色，有韧性。拉折均不易断，把菌索切断，可从断口处继续生长。

2. 蜜环菌的特性

蜜环菌是一种兼性寄生真菌。在培养菌材时，可以随砍树随培菌，以延长菌材的使用时间，并能充分地利用菌材的营养。

菌索在通气良好的条件下，生长繁茂健壮，在嫌气条件下生长不良。培养菌材和栽种天麻时应选择土壤团粒结构好的砂质土壤中。蜜环菌的菌丝、菌索白嫩的尖端与空气接触后能发出荧光。蜜环菌在 6~30℃ 下均能生长，适宜温度为 18℃。超过 30℃ 停止生长，在 70℃ 高温下 5min 就可以致死。蜜环菌生长还必须有一定湿度条件。人工培养蜜环菌时，土壤含水量以 50%~70% 为宜。

3. 天麻生长发育

天麻块茎由于发育阶段不同，可分为两种类型：①箭麻，块茎较大，顶端生有红褐色芽嘴，能抽茎开花，结籽。茎秆中空，初生时似箭，故称"箭麻"。箭麻是发育成熟的天麻块茎，物质积累最高，是各种药用天麻制品的主要原料。②白头麻，块茎较小，芽嘴短而不明显，初夏由顶端生出白色粗壮的幼芽。故称"白头麻"。个体较小的又称"米麻"。白头麻和米麻的繁殖力比较强，是栽种天麻最好的繁殖体，故称"种麻"。

（1）营养生长　天麻块茎长到 10 月下旬（霜降前后），土壤温度下降至 10℃ 左右，生长停止，进入休眠期。第二年 3~4 月（春分至谷雨），地温回升到 10℃ 以上时，又开始萌动生长。在 7 月中旬（小暑前后）至 9 月下旬（秋分），地温在 18~24℃ 时发育最快，地温超过 25℃ 时块茎发育受到抑制。

（2）生殖生长　箭麻入冬后进入休眠，第二年地温回升到 10℃ 以上开始萌动生长；地温达到 12℃ 以上时，开始抽茎出土；地温到 19℃ 左右开始开花；果实成熟时，一般地温都在 20~22℃。

三、栽培技术

（一）栽培场地的选择

可选择半阴山坡、林间、有遮阴条件的院内栽培，也可在室内栽培，自然栽培场地最好靠近水源，温度适中的砂土地带，以利排水。但有蚂蚁发生的场所不宜栽培。土壤排水性能好，渗透性强可选缓坡；土壤渗透性差，要选稍陡山坡；若在平地栽培，可用土坯或砖垒池（不要用灰浆填缝），池高47～67cm，宽100cm，长度视栽培数量而定。

（二）菌材的培养

蜜环菌的寄生范围很广，能在200余种树木上生长。但通常用来培养菌材的树种有青枫、麻栎、粟榆、杨、椿等阔叶落叶树种。质地不硬菌材使用一年；若菌材质地坚实、发菌慢，经久耐腐，可连续使用两年。

1. 培养菌种

在一般情况下每年可培养菌种两次。第一次在3～5月，此次培养的菌种供6～8月培养菌材使用，第二次在7～9月，这次培养的菌种供冬季栽培天麻时使用。培养菌种用的菌材应选幼嫩、手指粗细的树枝，截成10～13cm长的短棍，供作培菌之用。同时，再挖38cm左右的坑，坑底挖松并铺上7cm左右半腐落叶及腐殖土，土上平铺一层短棍。若以旧菌材种，先从坑之一端横放一排菌材，于菌材两侧平铺一层短棍，要使短棍一端紧靠菌材。第二排菌材两侧照样放短棍，两排菌材中间平铺两排短棍，使短棍的一端紧靠菌材。如此铺满一层后，用腐殖土填实空隙。全坑铺放完毕后，随即淋以充足的水，以渗透至底层为合适。最后盖10cm厚的砂土，再盖草保湿。接上菌的短棍叫"菌棍"，培养菌材时作菌种。

2. 培养菌材

一年四季均可培养。为了更有效地得到所用木材的营养、缩短培菌时间，目前多利用专门培养的优质菌棍作菌种。其培菌方法有两种：一是地上培菌：是在地面建池培菌，这种方法是利用人工事先培养好的菌棍或已栽培过天麻的旧菌材伴培新材，此法优点是发菌快，能有效抑制杂菌。若在9月份培养，10天左右开始发菌，30天即可作栽用菌材。二是地下培菌：此法适宜早春培菌，这时因气温尚低，而地下温度较高，利用发菌。但培养场地要选择在向阳处，坑深50cm左右，宽100cm左右，长度视材多少而定，上部盖砂质土20cm左右。

3. 砍树和培菌

最好在落叶后，萌动前砍树，树径在10cm左右为好，每段截50～67cm长。砍下的树不宜久放，晒5～7天后即可接种，这样可控制上窖后发芽，同时又可防止木材中的营养消耗。过干的树棒应先浸水后接种。腐朽的树棒不宜采用。接种方法是在树棒两侧斜砍两行鱼鳞口。每行5～6个，口深至木质部为宜，而后将菌种取出，掰成小块，用螺丝刀橇开鱼鳞口，夹入一块菌种，每瓶菌种（700ml瓶）可接7～10根树棒。接后随即上窖发菌。要分厢建窖。地上式，窖面宽1m，长度不限，四周砌以土坯或砖头，下面垫沙，排上一层菌材，鱼鳞口朝向侧面，菌材相挨，随后盖沙10～12cm，如此排2～3层，最上层盖沙20～24cm，并盖上一层枝叶，以稳定窖内温、湿度。

4. 菌材质量检查与鉴别

栽种天麻时，必须选用优质菌材伴栽，不符合质量要求的坚决不用，以确保天麻高产。菌材质量可从以下两个方面检查鉴别：①外观：无杂菌或杂菌很少；菌索棕红色，具生长点，生长旺盛；从破口处长出幼嫩丝；菌材皮层无腐朽变黑现象。②皮层检查：用小刀在菌材上有代表性部位挖一小块树皮，查看皮下有乳白色、棕红色菌丝块或菌丝束，这种菌材符合要求。

5. 蜜环菌的优劣鉴别

要夺得天麻高产，必须选用优质蜜环菌进行点菌，而鉴别菌种的优劣有以下几种：菌丝色泽呈乳白色，闻之有"蕈子"气味，而杂菌菌丝为白色或其他颜色；蜜环菌菌丝体分布在木质部与韧皮部之间及皮层中，菌索分布在菌材表面；幼嫩菌索为棕红色，尖端有生长点，老化后变黑色，而杂菌大部分以菌丝形式分布在表皮，片状，生长迅速；蜜环菌发荧光，杂菌不发荧光；蜜环菌生活方式为兼性寄生，杂菌多数为腐生。

（三）天麻繁殖与栽培

天麻的繁殖方法分无性繁殖和有性繁殖两种。

1. 无性繁殖

天麻用块茎繁殖称为无性繁殖。目前各地主要用块茎栽培繁殖。在生产实践中，已把大小种麻混栽又生产又繁殖的方法，改为生产商品天麻和繁殖种麻为主的栽培方法。

（1）商品天麻的生产栽培　以块茎停止生长进入休眠期栽种为好。从季节上可分为春季栽培和冬季栽培。春栽从解冻后到谷雨之间，在此时间内越早产量越高；冬栽从11月开始至冻冰以前。

在栽种之前必须选择种麻。其标准是发育好，色泽正常，无损伤，个重在10g以上的白头麻。以每根长80cm的菌材栽植8～10个较合适。

高山区空气温度较大，常年土壤湿润，温度较低，宜浅栽。一般15～20cm较适中。雨水较多地区还可更浅些或者地面堆栽或半堆栽。海拔较低地区，干燥，温度高，适当深栽。

栽培采用活动菌材加新材伴栽法和固定菌材和新材伴栽法。①活动菌材加新材伴栽法：栽培采用活动菌材加新材伴栽法，可根据场地具体情况挖窖。窖宽应比菌材长度多出6～10cm，窖长不定，以能放菌材10～20根为宜；窖深可因地制宜。窖底挖松6～10cm，整成斜坡形。选择质量符合要求的菌材顺坡排放在窖中。两材间距离随加放材粗细而定，以新材与菌材间相距3cm为合适。菌材铺完后，用腐殖土或砂土填于材间，埋没菌材一半时，整平即可紧靠菌材两侧每隔12～15cm顺放麻种一个。栽后，于两菌材间加放新材（与菌材长度相等）或3～4节短棍，然后用腐殖土或砂土盖过菌材3cm左右。若栽两层，依照前法再铺放菌材，播种一层。最后履土6～10cm，再盖一层草或落叶。②固定菌材加新材伴栽法：把固定菌材从窖中泥土里小心起出来。注意不要撞动固定菌材。然后将菌材隔一取一，把种麻靠菌材顺放于有菌处。其他与活动菌材栽培相同。

（2）种用天麻的繁殖栽培　米麻繁殖栽培时，用米麻经过培育可获得一定数量的种麻。培育方法是采用菌材伴栽。每根菌材栽米麻20个以上。个重5g以下经两年收挖；5g以上10g以下经一年收挖。

麻种处理栽培时，用干净的小刀将白头麻的顶芽削去，待伤口愈合后栽种，增加种麻的繁殖系数。

2. 有性繁殖

天麻用种子繁殖称为有性繁殖。用种子繁殖是避免品种退化、持续高产的可靠途径。

（1）建立种圃　培养种子的场地，应选在管理方便而又避风、土壤不积水的地方。培育窖要浅，呈长方形，铺放已培养好的菌材1～2排，再盖腐殖土6～10cm。

麻母选择与栽种：冬季或早春收挖天麻时，选择发育完好、无损伤、芽嘴健全、个重在100g以上的箭麻作为培养种子的母麻。母麻应随挖随种，不宜久放。栽种时，在培养好的一排菌材两边，每隔15cm栽一个母麻，芽嘴向上，上面盖上10cm厚，并盖草防冻。

（2）人工授粉　天麻花是两性花，花冠外轮三片；内轮两片，着生于外轮三片之间，合生而成歪壶状；缘部五裂，下面具一较大的唇瓣。唇瓣的上方为合蕊柱，由雄蕊和花柱和生而成。柱头位于唇瓣基部。顶端是药帽盖，药帽盖的下面是花药，有二室。各具一黄色花粉块。由于药帽盖不会自行脱落，花药块状而黏润，不能散出，因此必须进行人工授粉才能获得较多的种子。

人工授粉的方法是：左手轻握花茎及子房，右手拿一把小镊子伸入歪壶状口部内，然后放松，把壶口张大，随即夹住药帽盖及花粉块，伸入下部稳准的放在柱头上，授粉即告完毕。次日授粉时检查，没有药帽盖的花就是已经授粉。在开花期中，要天天进行授粉，直至授粉工作结束。

人工授粉时间：每天自上午10时至下午16时为授粉适期。授粉时要掌握花粉块的成熟度，其成熟标志是：松散膨胀，将药帽盖稍顶起，药帽盖边缘微现花粉，此时授粉最适合。

（3）种子采收　天麻果实于6月下旬至7月上旬陆续成熟。成熟后，果皮逐渐开裂为六瓣，种子由缝隙落出飞散。因此，在种子成熟期，要经常查看，以免种子散失。当下部果实出现初裂时。再将其邻近3～5个果实收回，照此分批采收。采收的果实放入纸袋，带回室内摊晾，记录果实数；待果皮开裂，抖出种子，并及时播种，不宜存放。

（4）培养菌床　以每窖培养菌材20根为宜。窖深20～25cm。采用固定菌材培养，材间距离2～3cm，在填实材间空隙后，于材上铺一层青枫、桦栎树叶，厚3cm左右，再淋以充足水分，而后盖草或落叶6～9cm。

（5）播种　播种时先揭开菌床上的覆盖物，现出播种层上的落叶，将种子均匀播下。播后盖上灭菌处理的树叶3～4cm，再放新材一层，间隔6～10cm为宜，最后用腐殖土或砂土盖菌材10cm厚，同时盖草保湿。一般不宜翻动，以免影响幼麻生长。到第二年即可起种。

（四）箱栽天麻

1. 做箱

用杂木钉成长60cm、宽40cm、高30cm的木箱（不要用松柏木）。

2. 制培养料

用阔叶树锯木加上干净砂土（3∶1）或腐熟的落叶加砂土（5∶1）作培养料。

3. 制备菌材

选直径3～7cm粗的新鲜树棒截成50cm长的木段做菌材，再按直径大小砍成2～3行鱼鳞口，深达木质部。

4. 料棒组合

箱底铺 10cm 培养料，上面放一层鲜棒，用培养料填平空隙后再放一层人工菌棒或野生菌，然后再用培养料填平空隙，连续 3~4 层，最后覆盖 10~12cm 厚培养材，培养40 天左右即成。

5. 栽植方法

（1）单层栽植　在箱内栽一层天麻。栽麻时首先拨开培养料，掀起上层菌材，露出下层菌棒的一半，将天麻种沿菌棒两侧摆放，间距 4~5cm 为宜。然后盖上培养料10~12cm，再将上层菌材放好，覆盖培养料至箱平面。最后箱口用薄膜或树叶盖好。

（2）双层栽植　即在单层的基础上，覆培养料 7~10cm，将上层菌材放好，于菌材间放上第二层天麻种，最后盖培养料至箱平面。

（五）田间管理

天麻栽种之后，进行必要的管理是天麻能否增产的关键之一。

1. 防冻

栽种天麻之后，往往由于窖未覆盖好，致使天麻受冻而腐烂，白头麻更易受冻害。因此，在冬季必须加强防冻措施。冬季收获天麻时，要选晴天解冻后进行，若春天收，越冬这段时间窖上应覆盖厚土或落叶、杂草。

2. 调温

春天解冻后，当气温高于窖温时，要及时把盖土铲去一层，以提高窖温，促进麻、菌结合及幼麻生长，夏天窖温升高 25℃ 以上时，要及时采取加厚盖土或盖草等降温措施，使窖温降到 25℃ 以下。

3. 防旱

遇旱应及时淋水盖草保湿。

4. 防涝

在高温条件下，天麻适应性差，会导致块茎腐烂。因此，天麻栽种后，要在栽麻场地周围或中间开好排水沟，使积水在窖中停留时间尽量缩短。

5. 防害

防止人、畜糟踏和老鼠、蚂蚁等危害，以免影响天麻生长。具体办法是在场地四周设置栅栏；高山地区种前火烧场地赶走老鼠；如有蚂蚁危害，应当在窖四周施药驱杀。

（六）收获与加工

1. 收获

（1）生长年限　商品麻（箭麻）在栽培后满 100 天收挖，冬季栽种的第二年春季或第二年秋季收挖。春季栽种的当年秋季或冬季收挖。

（2）收挖时间　天麻块茎进入休眠期较适宜，一般收挖与栽种都应同时进行。

（3）收挖方法　收挖时先将起出窖内泥土，然后把菌材取出，再依次取出天麻，收挖时应将商品麻、种麻、米麻分装保管。

2. 加工

（1）泥沙洗涤　先洗去泥沙，再用谷壳加少量水反复搓去块茎鳞片、粗皮和黑迹，用清水洗净。

（2）使用气蒸　用气蒸，蒸时要大小分开，以便掌握时间。大的蒸30min，小的蒸15min左右，以对着光观察没有黑心为宜。

（3）干制　晴天选用晒干，雨天则选用烤干，干制后分级包装即成。

（七）天麻的质量鉴别

1. 鲜天麻的质量鉴别

天麻在每年的4~5月采挖的叫"春麻"，在立冬前9~10月采挖的叫"冬麻"，二者以冬麻的质量为好。如果在夏秋季节采挖则一般多空心，质地也较松泡，其质量就更次。

天麻一般呈长椭圆形，扁缩而略弯曲，长为6~13cm，直径为2~6cm。一端常有残留的茎基或有红棕色习称"鹦哥嘴"或"红小瓣"的干枯芽苞。另一端有圆脐形的疤痕。外皮剥落或部分残存，表面黄白色或淡黄棕色，有纵皱纹，可见数圈点状退化须根痕组成的环节。质坚实，半透明，不易折断，断面平坦且角质状，有光泽，嚼之发脆，有黏性。气特异，味甘。质量优良的冬麻是以质地坚实沉重，有鹦哥嘴，断面不空心为其特点；春麻的特点则为质地轻泡，有残留的茎基，断面色晦暗而空心；天麻顶端有红棕色至棕色鹦嘴状的芽或残留茎基，另一端有圆脐形疤痕。

2. 干天麻的质量鉴别

其一，干天麻质坚硬，不易折断，断面较平坦，为黄白色至淡棕色，角质样，气微，味甘。其二，干天麻多有不规则皱纹，半透明，并可见多轮环节。

商品市场中一种叫"明天麻"的药材，一般都是用硫磺熏过，略呈半透明状，应注意辨识。色泽白的天麻药材较好。

思考题：

1. 天麻和蜜环菌的关系怎样？

2. 天麻如何栽培？质量好坏又如何鉴定？

第五章　草腐型食用菌栽培

第一节　双孢蘑菇栽培

一、概述

双孢蘑菇 [*Agaricus bisporus* (Lange) Sing]，中文别名为蘑菇、洋菇、双孢菇。欧美各国生产经营者常称之为普通栽培蘑菇或纽扣蘑菇，日本人称之为西洋松茸。因其担子上通常仅着生 2 个担孢子而得名，在分类上隶属真菌门，担子菌纲，无隔担子菌亚纲，伞菌目，蘑菇科，蘑菇属。

双孢菇具有较高营养价值和药用价值。鲜菇蛋白质含量为 35%～38%，营养价值是蔬菜和水果的 4～12 倍，享有"保健食品"和"素中之王"的美称，深受国内外市场的青睐。种植双孢菇投资少、见效快、效益高。

法国的双孢蘑菇栽培历史最早，人工栽培始于法国路易十四时代，距今约有 300 多年。开始主要用马厩肥在山洞中进行种植，以后逐渐用标准化蘑菇房进行工厂化专业栽培。法国还建有欧洲最大的蘑菇菌种生产中心，生产谷粒菌种，销售到各个国家。法国人工栽培的食用菌主要是双孢菇，年产量 20 万～22 万 t（鲜品），仅次于美国，居世界第 2 位，是德国和欧洲蘑菇的供应基地。

始于法国的双孢菇在我国经过了 80 年的发展，已经成为我国第四大食用菌，而且由于其蛋白质含量高、风味佳、市场广阔，近年来获得可喜的进展，特别是 20 世纪 80 年代以来我国实施了"南菇北移"战略，在山东、河北、河南等地发展迅猛，成为我国双孢菇生产的新兴基地。双孢菇栽培利用秸秆和畜禽粪为主要原料，进行发酵料立体栽培，菇农不需要投入灭菌、接种等设备即可从事生产，经济效益较高，市场前景广阔。特别是近年来生产技术不断完善，生产原料由单一牛粪、稻草向多种畜禽粪、多种原料发展，发酵方法由一次发酵向二次发酵发展，栽培场所由单一的砖瓦结构菇房向日光温室、中小型拱棚发展，铺料方式由薄料向厚料发展，栽培方式由单一秋播向周年化发展，栽培产量由从前的 7～8kg/m² 逐渐升至 10～20kg/m²，成为农村最受欢迎的食用菌栽培品种之一。

二、生物学特性

（一）形态特征

双孢蘑菇由菌丝体和子实体两大部分组成。菌丝体是双孢蘑菇生长的营养体。菌丝体由担孢子萌发形成，担孢子萌发出菌丝，在正常情况下需 7～12 天时间。菌丝靠顶端细胞不断分裂生长而延长，并不断分枝而形成白色棉绒状的菌丝体。在显微镜下观察，双孢蘑菇菌丝由呈长管状的多核细胞组成。

双孢蘑菇子实体具有典型的菌盖、菌褶、菌柄、菌环等几个部分。菌盖宽5～12cm，初半球形，后平展，白色，光滑，略渐变黄色，边缘初期内卷。菌肉白色，厚，伤后略变淡红色，具蘑菇特有的气味。

双孢蘑菇的生活史是无锁状联合的次级同宗结合菌类的代表。子实层内原担孢子细胞两核合并→核配→合子→合子分裂→形成4个核→初生菌丝→质配→次生菌丝→组织化→三生菌丝→子实体。

(二) 生活条件

1. 营养

双孢菇是草腐菌，生长发育需要的碳素营养可通过分解纤维素、半纤维素和木质素获得。所需要的氮素营养可通过腐熟的牲畜粪等获得。因此，各种农作物秸秆和各类粪肥，可作为栽培双孢菇的养料。

碳和氮是双孢菇需要的两大营养成分。研究表明，双孢菇子实体分化和发育的最适C/N比是17∶1。

双孢菇是一种腐生真菌，完全依靠培养料中的营养物质来生长发育。双孢菇可以利用的碳源有葡萄糖、蔗糖、麦芽糖、淀粉、维生素、半纤维素及木质素等，其中大分子的糖类必须依靠其他微生物以及双孢菇菌丝分泌的酶将它们分解为简单的碳水化合物后，才能吸收利用。

双孢菇可以利用的氮源有尿素、铵盐、蛋白胨、氨基酸等。因此，配制培养基时，除了用粪草等主要原料外，还要按照一定的比例加尿素、硫酸铵以满足双孢菇生长发育的需要。

双孢菇生长还需要一定的磷、钾、钙等矿质元素及铁、钼等微量元素。因此，在配制培养基时还要按照一定的比例加过磷酸钙等化肥以及石膏、石灰等以满足双孢菇生长发育的需要。

2. 温度

双孢菇是一种变温结实性菇类。菌丝生长的温度范围为6～32℃，最适温度为22～24℃；T>25℃，菌丝虽然生长很快，但纤细无力，且易早衰；T>32℃，菌丝发黄、倒伏，以至停止生长；T<10℃，菌丝生长缓慢。子实体形成的温度是6～22℃，最适温度为14～16℃；T<12℃，子实体生长缓慢，T>16℃子实体生长快，但菌柄细长、皮薄、易开伞，质量差，产量低。

3. 湿度

双孢菇菌丝体和子实体都含有90%左右的水分，其需要的水来自于培养料、覆土和空气中的水及水蒸气。培养料含水量应在60%～65%，若<50%时，菌丝生长缓慢，绒毛菌丝多而纤细。覆土含水量保持在18%～20%。空气相对湿度85%～90%，若>95%，菌盖易发生各种细菌性病斑，若<70%，菌盖表面变硬，易空心、白心；若<50%，停止出菇，菇蕾会枯萎死亡。

4. 空气

双孢菇属好气性菌类，菌丝体阶段、子实体阶段都需要充足的新鲜空气。此外，适于双孢菇菌丝生长的 CO_2 浓度为 $0.1\% \sim 0.5\%$。若 CO_2 浓度降到为 $0.03\% \sim 0.1\%$ 时，可诱导子实体的形成，若超过 0.1%，子实体菌盖小，菌柄细长，易开伞。

5. 光线

双孢菇的菌丝体和子实体均不需要光线，但在一般散射光的条件下还是可以生长的，但不能强光照射。子实体在阴暗的环境下长得洁白、肥大，若光线太强，长出的子实体表面硬化，畸形菇多，商品价值差。

6. pH 值

双孢菇宜稍碱性，偏酸对菌丝体和子实体生长都不利，而且容易产生杂菌。菌丝生长的 pH 值范围是 $5.0 \sim 8.0$，最适 pH 值 $7.0 \sim 8.0$，进棚前培养料的 pH 值应调至 $7.5 \sim 8.0$，土粒的 pH 值应在 $8.0 \sim 8.5$。每采完一潮菇喷水时适当放点石灰，以保持较高的 pH 值，抑制杂菌孳生。

7. 覆土

覆土是双孢菇大量产生子实体的必要条件。如不覆土，双孢菇一般不产生子实体。

三、栽培技术

（一）工艺流程

双孢蘑菇的栽培工艺流程为：

菌种准备

↓

选料→配料→前发酵→后发酵→铺料播种→发菌管理→覆土→出菇管理→采收

↑

设置菇房→排列床架

（二）菇房设置与床架排列

1. 方向

菇房以坐北朝南稍偏东为好，有利于通风换气，能提高冬季室温和减少西晒。

2. 大小

菇房应以 $150 \sim 200 m^2$ 为宜，过大管理不方便，通风换气不均匀，湿度难以控制；过小则利用率不高，不经济。

3. 结构与设计

菇房以砖石结构为宜，具体要求为：

（1）进深（宽度） 菇房宽度 $6 \sim 7m$ 左右，过深则通风不良。长约 $25 \sim 30m$。

（2）高度 从地面到屋檐 $3 \sim 3.8m$，屋顶高度（指"人"字型）以床架最上面一层离屋顶 $1.5m$ 左右较好，便于通风。

（3）地面及四壁 地面应用砖石结构或采用水泥地面，四周墙壁要用石灰粉刷，并将所有漏风处堵严，以利于保温、保湿、消毒。

（4）门窗 放四行床架的菇房，一般开两道门，设在走道两端，门宽与走道宽度相同（$60 \sim 66cm$），高度以人可以进出为宜。窗户分为地窗和上窗两种，分设在走道两侧。地窗高 45cm，宽 40cm（要钉上挡风板和铁纱窗），离地面 10cm 左右，利于 CO_2 排出。上窗大小与地窗相同，略低于屋檐，方向与地窗相对。

（5）拔风筒（天窗） 设在屋脊正梁的南面或北面，高 1.3～1.7m，下口直径 50cm，上口直径 24cm，在上口装 1 个风帽，风帽边缘与筒口垂直，这样拔风效果好。

（6）床架（见图版） 床架必须坚固耐用，平稳安全。可用竹木搭建，也可采用钢筋水泥结构。床面宽度以能伸手采到床面上的全部蘑菇为合适。一般单面操作床架宽度不超过 90cm，两面操作床架宽 140～150cm，每个床架设 5～6 层，两层间距离 60cm，最下层距地面 30cm，最上层距屋顶 150cm。菇房内床架的排列，要与菇房方位垂直，即东西走向菇房，床架要南北向排列。如果是利用旧房改建则应因地制宜。床架间应设有走道，走道宽 60～70cm，过宽不经济，过窄操作不方便，走道最好对准门窗，避免风直接吹到床面上。床架和四壁应留有一定间距，以利通风换气，减少杂菌污染。床上的底板和边板均不宜密封，应留有一定空隙，以利通风排气及菇床后期管理。底板和边板可用木条、竹竿、向日葵秆等制作，要能承受培养料及覆土的压力。同时应做成活动的，以便于收菇后拆除清洗。

4. 菇房的消毒

双孢蘑菇在生长过程中要放出大量废气和分泌物。因此，每季菇结束后都要彻底清洗和消毒，特别是对老菇房尤为重要。目前普遍采用一清（清废料）、一浸（浸泡拆下的床架）、二熏（熏空房和有料房）的方法，消毒效果较好。

上季菇结束后，迅速清理培养料，运送到离菇房较远的地方。将菇房四周清扫干净。将所拆下的床架浸泡在河塘水中 15 天左右，然后冲洗干净、晒干，以彻底消除所吸附的废气、分泌物及杂菌和虫卵。未拆部分亦要用水冲刷干净。菇房要进行大通风干燥。老菇房如为土地面，则应将地面表土铲除 3cm，然后撒上 1 层石灰粉，填上新土。墙壁先用水冲洗干净，再刷 1 层 5% 石灰浆。最后在菇房内全面喷杀 1 次杀虫剂和0.2% 多菌灵或波尔多液消毒。对有螨类的菇房，可使用杀螨剂进行喷杀。

培养料进房前 20 天，应将拆下的床架再曝晒 1 次，室内未拆除部分进行全面消毒1 次；进房前两天，每 100m² 菇房可用甲醛 1kg 熏蒸 1 次，密闭 24h，杀虫灭菌，然后打开门窗，排除有害气体，以防杂菌感染；培养料进房后再熏蒸 1 次。熏蒸后排除废气，等待播种。

（三）菌种制备

栽培双孢菇需要大量的菌种。高质量的菌种是优质、高产的重要因素。因此，必须依据播种时间推算出适宜的制种时间，以保证栽培使用的菌种菌龄合适，质量好。双孢菇母种一般 15 天左右长满试管斜面，原种和栽培种分别需要 40 天左右长满菌种瓶。长满瓶后一般要延长 1 周使菌丝充分生长。

我国种植双孢菇适合的品种有：①As2796、As1671（闽 2 号）：系福建省轻工业研究所采用同核不育单孢配对杂交等技术育成的菌株，鲜菇外形圆整，柄粗短，比常规品种增产 20% 以上。尤其是 As2796 在栽培上比较耐水、耐肥、耐温，产量较高，质量优良。②F56、F60、F62 品系：菇体洁白，圆正，质密，商品率高。转潮快，后劲足，抗杂力强，并对培养料适应广泛，抗逆性强。③浙农 2 号：浙江农业大学食用菌研究所选育。据陈光等（1992）报道，该菌株在 5 个参试气生型菌株中：闽 1 号（对照）、12051（来自温州蘑菇菌种推广站）、12-1（浙江省农业科学院）、19-401（上海市食用菌菌种站），产量最高，增产幅度（与对照比）达 37.41%。菇的质量好，等内菇占 83.4%，比对照增产 1.30%，煮得率 70.93%，比对照提高 3.06%。对温湿度的适应性较强，在低温期出菇量多，在高温期死烂菇少，对温湿差反应敏感。④夏季种植可选"新登 96"，出菇温度 20~35℃。

（四）栽培季节的确定

目前栽培者栽培双孢菇大都在自然条件下进行，受自然气候的影响较大。如何确定适宜的栽培季节，与提高双孢菇的产量和质量有密切关系。根据双孢菇生长发育的特性，其播种季节多安排在 9 月上旬，此期棚内温度易掌握在 25℃ 左右，适合蘑菇菌丝生长。1 个月后气温下降到 20℃ 以下，有利于菇体形成。栽培季节过早，前期温度高，容易发生病虫为害或死菌死菇；栽培季节过迟，则播种后发菌慢，出菇迟，影响产量。华北地区栽培双孢菇，一般安排在秋天（10~11 月）与春天（4~5 月）出菇，尽可能争取在栽培期内有较长的出菇期。

（五）培养料的配制

优良的双孢蘑菇培养料包括高质量的原料、科学的配方和合理的堆制发酵 3 个方面。

1. 培养料的种类及特点

双孢蘑菇培养料的原材料来源很广，目前主要是粪草类，再加入一定量的饼肥及磷、钙等矿质元素组成。

草料：凡含有纤维素、半纤维素、木质素等碳水化合物的禾草、秸秆都可用来堆制双孢蘑菇培养料。一般多采用稻草或麦草或稻草和麦草混合堆料。无论何种草料，均要求干燥、新鲜、无霉变、无腐烂。

粪肥：粪肥的种类较为广泛，猪、牛、马、鸡、鸭等畜禽类粪便都可用来堆制培养料，目前较为普遍的是猪粪、牛粪和马粪，用量最多的是猪粪和牛粪。

2. 培养料的配比

培养料的配比要掌握两个原则：一是要满足双孢蘑菇生长发育所需要的足够养分和合理的碳氮比；二是堆料时能使堆温上升到 70℃，并且保持在 50~60℃ 的时间较长，这样既能杀死虫卵杂菌，又能使原料分解腐熟，达到松紧适中，疏松柔软，通气保湿性能良好。培养料碳氮比是指培养料中碳素和氮素总的比值。一般配料中的碳氮比值为（30~35）:1（平均 33:1），这样的碳氮比值材料，经堆制后通过微生物的分解作用降至碳氮比为 17:1 左右，刚好适合双孢蘑菇生长发育的要求。若培养料经堆制后碳多氮少，则双孢蘑菇菌丝生长不旺；反之，碳少氮多，则菌丝徒长而不出菇。碳氮比的计算方法很简单，只要将各种物质的碳素相加，所得总量除以物质中的总氮量，就可得出碳氮比值（C/N）。

3. 培养料配方

现将国内外常用配方介绍如下，供各地参考。

（1）国内配方　通常有 4 种：①稻草 500kg、牛粪 500kg、饼肥 20~25kg、尿素

3.5kg、硫酸铵7kg、过磷酸钙15kg、碳酸钙15kg；②稻草1 000kg、豆饼粉15kg、尿素3kg、硫酸铵10kg、过磷酸钙18kg、碳酸钙20kg；③稻草1 750kg、大麦草750kg、猪粪（干）1 000kg、菜籽粉150kg、石膏粉75kg、过磷酸钙37.5kg、石灰10～15kg；④麦草500kg、马粪500kg、饼肥20kg、尿素10kg、过磷酸钙15kg、石膏粉15kg。

（2）国外配方 通常有两种：①美国配方：小麦秸秆450kg、尿素4.5kg、血粉18.16kg、碳酸钙9kg、过磷酸钙18.16kg、马厩肥227kg；②荷兰配方：马厩肥1 000kg、碳酸钙5kg、尿素3.5kg、石膏粉25kg、麦芽16kg、硫酸铵7kg、棉籽饼粉10kg。

（六）培养料建堆发酵

双孢菇是一种草腐菌，分解纤维素的能力较差，直接利用麦秸有困难。因此，培养料必须通过堆制发酵，经过高温微生物降解，将复杂的大分子降解为简单的小分子，才能被双孢菇菌丝所利用。同时，高温微生物的菌体及其代谢产物，也是双孢菇的营养源。此外，堆肥发酵过程中产生的70℃以上高温，能够杀死和抑制培养料中的有害杂菌，减轻病、虫害对双孢菇的为害。

为了获得种植双孢菇的发酵料，之前需要将原料建堆。建堆的方法是提前两天将饼肥、牛粪、石膏粉、磷肥按比例称准，充分拌匀，用水预湿建成堆，再用塑料膜覆盖备用。解开每捆稻草，用水浇湿或浸泡24h，让草料吸足水分，将吸足水分的草在地面铺第1层，宽为1.5～2m，厚为20cm，长度10～20m。然后往草上撒1层已备好的粪肥，再铺第2层草，撒第2层肥，像这样如此反复铺6～8层，高1.5～1.7m即可，堆好后堆底四周应有少量水渗为度。堆料顶上最好用草席覆盖，以防日晒雨淋，料四周不要覆盖，以利通风透气。一般以南北向为宜。

建堆后，每天早、晚观测堆温，约第6天达到70℃左右为正常，等到堆温不再升高或略有下降时，进行第1次翻堆。翻堆时要适量补水，并保持料面润湿。第2次翻堆：从第1次翻堆之日算起，在第5天（堆温达60～70℃且不再升高）进行第2次翻堆。操作同第1次翻堆。第3次翻堆：从第2次翻堆之日算起，在第4天进行第3次翻堆。测料的pH值，要求pH值7.5左右。若偏低，用石灰水调节。第4次翻堆：从第3次翻堆之日算起，在第3天进行第4次翻堆。第4次翻堆后3天，运进菇棚铺床。

双孢菇发酵料翻堆时应掌握的原则是每次翻堆都是在料温不再上升，正下降时开始翻。翻时要把上下里外全部翻均，粪草要抖松，促使均匀一致。整个1次发酵过程喷水应掌握"一湿、二调、三看"的原则，即第1次翻时水要加足，第2次适当加水分，第3次看料本身的干湿情况来决定是否加水。垛要堆的整齐，堆边要垂直，堆顶为龟背形。下雨时要用塑料膜覆盖，不下雨时可露天堆制。若有棚顶最好，可防曝晒、防雨淋。

堆制所需天数一般为3～4周。实践中必须用温度计测定料堆内温度，以确定是否该倒堆。如果堆温达80℃左右时，应尽快翻堆，以免发生烧料现象。适合双孢菇栽培的培养料既不能偏生也不能过熟，而是要求适度腐熟，标准如下：①看：一看大小，适熟时体积是初建堆时的60%；二看颜色，培养料从金黄色变成棕褐色；三看病虫，料内无明显的害虫、害菌；②闻：适熟时略有面包香味，不应有氨味、臭味、酸味等刺激性异味；③捏：发酵良好的培养料含水适中，手抓质地松软，无黏滑的感觉，捏得拢，拌得散，用力一捏，指缝隙间有水溢出，欲滴不滴，手掌有水印；④拉：培养料适熟时，草料原形尚在，并有一定长度，用手轻拉即断，但不是烂成碎屑；⑤测：一测 pH 值，pH 值以 7.2 ~ 7.5 为宜；二测含水量，含水量在 55% ~ 60% 为宜；三测堆温，堆温在 55℃以下；四测有害气体含量，料中氨气浓度应低于 10mg/kg 即无刺激性氨味。

培养料在经过室外发酵后，再进行 1 次室内发酵的方法叫后发酵，也称二次发酵或巴氏灭菌。具体方法是将前发酵结束（第 3 次翻堆后 3 天温度达 50℃以上时）的培养料趁热搬进菇房内，上架堆成 15 ~ 18cm 厚，或在床架中间按纵向堆成垄式，两侧不堆。然后紧闭门窗，用煤炉或蒸汽加热，使料内温度在 1 ~ 2 天内上升到 57 ~ 60℃，维持 6 ~ 8h，随后降温到 50 ~ 55℃，维持 3 ~ 5 天进行控温发酵。最后打开门窗通风换气降温，后发酵的技术关键是对温度的控制。后发酵的过程可分为 3 个阶段：

（1）升温阶段　后发酵使料温上升到 60℃左右，维持 6 ~ 8h，这是巴氏灭菌阶段，其作用是进一步杀灭料内的杂菌和害虫，促进嗜热微生物大量繁殖，有利于腐殖质类物质的形成。

（2）持温阶段　巴氏灭菌结束后，将料温降至 50 ~ 55℃维持 3 ~ 5 天，以供嗜热微生物处在最佳生态条件，使堆料残留下的氨转化为氮源，加速基质降解，同时产生聚糖类物质、烟酸、B 族维生素及氨基酸等，有利于双孢蘑菇菌丝吸收。

（3）降温阶段　料温逐渐降低到 45 ~ 50℃约需 12h，当料温降至 45℃时，必须立即打开门窗，使料温迅速下降。

发酵成功标志是颜色为暗褐色、无臭味、无氨气、有料香。有白色放线菌菌落，草长 10 ~ 15cm，一拉即断，粪草均匀，料疏松，水分 65% ~ 68%，即：用手紧握料，指缝间有水欲滴而不下，或仅能滴下一滴水来。pH 值要求 7.5 ~ 7.8。

（七）播种

培养料后发酵结束，开启门窗通风，排除残留的二氧化碳、氨气或消毒处理的药气，同时降低料温，待降至 28℃以下时，就可进行铺料整床，准备播种。把发酵好的培养料再翻拌 1 ~ 2 次，再按菌床要求的规格进行铺放。

铺料整床前首先应根据蘑菇菌丝生长的最适温度，来检查菇房和培养料温度是否适宜播种，并要注意气温的突然回升对菌种的影响。其次是检查培养料内含氨量，这决定着播种后菌丝能否定殖蔓延。检查氨气以人的嗅觉判断为主，嗅觉感到稍有氨味，就可以铺料整床；若氨味较浓，宁可推迟 1 ~ 2 天播种，以便培养料内的氨气散发掉。否则播种后菌丝不能定殖生长。引起培养料有较浓氨气的原因是：采用不正当的蘑菇堆肥配方；前发酵过程中氮肥用量过大或第 2 次翻堆后才添加氮肥；前发酵时间长，培养料过分腐熟，后发酵料温低于 45℃，导致培养料游离氨释放等。如果氨气较浓，应加大通风量，并翻散培养料，驱散氨气，必要时可用福尔马林适量掺水喷料，随喷随翻，中和氨气，但要注意培养料的含水量不能过大。发现培养料偏干，可轻喷些清水或石灰水调整（视培养料酸碱度而定）；若培养料偏湿，可以加强通风降湿，否则培养料湿度过高，易感染石膏霉和链孢霉等杂菌，且过湿的培养料通透性差，不利于蘑菇菌丝生长。铺料整床应掌握 3 个原则，即要使粪草混匀，干湿均匀，厚薄一致。这样有利于菇床养分均衡，通透性一致，菌丝生长整齐。料面整平后稍压实，厚料栽培铺 20~25cm；薄料栽培 15~20cm。

铺完料后，菇棚内外打扫干净，无用之物搬出菇棚外，关闭门窗和通气孔，每 100m² 用甲醛 2kg，高锰酸钾 1kg，分放在 3~5 个容器中进行熏蒸消毒。先从里边开始，边倒入甲醛，边放入已用卫生纸包好的高锰酸钾，一边后撤，最后密封棚门，消毒 24h。消毒后，打开门窗和通气孔，进行通风换气至棚内无甲醛氨臭味，待料温回升并稳定在 28℃ 以下时（约需 3 天左右）便播种。

菇棚及培养料消毒后，气温和料温都在 28℃ 以下时即可进行播种。播种时应注意菌种的质量、菌株的类型和用具的消毒等。播种前应将所用的工具及操作人员的手等，都用 75% 的酒精擦洗消毒，以防杂菌污染。并要求所用的菌种，应挑选无杂菌污染，无虫害，菌丝生长浓壮洁白的优质菌种。凡是菌丝灰暗或吐黄水菌丝老化的菌种不能使用。

双孢蘑菇播种一般采用穴播、条播和撒播法。

1. 穴播法

粪草菌种最好采用穴播法。株行距为 10cm×10cm，深度视培养料的干湿程度与菇房的保湿性能而定，一般为 5~7cm。播种时将菌种掰成核桃大小，放入穴内，用料将菌种块盖住。播种完毕，用料板轻拍料面一次，使菌种与料层紧密结合，便于保湿，以利发菌。播种量为每瓶 0.3m²。此法优点是菌种在料面分布均匀，用种量较少，缺点是播种穴处会出现球菇。

2. 条播法

在床面开 1 条宽 5~7cm、深约 10cm 的横沟，均匀撒下菌种，然后按 12~13cm 宽的行距开第 2 条沟，并将料覆盖好第 1 条沟，如此循环开沟，逐渐覆盖，直至播完全部床面。此法的优点是省工，菌种萌发成活快，缺点是用种量较多，且条沟处也有球菇出现。如使用麦粒种，可采用混播法。即将麦粒种均匀地拌入培养料中，其优点是封面快，杂菌不易发生，缺点是用种量大。

3. 撒播法

如果是麦粒或谷粒制作的菌种，则应以撒播为主。因这类菌种呈颗粒状，播后麦粒或谷粒上都会长出菌丝，均能吃料生长；同时采用撒播的方式，由于菌种在料面上分散范围大，生长均匀，故菌种萌发吃料、生长和封面均较快。撒播的方法是，先在床架上铺 1 层料，料厚约 6~7cm，然后将菌种均匀撒播于料面上；再铺 1 层料，撒 1 层菌种；共计 3 层料，3 层菌种。其中表面 1 层菌种应略多一些，以利菌丝尽快封面。播种完毕，用木板将料面稍微拍平压实，使菌种充分与培养料接触。最后，在料面上盖上 1 层经石灰水消毒过的湿报纸或塑料薄膜保温保湿。

（八）发菌管理

播种后 2~3 天内，菇棚（房）内以保湿为主，微量透风为辅，切不可一点不透风，门窗、透气孔等可半开半掩，少开多掩，通风孔可挂草帘或堵上用网罩包裹蓬松长麦秸的堵孔包，做到保湿又透气。紧闭门窗，密不透气容易造成高温高湿而诱发杂菌。料层温度应保持在 22~26℃，菇房相对湿度应保持在 70%，2~3 天后，菌丝已定殖，逐渐加大通风量；每天 1 次，每次 30min。6 天后，菌丝长至料内 3cm 处，应保持菇房内空气充足。10 天后，菌丝已长至料内 5 ~ 6cm 处，应作撬菌处理。14 ~ 18 天后，菌丝长至培养料厚度的 2/3 处时，应及时覆土。

（九）覆土

菌丝发到料底（吃料 2/3 以上）时，就可进行覆土。覆土的目的是使蘑菇菌丝长入覆土层，改变培养料与覆土层之间的氧和二氧化碳的比例，促使蘑菇菌丝从营养生长迅速转为生殖生长，进而扭结出菇。覆土层中的水分提供了蘑菇幼蕾生长发育所需的高湿度生长环境。覆土中含有臭味假单胞杆菌等有益微生物，它们的代谢产物含有多种激素，能促进蘑菇子实体形成。此外，覆土就像支撑物一样，对蘑菇子实体起着支撑作用。

覆土性状直接关系到产量高低、菇质优劣和控水难易，不可草率从事。应选择小麦能高产的水浇地的麦田土，或其他作物农田土；也可选用农村菜地土（郊区菜地除外）和一般麦田土的等份混合土；也可选用野外不沙、不胶黏的偏黑色坑泥土（没污染）和麦田土的混合土。

覆土消毒虽不能彻底消除土壤中的病原菌及害虫，但却能很大程度地控制蘑菇疣孢霉病的发生。常用的化学药剂有多菌灵、各种杀菌剂和福尔马林等。

覆土前要认真检查菌丝生长情况及其有无杂菌虫害等侵染，如发现菌丝生长不良或杂菌虫害等，应在未覆土时进行处理或施药防治。覆土时培养料表面要保持干燥，以抑制料面菌丝生长，保持床面菌丝生活力。覆土前还应仔细检查栽培架是否牢固，以免覆土加重后造成床架倒塌。

一般栽培 100m² 的菇床需覆土 3m³ 左右，其中粗土约为 2/3，细土为 1/3。一般要求 2 次覆土，但也有 1 次覆土的。2 次覆土是先覆盖粗土，厚度为 2cm，以盖住培养料不使之外露为宜。覆盖粗土后在 3 天内把粗土喷湿，喷水要多次勤喷，1 次不能喷很多水，以免流入培养料造成透床积水，菌丝死亡。每次喷水要开门窗通风。喷至土粒发亮，手捏时扁，又不粘手，土粒内部无白心，含水量 20% 左右，这时要停止喷水，然后关闭门窗，以保持空气和土壤湿度，诱导菌丝从料面迅速往粗土上生长，这称之为"吊菌丝"。当粗土覆盖后 5 ~ 7 天，菌丝已普遍从料面上长到粗土底部和间隙中时，应及时覆盖细土。细土覆盖的厚度一般为 1.5cm 左右，覆土总厚度 3 ~ 4cm，并要求厚度均匀一致。覆土的厚度，还要根据实际情况灵活掌握。如果培养料薄而偏干、草多通气好，菇房保湿性能差，则覆土层宜适当厚一些；如果培养料厚而偏湿，粪多通气差，菇房保湿性能好，则覆土层可适当薄些。覆土过厚，遇到气温偏低的情况，菌丝不易向土层生长，影响产量；覆土过薄，则易出现菌床漏水或粗土内菌丝少，容易冒菌被，出菇密，菇小，产量质量都差。

覆土后一般在 1 周内不再调水。但是，如果土层达不到手捏能扁、手握能圆、又不粘手的程度，必须在 2 ~ 3 天内把土层调足水分，以达到上述程度。如果土层 pH 值低于 7.0，可用 0.1% 石灰水调节。必须指出，不管如何调水，都绝对不允许让水渗到下边菌料层。一旦淹死料层表面菌丝，或水已渗到料表，或由于长时间不注意而已形成隔层（即料表菌丝退无，麦秸变成黑褐色或黑色），那时将大大推迟土层串菌乃至今后的出菇期，不可大意。

（十）出菇管理

双孢菇从播种到采收一般需要 35～40 天，整个采收期约 4～6 个月。这个时期的管理重点是维持适宜的温、湿度和适当地通风换气，为子实体的生长发育创造良好的环境条件，以获得高产优质的双孢菇。但这个阶段的管理，又要根据季节的气候变化和子实体生长情况的不同区别对待。

1. 秋菇管理

在秋菇期间气温较适宜，菌丝生长旺盛，出菇潮次明显，是产菇的高峰期，秋菇产量约占总产量的 70% 左右。因此，必须认真搞好秋菇管理，正确处理喷水调湿、通风换气、控温保湿等三者关系，既要促使多出秋菇，又要保护好菌丝，为春菇打好基础。喷水调湿是整个秋菇管理工作中最为重要的一个环节，它直接影响蘑菇的产量和质量。水分过少，不能满足子实体生长发育的需要；水分过多则又往往会使菌丝早衰，甚至死亡，所以在秋菇管理过程中的水分调节要掌握好"维持水要常，转潮水要重"的原则。

菌床覆土调水以后，当蘑菇菌丝在土层内已充分繁殖，并长到一定部位时，需及时喷一次重水，以迅速增加土层的湿度，促使绒毛状菌丝变粗并形成线状菌丝，进而扭结出菇，这次重水叫做"结菇水"。用水量控制在 2～2.7kg/m²，1～2 天内分 4 次左右喷完。春菇始发前的土层调水也称"结菇水"，不过用水量较轻。菌床喷用"结菇水"以后，当原基普遍形成，并大部分发育成黄豆般大小的菌蕾时，需及时喷一次重水，进一步补充土层的湿度，满足迅速生长的菌蕾对水分的需求，使子实体正常出土，以达到高产优质，这次重水叫做"出菇水"，又称"保质水"。用水量为 2～2.5kg/m²，在两天内分 4 次打完。

温度从高到低且稳定在 20℃ 以下，适于蘑菇子实体的生长发育。若床面温度连续几天高于 22℃，就会出现死菇现象，特别是刚出土的菇蕾更易发黄萎缩。高温天气过后，马上清除床面，把死菇及发黄枯死的老菌块捡去并适当补土，平整床面。将出现 20℃ 以上高温时，菇床停止喷水，早晚和夜间多开门窗，加强通风；适当设置荫棚，并向菇房地面、墙面喷洒井水，尽量降低菇房温度。温度低于 6℃，应关闭门窗。

通风有两个作用：一是排出 CO_2，引进新鲜空气；二是调节温度。具体方法如下：①在正常天气条件下（14～18℃），最好采用持续长期的通风方式。即在菇房中选定几个通气窗长期开启。②在气温高于 18℃ 时，应在晚上通风。③当气温低于 14℃ 时，则改为中午通风。通风时还要讲究开窗的方法：无风或微风时可开对流窗，即南北窗都开；风稍大时，只能开背风窗，以免影响菇房湿度。

每潮菇采收后，要及时挑除残留在床面上的发黄老根或死菇，否则会影响新生菌丝生长和阻碍子实体形成，还会腐烂发霉。每次挑除老根和死菇后，应立即补盖新鲜湿细土，然后喷水保湿。

秋菇后期，即第 3 潮菇采收后，因培养料养分已大量消耗，为了提高双孢蘑菇产量和品质，并促使菌丝生长健壮，可以进行追肥。常用的追肥有：①0.1%～0.2% 尿素，可结合喷水进行；②1% 葡萄糖，在菇蕾黄豆大小时喷施；③培养料浸出液，这是碳、氮含量丰富的完全肥料，能满足双孢蘑菇对各种营养元素的需要，成本低，效果好。一般用剩余培养料晒干配制，用 5 倍开水浸泡于缸中，闷 3 ~ 5h，过滤冷却后喷施。也可用剪切下来的菇脚加水煮开取滤汁冷却后喷施。

2. 菇棚的越冬管理

北方地区，进入 12 月上旬（中拱棚）和下旬（冬暖式大棚）即可转入越冬管理，直至第 2 年的 3 月上旬。由于秋菇管理不同，种菇早晚不一，产量高低各异，秋菇结束时的菌床好坏自然也不尽相同。有的秋菇结束后，料层和土层中菌丝生长依然很好，色泽洁白，也无病虫害；有的则土中菌丝衰退，与土层接近的料层菌丝变褐变黑，但下部菌丝仍是白色且较浓密，有的介于上述好坏之间。菌丝属于较好的菇棚，当秋菇结束后，应把土层中发黄的老根和死菇等挑除干净，再用两齿耙从土面向底轻轻的稍微撬动一下，以增加料层的透气性，排除料中不良气体，进入新鲜空气，复壮菌丝，然后补上新土，整平土面，追补 1 次营养水。需要指出，在挑出老根、死菇、死蕾时，切莫大翻大挑，一般先刮掉 0.5 ~ 1.0cm 表土，便可观察到死菇、死蕾和老菌丝（黄褐色）清理后，可进行 1 次追肥，补上新土，把湿度调节好，但水分宜小，比覆土时要求还要干些，以防一旦出现气温回升又形成菇蕾。

3. 春菇管理

经过秋季旺产期和冬季低温半休眠阶段，越冬春菇培养料里养分相对减少，菌丝生活力也有所降低，同时春季气温时高时低，如管理不当，容易造成菌丝萎缩，死菇和病虫害发生，严重影响春菇产量。春菇管理得好，一般产量占生产季产量的 30% ~ 40%。做好春菇管理，首先要根据当地气温回升情况和菌丝生长状况，灵活掌握水分和通风换气管理，并做好防低温、抗高温工作。

春菇生产管理中，一般在 3 月上中旬侧重于增温管理；3 月下旬至 4 月初应侧重于追肥和调水管理（调节到刚覆土时的湿度）；到了 4 月中旬至 5 月上旬进入盛产期，应侧重于通风换气，适度调节水分，以减少病害，增产增值；一旦进入 5 月份，气温升高，应侧重于降温、通风换气、增加喷水量（注意补水至下层土）；进入 5 月下旬，应及时泼浇结束水。另外在进入 4 月份还要补加道沟两边的湿度（灌 1 次沟），以利于产生沟边菇。进入 5 月份可加厚棚上覆盖物，降低棚内温度，必要时往棚顶上喷水以降低棚内温度（时间在中午 12 时左右，一般可降 2 ~ 4℃），白天可关闭门窗，晚上全开。另外，凡双层棚膜的菇棚，揭掉上层膜，罩上鸡网，防止把麦草刮跑。凡单层膜的棚，一进入风季，必须罩上鸡网，防止刮走麦草，也要注意防火。

关于防治病虫害，必须以预防为主，防重于治，防治兼施。只有搞好后发酵和覆土的消毒，才可防止病虫害的发生。但菇棚又不是"真空"，其他病虫害仍可能传播进来，所以不可掉以轻心。一旦进入春菇管理就要喷洒一遍 0.5% 敌敌畏；走道喷洒 1%~5% 的石灰水；支棚竹竿在使用前就应该用五氯酚钠或硫酸铜进行消毒，发生霉菌的应该及早除治，可喷洒 0.1% 克霉灵或 0.3% 漂白粉。春菇生产期间，易发生锈斑病，务必在喷水时和喷水后进行大通风，加强通风换气，防止菇面积水不蒸发而诱发此病，细菌斑点病的病因也是如此。下层土干，易出空根白心菇，土层过湿易出红根菇，空气湿度小易使菇发黄；高温高湿不透气，易产生薄皮菇。喷水工具，一般采用背式喷雾器，但它只适于空气补湿。若要适合床面喷水，应该把喷头的喷水眼加大，这样喷出的水犹如细雨，还可减轻体力。如果喷出的水多是雾状，仅仅湿润表层，下层覆土得不到水分补充，势必死菇或产生白心菇。另外，还造成空气湿度过大而诱发病害。

（十一）采收

采菇前菇床不能喷水，否则采菇时手捏菌盖容易发红。当菌盖直径长到 2cm 以上时，就应注意按标准陆续及时采收。出菇旺季或气温在 18℃ 以上时，每天要采收 2～3 次，凡是达到收购标准的蘑菇，早晨能采的不要留到下午；凡是下午能采的不要留到第 2 天。

产菇前期，菇体发生密度高，土层菌丝再生和扭结能力强，采菇宜采用旋转法，尽量做到菇根不带菌丝，不伤及周围幼菇。产菇后期，床面出菇量少，土层菌索状老根多，再生能力差，采菇逐渐使用直拔法：直接拔起菇体，这样能够同时把老根一齐拔掉，可减轻菌床整理的工作量。

采收成团的"球菇"时，要特别细心。若菇体大小相差悬殊，可用手轻轻按住保留菇体，另一手迅速地剥离或切割要采收的菇体，尽量不迁动保留菇体。如果"球菇"大部分已经长到采收标准，则可整团拔起来。蘑菇采收后，要及时切去带泥的根脚，最好边采边切，菇根长一般不超过 1cm，切口要平整，要一刀切下，避免斜根、裂根。

切柄后的成品菇轻轻放入内壁光滑、容量适中的塑料桶、箱内，要防止菇体堆压受伤。成品菇要及时送往收购站，运送途中要轻装轻卸，减少震动。如果长距离运送，时间较长，则要按标准预先对成品菇进行适当保鲜、护色处理。

思考题：
1. 双孢蘑菇的生物学特性是什么？栽培前景如何？
2. 叙述双孢蘑菇栽培管理要点。
3. 培养料二次发酵的要点是什么？

第二节　草菇栽培

一、概述

草菇 [*Volvariella volvacea*（Bull. ex Fr）Sing] 属伞菌目、光柄菇科、小苞脚菇属真菌，又名兰花菇、秆菇（福建）、麻菇（湖南）、美味苞脚菇、美味草菇、中国蘑菇等，是一种喜温、喜湿，易在稻草等禾本科草类和废棉等纤维上生长的菌类。草菇栽培起源于中国，距今有 300 多年的历史。广东省韶关市南华寺的和尚从腐烂稻草堆上生长草菇这一自然现象得到启示，创造了栽培草菇的方法（南华寺僧侣们身居山林间，交通不便，运送新鲜蔬菜十分困难，其所需蔬菜、水果均自种自食，且他们是素食者，草菇因为营养丰富且味道可口，是他们最喜欢的一种食品，于是他们逐渐将草菇进行了驯化，能够人工栽培），故有"南华菇"之称。草菇的另一个原产地是湖南省浏阳地区，以往这一带盛产苎麻，每年割麻以后草菇就大量生长于遗弃在麻秆和麻皮堆上，故又称草菇为"浏阳麻菇"。随后由飘洋过海谋生的华侨，将草菇栽培技术传至东南亚各个国家，近年来美国和欧洲有些地区也有栽培，国外将草菇称为"中国蘑菇"。我国是世界草菇生产的大国，产量占全世界的80%以上，其中1/3来自中国台湾省，其余的多产于东南亚地区。

草菇原野生于热带和亚热带的高温多雨地区，广泛分布于泰国、缅甸、马来西亚、印度、菲律宾、新加坡、印度尼西亚、越南等热带国家及中国南方地区。在我国主要分布于广东、广西、福建、湖南、台湾、海南等南方省、自治区，很早就被当地人民广泛采集食用。近年来，欧美有些国家和地区也开始草菇栽培，一些国家不断派技术人员来我国学习草菇的栽培技术。我国的草菇栽培，也是由南方向北方逐步发展。目前，栽培地区有广东、广西、福建、湖南、湖北、江西、台湾、上海、浙江、江苏、安徽、北京、河北、山东、河南、四川、云南等地。

草菇不仅肉质肥嫩脆滑，味道鲜美，而且有很高的营养价值，含有丰富的蛋白质、人体必需氨基酸、维生素C。常食草菇，可增强人体对疾病的免疫力，又是糖尿病病人的良好食物。近年的研究发现，草菇中还含有一种凝集素蛋白质，称为草菇毒素A（VoivatoxlnA），它能够降低O型红细胞的溶血活性。该凝集素由分子量为50 000和24 000的两个亚基组成，但只有小亚基与溶血活性有关。另一种分子量为26 000的凝集素也从草菇中分离出来，这种凝集素有中度调节O型红细胞凝血反应的作用。此外，现已证明这些蛋白质分子还具有抗癌的作用。因而经常适量食用草菇可以预防肿瘤的发生，同时可以降低体内胆固醇的含量，对预防高血压、冠心病也有积极作用。研究还发现，草菇中的多糖类化合物也具有抗癌活性，用冷碱液提取的分支β-D葡聚糖，分子量1.5×10^6，抑癌率达97%；用热碱液提取的分支β-D葡聚糖，抑癌率为48.5%。草菇多糖通过增强网状内皮系统吞噬细胞的功能，促进淋巴细胞的转化，激活T细胞与B细胞，从而促进抗体的形成。虽然它对肿瘤细胞并无直接杀伤能力，但可以通过刺激人体抗体的形成而提高机体的免疫功能，是一种较理想的非特异性免疫促进剂。草菇的含氮浸出物和嘌呤碱对癌细胞的生长也有一定的抑制作用，可以用于辅助治疗消化道肿瘤，同时能加强肝、肾的活力。

草菇可以将稻草、秸秆等廉价的基质转化为优质蛋白质，大大提高了稻草、秸秆等废物的利用率。目前，世界上进行商业栽培的食用菌中草菇的总产量仅次于蘑菇、香菇、平菇名列第四。东南亚各国是草菇的重要产地，而我国则是最主要的草菇生产国。同时，草菇也是我国传统的出口产品，远销许多国家和地区，如美国、加拿大、新加坡、马来西亚和英国、日本等。无论是鲜草菇还是干草菇或草菇罐头，在国内外市场上都是最受欢迎的食用菌之一。随着人们生活水平的不断提高，草菇的生产量已远远不能满足国内外市场的需要。草菇生产蕴藏着巨大的市场潜力。

二、生物学特性

（一）形态特征

1. 菌丝体

菌丝无色透明，细胞长度不一，46～400μm，平均217μm，宽6～18μm，平均10μm，被隔膜分隔为多细胞菌丝，不断分枝蔓延，互相交织形成疏松网状菌丝体。细胞壁厚薄不一，含有多个核，无孢脐，贮藏许多养分，呈休眠状态，可抵抗干旱、低温等不良环境，遇到适宜条件下，在细胞壁较薄的地方突起，形成芽管，由此产生的菌丝可发育成正常子实体。

2. 子实体

子实体由菌盖、菌柄、菌褶、外膜、菌托等构成。外菌膜：又称包被、脚苞，顶部灰黑色或灰白色，往下渐淡，基部白色，未成熟子实体被包裹其间，随着子实体增大，外膜遗留在菌柄基部而成菌托。菌柄：中生，顶部和菌盖相接，基部与菌托相连，圆柱形，直径 0.8～1.5cm，长 3～8cm，充分伸长时可达 8cm 以上。菌盖：着生在菌柄之上，张开前钟形，展开后伞形，最后呈碟状，直径 5～12cm，大者达 21cm；鼠灰色，中央色较深，四周渐浅，具有放射状暗色纤毛，有时具有凸起三角形鳞片。菌褶：位于菌盖腹面，由 280～450 个长短不一的片状菌褶相间地呈辐射状排列，与菌柄离生，每片菌褶由 3 层组织构成，最内层是菌髓，为松软斜生细胞，其间有相当大的胞隙；中间层是子实基层，菌丝细胞密集面膨胀；外层是子实层，由菌丝尖端细胞形成狭长侧丝，或膨大而成棒形担子及隔胞。子实体未充分成熟时，菌褶白色，成熟过程中渐渐变为粉红色，最后呈深褐色。担孢子：卵形，长 7～9μm，宽 5～6μm，最外层为外壁，内层为周壁，与担子梗相连处为孢脐，是担孢子萌芽时吸收水分的孔点。初期颜色透明淡黄色，最后为红褐色。1 个直径 5～11cm 的菌伞可散落 5 亿～48 亿个孢子。

（二）生活史

草菇担孢子在适宜条件下萌发生长，形成初生菌丝体（也叫单核菌丝体）。草菇属于同宗接合的真菌，初生菌丝继续生长并分枝，相互结合，形成次生菌丝体。次生菌丝体经过扭结形成瘤状突起，即子实体原基，再发育形成成熟的子实体。其子实体的发育过程可分为以下 6 个时期。

1. 针头期

草菇菌丝体经过扭结，形成白色的小点，像针头突起，称为针头期。在其里面上半部位置形成一空腔，但尚未有菌盖和菌柄的分化。

2. 细钮期

针头期后 2～3 天，小针头发育成圆形或扁圆形的幼菇，称为细钮期。随着针头后期幼菇内出现空腔后，在空腔基部出现 1 个半圆形突起，这就是菌盖和菌柄的原基，而空腔外层组织则为原始的外包被（也称外菌膜）。以后原基继续分化而形成菌盖、菌柄。

3. 钮期

钮期的时间为 1～2 天，整个子实体结构仍被外包被包裹着，内部菌盖增大，菌柄伸长，外包被也同时伸长。随后菌盖顶部与外包被密接，空腔逐渐减小。

4. 蛋期（卵形期）

在钮期后 1 天内，子实体迅速增大进入蛋期。其外形像椭圆形的鸡蛋，顶部呈灰黑色而有光泽，向下色渐浅。此时，外包被将被突破或刚已突破，在菌褶组织中开始形成担子，但担孢子还未产生。

5. 伸长期

蛋期过后几小时内，菌柄迅速伸长，为伸长期。发育重点在菌柄、菌盖，外包被停止发育而残留于菌柄基部，成为菌托。菌柄伸长部位主要集中在菌柄上半部，即生长点部位，使菌柄几乎达到成熟时的长度。在菌柄伸长期，产生担孢子，菌褶的颜色由奶白色逐渐变为粉白色。

6. 成熟期

伸长期后，子实体进入成熟期，时间约 1～1.5 天。此时，菌盖呈钟形，随后逐渐平展成平板状。菌褶颜色由淡红色变为肉色，最后成为深褐色，这是成熟担孢子的颜色。当菌褶呈淡红色时，孢子便弹射出来，孢子弹射的时间大约 1 天。

（三）生长发育所需的营养条件

草菇是一种草腐菌，只能利用现成的有机物。野生的草菇常腐生在植物的枯枝烂叶上，从中吸收所需要的养分。人工栽培的草菇是模拟其自然生境，以作物的秸秆为主要原料，为草菇的生长发育提供充足的营养，从而使草菇生产获得较高的产量。当营养供给不足或供给不平衡时，就会不同程度地影响菌丝体的生长和子实体的形成与发育，导致产量的下降。草菇所需要的营养条件主要包括碳源、氮源、无机盐、维生素等。

1. 碳源

在稻草、麦秸、废棉及棉籽壳等农作物副产品中含有大量的纤维素和半纤维素，草菇菌丝可通过分泌纤维素酶和半纤维素酶把它们降解为葡萄糖后加以利用。所以，稻草、麦秸、废棉等农作物副产品是栽培草菇的良好碳源。不过，稻草、麦秸等秸秆中的纤维素、半纤维素含量虽高，但由于它们的特殊结构，使得这些纤维素和半纤维素分解较慢或难于分解，因而不能及时满足菌丝生长的需要。因此，我们在利用这些秸秆作碳源时，最好能将它们先做适当处理（如石灰水浸泡、微生物发酵等）后再使用。

然而，草菇菌丝对碳源的利用还受到其他营养物质及环境和 pH 值的影响。据张树庭报道，酵母提取物的添加或培养基中 pH 值的改变均可影响草菇菌丝对碳源的利用。在培养基中添加酵母提取物时，可促进菌丝对葡萄糖、麦芽糖及蔗糖的利用，从而使培养基中的碳氮比（C/N）增大。经研究发现，在补加 0.5% 的酵母提取物时，菌丝生长量最大。培养料的 pH 值较高时，可促进对果胶的利用，而对葡萄糖和麦芽糖的利用影响不大。

2. 氮源

能被草菇利用的无机氮主要是硫酸铵、硝酸铵等。有机氮主要是尿素、氨基酸、蛋白胨、蛋白质等。但草菇菌丝对无机氮的利用效果不好，因此，我们在试验或生产中主要利用有机氮。草菇菌丝可直接吸收氨基酸和尿素等小分子的有机氮，而不能直接吸收蛋白质等高分子有机氮。高分子的蛋白质必须经过菌丝分泌的蛋白酶分解成为氨基酸后，才能被菌丝吸收利用。

培养基中的氮源浓度对草菇的营养生长和子实体的形成有很大的影响。一般在菌丝生长阶段，培养基中的含氮量以 1.6%～6.4% 为宜，含氮量低时，菌丝生长受阻碍。在子实体发育阶段，培养基中的含氮量在 1.6%～3.2% 为宜，氮的浓度过高时，反而会抑制草菇子实体的分化和发育。氮源的利用亦受碳源等其他营养物质浓度的影响。如果提高培养基中的碳源浓度，则氮源浓度也可相应提高。所以，在草菇的培养基中，碳氮比要适当。一般认为，在营养生长阶段，碳氮比值要小些，以 20～30：1 为宜。而在生殖生长阶段，碳氮比值要大些，以 40～50：1 为宜。总的来说，适当的碳氮比要视培养基质中初级碳源和氮源的多少而定。

在农副产品中，可供草菇利用的有机氮源有麸皮、米糠、棉籽饼、豆饼、蚕蛹、酵母液、玉米浆以及禽畜粪便等。这些氮源在栽培草菇的培养料中单独或搭配使用，效果很好。

3. 无机盐

在秸秆、废棉等培养料中都有一定含量的常量元素，基本上能满足草菇生长发育的需要，但有时也要根据培养料的不同而适当添加钙、磷、钾、镁等元素，以促进草菇菌丝的生长发育。至于微量元素，则在天然培养料和普通用水中都已含有足够的量，除用蒸馏水配制培养基外，一般都不必添加。常用的无机盐有磷酸二氢钾、磷酸氢二钾、硫酸钙、碳酸钙及硫酸镁等。草菇菌丝可以从这些无机盐中获取磷、钾、钙、镁、硫等无机元素。

4. 维生素

草菇生长需要硫胺素、生物素（维生素 B_7）和核黄素（维生素 B_2）等维生素。维生素在马铃薯、麦芽汁、酵母提取物和米糠等原料中含量较多。因此，用这些材料配制培养基时无须再添加。但要注意这些维生素多不耐高温，在 120℃ 以上的高温下极易破坏。所以，在培养基灭菌时，应适当降低温度。

另外，生长激素有促进菌丝或子实体生长的作用。它们虽然不是菌丝生长发育必需的营养物质，但是如果使用适当，可以促进草菇菌丝和子实体的生长发育，从而提高子实体的产量。如三十烷醇、α-萘乙酸、吲哚乙酸和赤霉素等都是目前在食用菌中较常用的生长激素。如三十烷醇是已知生长调节物质中生理活性较强的一种，据报道三十烷醇在食用菌中的使用浓度为 $0.5\mu g/g$ 的效果最好；超过 $2.5\mu g/g$ 菌丝生长反而受到抑制。

（四）生活条件

1. 温度

草菇属于腐生性高温型伞菌，对外界温度的反应相当敏感。温度对草菇的影响如下。

（1）温度对草菇孢子萌发的影响 草菇孢子萌发的温度比一般伞菌高，最适的萌发温度为 40℃ 左右，其次为 35℃ 左右，在 30℃ 时，草菇孢子萌发的数量少，低于 25℃ 或高于 45℃，孢子都不萌发。

（2）温度对草菇菌丝的影响 草菇菌丝生长的温度范围为 20～40℃。菌丝生长的最适温度为 35℃，15℃ 生长极微弱，10℃ 停止生长，呈休眠状态，50℃ 以上菌丝很快死亡。在 15～25℃ 的室温中，草菇菌丝可以越冬。

（3）温度对子实体的影响 在恒定的高温中，不形成子实体，只当温度降至 28～34℃ 才开始大量出现菇蕾。草菇子实体发生的最适温度为 28～33℃，低于 20℃ 或高于 35℃ 都难以形成。在适温范围内，菌蕾在偏高温度中发育较快，但朵形小且质逊，在偏低温度中，发育稍慢，朵大质优。因此，夏季最好在树阴或荫棚下进行栽培。晚秋昼夜气温变化剧烈，室外栽培应注意保温，以防菇蕾烂掉。

2. 水分和湿度

草菇喜欢在湿度较高的环境中发生发育。水分不足，菌丝生长慢，不易形成子实体；水分过多，通气不良，导致菌丝及菌蕾大量死亡。经验表明，基质（草堆）内60%~65%的含水量最适合草菇菌丝的生育，最高不得超过70%。菇床四周空气的相对湿度80%~90%最适于草菇子实体的发育，在96%以上菇体易腐烂，而且杂菌多，在80%以下，草菇的生长迟缓，表面粗糙，缺乏光泽。

3. 空气

足够的氧气是草菇正常生长发育的重要条件。氧气不足，CO_2积累太多，草菇常因呼吸受抑制而导致生长停止或死亡，因此，空气缓慢对流的场所是栽培草菇的好地方，但通风太甚，水分容易散失，对草菇的生长也不利，更应避免在风口处栽培。

4. 光照

草菇孢子的萌发，菌丝的生长完全不需要光线，但子实体的形成和发育需要一定的光，在完全黑暗的条件下不形成子实体。漫射的阳光能促进子实体的形成，促进色素的转化和沉积。强烈的直射阳光对子实体有严重的抑制作用。因此，露天栽培必须覆盖草被。

5. 酸碱度

草堆或培养基中的酸碱度是草菇生长发育的主要因素之一。在所有的人工栽培食用菌中，草菇最喜欢碱性。孢子萌发的最适 pH 值为 7.4~7.5。菌丝体在 pH 值 5.0~8.0 范围内能生长，菌丝在草堆中生长最适 pH 值为 7.5~8.0。子实体生长的适宜 pH 值为8。偏酸条件对孢子萌发、菌丝生长和子实体形成不利。

6. 营养

在营养充足的草堆中，菌丝体生长旺盛，子实体肥美健壮，产量高，质量好，产菇期长；在贫瘠的基质中，菌丝体生长不良或不能生长，不形成子实体或产量很低，产菇期极短。研究表明，葡萄糖、果糖、蔗糖、蛋白胨、天门冬酰胺、谷氨酰胺等都是草菇的良好碳、氮源，棉籽壳、废棉、稻草、牛粪、麸皮、米糠、甘蔗渣等是栽培草菇的主要材料。分析表明，废棉中天门冬酰胺、谷氨酰胺较为丰富，两者含量占其氨基酸总量的1/3，可见，废棉是栽培草菇的理想材料。但废棉的含氮量不一，在 0.25%~1.45% 之间，而草菇培养料含氮量以 0.6%~1% 为宜。补充大豆粉可提高产量。

三、栽培技术

(一) 栽培季节

草菇在自然条件下的栽培季节，应根据草菇生长发育所需要的温度和当地气温情况而定。通常在日平均气温达到23℃以上时才能栽培。湖南地区利用自然气温栽培的时间是5月下旬至9月中旬。以6月上旬至7月初栽培最为有利，因这时温度适宜，又正值霉雨季节，湿度大，温湿度容易控制，产量高，菇的质量好。盛夏季节（7月中旬至8月下旬）气温偏高，干燥，水分蒸发量大。管理比较困难，获得草菇高产优质难度较大。广东、海南等省在自然气温条件下栽培草菇，以 4~10 月较适宜。北方地区以 6~

7月栽培为宜。利用温室、塑料棚栽培，可以酌情提早或推迟。

当气温在25℃以上、空气相对湿度在80%以上时，即可栽培草菇。如北京、河北可从6月下旬至8月上旬，广西、福建4～9月气温高，适合草菇的生长发育。广东栽培草菇的季节比其他省份长，如在珠江三角洲，从3月下旬开始栽培，一直到11月上旬止，其平均气温在23℃以上。因此，一般从4～10月均可在自然条件下连续生产，但有春菇、夏菇、秋菇之分。近年来，由于栽培技术的进步，可人工调节温度，即使在冬季低温季节也能生产，草菇已实现周年栽培。

（二）培养料配制

适合草菇生长的培养料很多，各地可因地制宜，就地取材。

1. 培养料配方

（1）稻草或麦草培养料的配制　稻草和麦草原料丰富，是传统的草菇栽培原料，由于稻草和麦草的物理性状较差，且营养缺乏，只要进行适当处理，增加辅料，也可获得较好的产量。每平方米需要干稻草10～15kg。常用配方：①稻草或麦草87%＋草木灰5%＋复合肥1%＋石膏粉2%＋石灰5%；②稻草或麦草88%＋麸皮或米糠5%＋石膏粉2%＋石灰5%；③稻草或麦草73%＋干牛粪5%＋肥泥15%＋石膏粉2%＋石灰5%；④稻草或麦草83%＋麸皮5%＋干牛粪5%＋石膏粉2%＋石灰5%。以上稻草或麦草的处理方式有两种：一种是稻草或麦草不切碎，用长稻草栽培。将稻草浸泡12h左右，稻草上面要用重物压住，以便充分吸水。浸透后捞出堆制，堆宽2m，堆高1.5m，盖薄膜保湿，堆制发酵3～5天，中间翻堆1次，栽培时，长稻草要拧成"8"字型草把扎紧，逐把紧密排列，按"品"字型叠两层，厚度20cm。另一种是将稻草或麦草切成5～10cm长或用粉碎机粉碎，浸泡或直接加石灰水拌料，并添加辅料，堆3～5天，中间翻堆1次。

混合培养料的配制：为了降低生产成本，可采用废棉渣或棉籽壳加稻草或麦草的栽培方法，也可取得较理想的效果。混合比例通常是废棉渣或棉籽壳1/3～2/3，稻草可切段或粉碎，加石灰和辅料堆制后使用。

（2）废棉培养料　废棉96%，石灰4%。

（3）甘蔗渣培养料　甘蔗渣86%，麦麸9%，石灰3%，石膏2%。

（4）稻草与棉籽壳培养料　稻草48%，棉籽壳48%，石灰4%。

（5）棉籽壳培养料　棉籽壳71%，干牛粪9%，稻草粉11%，麦麸7%，磷肥1%，石灰1%。

（6）棉纺屑培养料　棉纺屑75%，火土灰15%，麦麸8%，石灰1%，石膏1%。

2. 培养料处理

有两种培养料处理法。

（1）塑料薄膜堆制　培养草菇的棉籽壳、稻草或废棉等需先用水浸透，浸制时间一般为6～12h。然后捞出沥干，将辅料拌和均匀，使含水量为60%～65%。然后建堆，堆宽1.2m，高60～70cm，长依用料数量而定，在料堆上覆盖薄膜保温。经2～3天，待堆温升高到60℃时翻堆，翻堆后2～3天，堆温再升高到60℃时，维持1天，第二天可拆堆，准备运入菇房。

（2）前后发酵堆制　分为前后发酵。

前发酵：将稻草切成 5~10cm 的小段，浸水后加入辅料拌匀，含水量 60%~70%，堆成宽 1m、高 1m、长度不限的发酵堆。发酵 2~3 天后，翻堆检查干湿度，再堆 1~2 天，调好水分和 pH 值，然后进入栽培室，进行室内后发酵。

后发酵：完成前发酵后趁料温在 40~50℃时将料搬入菇房，关闭菇房门窗，当菇床上培养料因发酵而温度逐渐上升时，通入蒸汽或加热，将料温升到 60℃保持 2h，然后微微通风，逐步降温到 50℃左右保持 1~2 天。待床内料温降至 30~35℃，立即轻压实、拍平播种。

3. 品种选择

依颜色分，有两大品系：一类叫黑草菇，主要特征是未开伞的子实体包被为鼠灰色或黑色，呈卵圆形，不易开伞，草菇基部较小，容易采摘，但抗逆性较差，对温度变化特别敏感。另一类是白草菇，主要特征是子实体包被灰白色或白色，包被薄，易开伞，菇体基部较大，采摘比较困难，但出菇快，产量高，抗逆性较强。目前我国栽培的黑草菇有 V23、V35、V20、V5、V981、V202、浏阳麻菇等，栽培的白草菇有 V844、新泰等。

依照草菇个体的大小，可分为大型种、中型种和小型种。由于用途不同，对草菇品种的要求也不同。制干草菇，喜欢包被厚的大型种，制罐头用的，则需包被厚的中、小型种，鲜售草菇对包被和个体大小要求不严格。目前我国栽培的 V23、V35、浏阳麻菇等品种个体大，属大型种。V844、新泰属中型种，V20 个体较小，属小型种，包被薄，易开伞，但对不良的外界环境抵抗力较强，产量高。

（三）栽培场所

1. 室内栽培

室内栽培需要有菇房，要求菇房能保温保湿，通气透光。草菇房内的床架与蘑菇栽培的床架相同，通常为 4~5 层，床架宽 1.2m，床架间走道宽 60cm。有条件的情况下，可在菇房内安装温湿度自动调节器以及通风系统。

草菇的室内栽培能人工控制其生长发育所需的温度、湿度、通气、光照及营养等条件，避免低温、干旱、大风、暴雨等自然条件的影响，全年均可栽培，一年四季均有鲜菇供应市场，可向工业化、专业化、自动化生产的方向发展。

2. 室外栽培

华南地区由于温差较小、气温较高，可在室外稻田中栽培；河北地区可采用冷床（阳畦）上盖薄膜栽培。夏初气温低时，畦地应选择向阳的地方；夏季气温较高时，应选择较阴凉的地方。但是室外栽培草菇除了华南地区外，只能在高温的夏秋季节进行。由于是在室外栽培，受气候影响较大，产量不稳定。况且室外栽培用草量多，生产成本高，有的占用耕地，其生产技术也复杂，不容易掌握。

（四）栽培方式

1. 床架式栽培方式

床架式栽培方式。

①波浪式。将经过发酵的培养料移到菇床上，按照菇床排列的纵向方向，做成波浪

式短小的小埂菌床。小埂高15cm，两小埂之间为5~7cm。该方式可增加出菇面积，通风较好，菌丝生长快，出菇早，菇体整齐。但是如果管理不好，喷水不当，小埂中部常被水渍，会影响菌丝生长和出菇。②平铺式。把发酵好的培养料搬入菇床，均匀铺在床架上，除中间略呈龟背式外，其余部分平整。培养料的厚度依气温高低而有所区别，如气温30℃时，棉籽壳培养料厚10cm，稻草培养料厚17cm；气温升高达33℃时，棉籽壳厚7cm，稻草厚13cm；气温降至25℃时，棉籽壳厚13cm，稻草厚20cm。

培养料在菌床上整理好后即可播种，播种方法可用穴播或撒播。接种量为4%~6%。草菇菌种满瓶后15天以内的菌种，其生命力强，易萌发吃料，产量较高。

草菇床架式栽培是目前我国常用的栽培方式，在房子或棚子里搭设床架，不但可以充分利用空间，提高土地利用率，而且保湿、保温好，容易管理，产量高而稳定。

床架式栽培程序如下。

（1）床架的搭设　草菇栽培床架与蘑菇栽培床架相同。床架与菇房要垂直排列，即东西走向的菇房，床架南北排列，菇床四周不要靠墙，靠墙要留走道50cm，床架与床架之间的走道宽67cm，床架每层间距离67cm，底层离地17cm以上。床架层数视菇房高低而定，一般4~6层，床架宽1.3~1.5m。床架可用竹、木搭成，钢筋水泥床架更好，但造价高。每条走道的两端墙上各开上、下窗1对。窗户的大小以40cm宽、50cm高为好，床架之间的走道中间的屋顶上装拔风筒1只，高1.5m，直径40cm左右。

（2）培养料二次发酵　将经过堆制发酵的培养料抖松、拌匀，趁热搬进菇房床架上。这时培养料的含水量最好是70%左右，pH值9左右。不同栽培原料的培养料铺料厚度也不相同，废棉渣或棉籽壳培养料，一般铺料厚7~10cm，切碎的稻草培养料铺料12~15cm，长稻草铺料20cm。夏天气温高时，培养料适当铺薄一些。冬季气温低时培养料适当铺厚一些。铺料后，立即向菇房内通入蒸汽，也可以用煤炉加温（但要将煤气排到菇房外），使培养温度达到65℃左右，维持4~8h，然后自然降温。降至45℃左右时打开门窗，二次发酵能杀死菇房及培养料中的害虫及有害杂菌，有利于高温放线菌等有益的微生物的繁殖，以便于草菇生长，容易获得高产。

（3）播种及播种后的管理　当培养料的温度降至38℃以下时，将培养料抖松、拌匀，床面整平、压实，然后进行播种，将菌种从菌种瓶挖出，袋装种可将塑料撕掉，把菌种放在清洁的盆子里，将菌种块轻轻弄碎，采用撒播的办法为好，一般100m² 栽培面积需播菌种300~400瓶（每瓶750ml），将2/3的菌种先撒播在培养基上，然后轻轻的搅拌均匀，后将剩余的1/3的菌种均匀撒在料的表面，用木板轻轻拍平。

播种后，床面盖上塑料薄膜，每天揭膜通风1~2次，注意控制料内温度。培养料内的温度是由低到高，由高到低的变化过程。播种后料内温度逐渐上升，一般3~4天可以达到最高温度，料内最适温度应尽量控制在35~37℃，否则温度过高，料内水分大量蒸发，草菇菌丝受到抑制或严重的导致死亡。如料内温度过高，应及时分析原因，采取措施解决。料内水分不够，培养料过干，应进行淋水补湿降温；若培养料过厚，应加强室内通风，掀开料面塑料，并在料内打洞，散发料内温度。

播种后4天左右，拿掉料面覆盖的塑料膜，最好盖上薄薄的一层事先加湿的长稻草，或加湿的谷壳或盖上1cm左右厚颗粒状的土，并喷1%的石灰水，也可提高草菇的产量。

(4) 出菇期管理 一般播种后 5~6 天,草菇菌丝开始扭结时,要及时增加料面湿度,打好"出菇水",增加室内光照,促使草菇子实体的形成。当大量小白点的菌蕾形成时,以保湿为主,空气相对湿度维持在 90% 以上。当子实体有钮扣大小时,应加强通风保湿,使子实体健康生长。

2. 袋式栽培

草菇袋式栽培即熟料栽培,是一种目前新型的栽培方式,近年来在福建省屏南县和古田县大量推广,是一种草菇高产栽培的新方法,单产较传统的堆草栽培增产 1 倍以上。生物效率可达到 30%~40%。

(1) 浸草 将稻草切成 2~3 段,有条件的可切成 5cm 左右,用 5%~7% 的石灰水浸泡 6~10h。浸稻草的水可重复使用两次,但每次必须加石灰。

(2) 拌料 将稻草捞起放在有小坡度的水泥地面上,摊开沥掉多余水分,或人工拧干,手握抓紧稻草有一两滴水滴下,即为合适水分,含水量为 70% 左右。然后加辅料拌和均匀,做到各种辅料在稻草中分布均匀和黏着。拌料时常用的配方有以下几种:①干稻草约 87% + 麸皮 10% + 花生饼粉或黄豆粉 3% + 磷酸二氢钾 0.1%。②干稻草约 85% + 米糠 10% + 玉米粉 3% + 石膏粉 2% + 磷酸二氢钾 0.2%。③干稻草 83.5% + 米糠 10% + 花生饼粉 3% + 石膏粉 2% + 复合肥 1.5%。④干稻草 56.5% + 肥泥土 30% + 米糠 10% + 石膏粉 2% + 复合肥 1.5%。

(3) 装袋 经充分拌匀的料,选用 24cm × 50cm 的聚乙烯塑料袋,把袋的一端用粗棉线活结扎紧,扎在离袋口 2cm 处。把拌和好的培养料装入袋中,边装料边压紧使袋内料均匀分布,每袋装料湿重 2~2.5kg,然后用棉线将袋口活结扎紧。

(4) 灭菌 采用常压灭菌,装好锅后,开始火力要猛,使温度在 5h 内尽快达到 100℃,并保持 100℃ 6~8h 左右,中间不停火,不降温,确保灭菌彻底。然后停火出锅,搬入接种室,自然冷却。

(5) 接种 采用接种室或接种箱接种。接种时,解开料袋一端的扎绳,接入菌种,后重新扎好绳子。然后解开另一端的扎绳,同样接入菌种,并扎好绳子。1 瓶(或 1 袋)菌种可接种 12~15 袋左右。

(6) 发菌管理 将接种好的菌袋搬入培养室,排放在培养架上或堆放在地面上。菌袋堆放的高度应根据季节而定,一般每堆可堆放 3~4 层。温度高时,每堆层数 2~3 层。培养室的温度最好控制在 32~35℃,接种后 4~5 天,当菌丝吃料 2~3cm 时,将袋口扎绳松开一些,增加袋内氧气,促进菌丝生长。在正常管理下,一般 10~13 天菌丝可以长满全袋。

(7) 出菇管理 长满菌丝的菌袋搬入栽培室,卷起袋口,排放于床架上或按墙式堆叠 3~5 层,覆盖塑料薄膜,提高栽培室的空气相对湿度至 95% 左右。经过 2~3 天的管理,菇蕾开始形成,这时可掀开薄膜。当菇蕾长至小钮扣大小时,才能向菌袋上喷水,菇蕾长至蛋期时即可采收,可采收 2~3 批草菇。

3. 堆式栽培

一般指在大田以稻草为培养料的栽培方式。

（1）选地作畦 在旱地、水田均可栽培，其土质应为疏松的砂壤土，可保湿保肥，又通气，有利于草菇生长。如土质黏性太重或沙石太多，应添加1层砂壤土。畦应于种菇前5~7天做成，先用杀虫药消灭蚯蚓及其他害虫。水田应犁翻浸水4天，然后犁耙，再浸水4天，之后排水晒干。旱地或水田晒干后，即可做成畦。一般畦宽100~120cm，南北向，东西延长，畦高20~33cm，畦面呈龟背形，每畦相距50~60cm。

（2）备料 稻草要求无霉烂，金黄色。若用已潮湿发霉的稻草，则堆温低，发热期短，而且容易感染病虫杂菌，产量也低。新鲜稻草含水多，发热较低，须经充分曝晒干燥后，才能使用。早、中、晚稻草均可采用，其中以中稻草较好。

（3）浸草 将稻草扎成把，每把0.5~1kg，2.5~5kg捆成一捆，于堆草前1天放入水中浸10~14h，使稻草充分浸湿，早稻草浸水时间可短些。也有人采取将稻草放入水中，边浸边踩；可使稻草充分吸水，缩短浸水时间，待稻草变软时即可使用。浸草完毕即捞起运到栽培场备用。

（4）踩草堆 可分为3种方式。①轧草式：将湿草从中间用轧刀切成两段，齐头放在畦的两边，草头草尾在畦中间，两边对放，1把紧靠1把，用脚踩紧。堆中间空低处填入稻草，即填心草。一般堆4层，每层周围均比第1层缩进3cm左右，菌堆呈梯形。播种后，菌堆顶上层盖1层薄稻草并踩紧。②折尾式：长稻草用此法。将干稻草齐好，重0.5kg左右，在近草头1/3处折转扎把。踩堆时，把已浸湿的稻草把一把紧靠一把，横放在畦上。踩第2层时，草头的方向压在第1层草尾之上，如此一层层堆好。③扭把式：将稻草扭成"8"字型，依序紧密地横放在畦上，草头和草尾朝内。两边同时进行，叠草的宽度比畦窄7~10cm。叠完第1层后，普遍踩1次，边踩边淋水，这样菌堆易于发热。叠第2层草时向内收缩7~10cm，叠法与第1层相同。层层相叠，直到第4层。菌堆做完后，还要踩1次，也要淋水，直至菌堆四边有黄水流出为止。

菌堆踩好后，用薄膜覆盖，以保温保湿，有利于草菇菌丝的生长发育。室内栽培的，因为温湿度较稳定，3~4天后可不再覆盖。露地栽培还须在雨季来临前用薄膜覆盖防雨。

通常踩菌堆与播种是交错进行的，菌堆第1层踩完后，在四周7~10cm范围内播1层草菇纯种，然后踩第2层，草把刚好压住菌种。第2、第3层播种方法同第1层，在第4层草上全面播种。

（5）复踩与盖土 复踩是菌堆原来踩得不紧或水分不足的辅助措施。菌堆顶部盖土，能保温保湿，为出菇创造条件。一般这两项措施在踩堆后第3天进行。如果堆内稻草过干，则应在复踩时淋水以补足水分，用水量以菌堆流出黄水为度。需淋水的草堆只适宜在建堆后第3天进行，过迟淋水引起堆温骤然降低，易损伤菌丝，影响产量。如果草堆中稻草含水量已足，仅在菌堆顶部反复踩紧1次，然后用火烧土或较肥沃的菜园土薄盖1层。

（五）栽培管理

以堆式栽培为例。

1. 控制菌堆温度

菌堆内温度经历由低到高，再由高到低的变化过程。踩菌堆后，堆内温度逐渐升高，4~6天后达到最高温度，再过1~2天后开始缓慢下降。一般播种后6~7天，即可出现幼菇。菌堆内水分不足，稻草较干，易引起高温，可采用踩紧菌堆和淋水的方法，降低堆温。温度过高时，应掀开草被或全部撤掉草被，加强室内通风，并用竹棍在堆内打洞，散发堆温。当温度下降到45℃左右时，再用稻草将洞塞好保温。

2. 调节水分

在踩菌堆4天后要定时掀开薄膜通风换气。若气温较高，菌床外表干燥，可直接向菌堆喷水，以后每天可以喷水1~2次，喷后盖薄膜。如果气候特别干燥，还要在草堆覆盖物上浇水，经常保持草被有适当的湿度。当堆上出现白色原基时，宜轻喷、少喷，以保湿为主。随着菌蕾长大，逐渐加大喷水量。每采完一批草菇后，应踩堆或压实1次，草堆两侧也需压实，使保温保湿良好，以利再次出菇。

3. 通风换气

草菇为好气性真菌，应注意通风换气，通常每天开窗多次，以排除室内的二氧化碳，增加新鲜空气，这样有利于菌蕾的形成。

（六）草菇栽培过程中的主要问题及防治措施

1. 鬼伞发生的原因及防治措施

墨汁鬼伞、膜鬼伞是草菇栽培过程中最常见的竞争性杂菌，它们喜高温、高湿，一般在种后1周或出菇后出现，一旦发生，会污染料面并大量消耗培养料中的养分和水分，从而影响草菇菌丝的正常生长和发育，致使草菇减产。因此，控制鬼伞的发生及发生后如何防治，是提高草菇产量的关键技术措施。现将鬼伞发生的原因及防治措施介绍如下。

（1）栽培原料质量不好　在栽培草菇时利用陈旧、霉变的原料作栽培料，容易发生病虫害。因此，在栽培时，必须选用无霉变的原料，使用前应先在太阳下翻晒2~3天，利用太阳光中的紫外线杀死杂菌孢子。

（2）培养料的配方不合理　栽培料的配方及处理与鬼伞的发生也有很大关系。鬼伞类杂菌对氮源的需要量高于草菇氮源的需要量，所以在配制培养料时，如添加牛粪、尿素过多，使C/N降低，培养料堆制中氨量增加，可导致鬼伞的大量发生。因此，在培养料中添加尿素、牛粪等作为补充氮源时，尿素应控制在1%左右，牛粪10%左右，且充分发酵腐熟后方可使用。

（3）培养料的pH值太小　培养料的pH值大小也是引起杂菌发生的重要原因之一。草菇喜欢碱性环境，而杂菌喜欢酸性环境。因此，在培养料配制时，适当增加石灰，一般为培养料的5%左右，使培养料的pH值达到8~9。另外，在草菇播种后随即在料表面撒1层薄薄的草木灰或在采菇后喷石灰水，来调整培养料的pH值，也可抑制鬼伞及其他杂菌的发生。

（4）培养料发酵不彻底　培养料含水量过高，堆制过程中通气不够，堆制时发酵温度低，培养料进房后没有抖松，料内氨气多，均可引起鬼伞的发生。培养料进行二次发酵，可使培养料发酵彻底，是防止发生病虫害的重要措施，也是提高草菇产量的关键技术。除此以外，菌种带杂菌、栽培室温度过高，通气不良，病虫害也容易发生。一旦菇床上发生鬼伞，应及时摘除，防止鬼伞孢子扩散。

2. 菌丝萎缩的原因及防治措施

在正常情况下，草菇播种后12h左右，可见草菇菌丝萌发并向料内生长。如播种24h后，仍不见菌丝萌发或不向料内生长，或栽培过程中出现菌丝萎缩，其主要原因有如下几方面。

（1）栽培菌种的菌龄过长　草菇菌丝生长快，衰老也快，如果播种后菌丝不萌发，菌种块菌丝萎缩，往往是菌龄过长或过低的温度条件下存放的缘故。选用菌龄适当的菌种，一般选用栽培种的菌丝发到瓶底1周左右进行播种为最好。

（2）培养料温度过高　如培养料铺得过厚，床温就会自发升高，如培养料内温度超过45℃，就会致使菌丝萎缩或死亡。播种后，要密切注意室内温度及料温，如温度过高时，应及时降温，如加强室内通风，拿掉料面覆盖的塑料薄膜，空间喷雾，料内撬松，地面倒水等。

（3）培养料含水量过高　播种时，培养料含水量超过75%，导致料内不透气，播种后塑料薄膜覆盖得过严且长时间不掀，加上菇房通风不好，使草菇菌丝因缺氧窒息而萎缩。

（4）料内氨气危害　在培养料内添加尿素过多，加上播种后覆盖塑料薄膜，料内氨气挥发不出去，对草菇菌丝造成危害。

3. 幼菇大量死亡的原因及防治措施

在草菇生产过程中，常可见到成片的小菇萎蔫而死亡，给草菇产量带来严重的损失。幼菇死的原因有如下几方面。

（1）培养料偏酸　草菇喜欢碱性环境，pH值小于6时，虽可结菇，但难于长大，酸性环境更适合绿霉、黄霉等杂菌的生长。因此，在培养料配制时，适当提高料内pH值。采完头潮菇可喷1%石灰水或5%草木灰水，以保持料内酸碱度在pH值8左右。

（2）料温偏低或温度骤变　草菇生长对温度非常敏感，一般料温低于28℃时，草菇生长受到影响，甚至死亡。温度变化过大，如遇寒潮或台风袭击，则会造成气温急剧下降，会导致幼菇死亡，严重时大菇也会死亡。

（3）用水不当　草菇对水温有一定的要求，一般要求水的温度与室温差不多。如在炎热的夏天喷20℃左右的深井水，会导致幼菇大量死亡。因此，喷水要在早晚进行，水温以30℃左右为好。根据草菇子实体生长发育的不同时期，正确掌握喷水。若子实体过小，喷水过重会导致幼菇死亡。在子实体针头期和细钮期，料面必须停止喷水，如料面较干，也只能在栽培室的走道里喷雾，地面倒水，以增加空气相对湿度。

（4）采菇损伤　草菇菌丝比较稀疏，极易损伤，若采摘时动作过大，会触动周围的培养料，造成菌丝断裂，周围幼菇菌丝断裂而使水分、营养供应不上。因此，采菇时动作要尽可能轻。采摘草菇时，一手按住菇的生长基部，保护好其他幼菇，另一手将成熟菇拧转摘起。如有密集簇生菇，则可一起摘下，以免由于个别菇的撞动造成多数未成熟菇死亡。

（七）采收

室外种菇一般播种后6～10天即可见菌蕾，11～15天可以开始采菇。商品草菇采收适期是菇体由基部较宽、顶部稍尖的宝塔形变为卵形，质地由硬变软，颜色由深变浅，在外菌幕未被突破之前采收，这时的菇体味道鲜美，蛋白质含量较高，质量最佳。外菌膜将破未破，菌柄还未露出的质量次之，开伞的菇质量较差。草菇生长迅速，有时往往一夜之间全部开伞，因此，采收必须及时，最好早晚各采收 1 次。室内栽培草菇 6~7 天可见菌蕾，10 天左右收菇。当第 1 潮草菇采完后，隔 1~2 天第 2 潮菇蕾便出现，约 5~6 天后又可采收。每个草堆可收草菇 4~5 次，采收期 30~40 天。室内栽培的草菇第 1 潮菇产量可占整个收菇期产量的 70%~80%。

采收草菇时的注意事项见上述（4）采菇损伤的相关内容。

采完第 1 批（潮）菇后，一般过 4 天就会出第 2 批（潮）菇，管理得当，可收 2~3 批菇。

思考题：

1. 草菇的生物学特性怎样？栽培前景如何？
2. 叙述草菇栽培管理要点。

第三节　鸡腿菇栽培

一、概述

鸡腿菇［*Coprinus comatus*（Mull. ex Fr.）Gray］又名毛头鬼伞，又称鸡腿蘑，日本称之为细裂一夜茸。因其菌柄粗壮色白，形似鸡腿，肉质肥嫩，清香味美又似鸡丝而得名。因菌盖具反卷鳞片明显如肉刺，故民间又有"刺蘑菇"之称谓。分类上属于担子菌亚门（Basidiomycota），层菌纲（Hymenomycetes），伞菌目（Agaricales），鬼伞科（Coprinaceae），鬼伞属（*Coprinus*）。

鸡腿菇集营养、保健、食疗于一身，具有高蛋白、低脂肪的优良特性。鸡腿菇营养丰富、味道鲜美，口感滑嫩，经常食用有助于增强人体免疫力。据分析测定，每 100g 鸡腿菇干品中，含有蛋白质 25.4g（其含量是大米的 3 倍，小麦的 2 倍，猪肉的 2.5 倍，牛肉的 1.2 倍，鱼的 0.5 倍，牛奶的 8 倍），脂肪 3.3g，总糖 58.8g，纤维 7.3g，热量 346kcal；鸡腿菇含有 20 种氨基酸，总量 17.2%。人体必需氨基酸 8 种全部具备，占总量的 34.83%；其他氨基酸 12 种，占总量的 65.17%。每 100g 干菇中还含有钾 1 661.93mg，钠 34.01mg，钙 106.7mg，镁 191.47mg，磷 634.17mg 等常量元素和铁 1 376μg，铜 45.37μg，锌 92.2μg，锰 29.221μg，钼 0.67μg，钴 0.67μg 等微量元素。

鸡腿蘑还是一种药用蕈菌，味甘性平，有益脾胃、清心安神、治痔等功效，经常食用有助消化、增进食欲和治疗痔疮的作用。据《中国药用真菌图鉴》等书记载，鸡腿菇的热水提取物对小白鼠肉瘤 S-180 和艾氏癌抑制率分别为 100% 和 90%。阿斯顿大学报道，鸡腿菇含有治疗糖尿病的有效成分，具有调节体内糖代谢、抑制血糖的作用，并能调节血脂，对糖尿病人和高血脂患者有保健作用，是糖尿病人的理想食品。

从 20 世纪 60 年代，英国、德国等国家的食用菌研究人员就开始了野生鸡腿菇的驯化栽培工作。70 年代，西方国家已开始人工栽培，我国于 80 年代人工栽培成功。由于鸡腿菇能利用其他食用菌的废料栽培，生长周期短，生物转化率较高，易于栽培，近年来在国内得到了较大面积的推广。

二、生物学特性

（一）形态特性

鸡腿菇可分为菌丝体和子实体两个部分。

鸡腿菇菌丝体一般呈白色或者灰白色，气生菌丝少，前期绒毛状，后期致密，呈匍匐状或扇形凸状生长，表面有索状菌丝。在母种培养基上，当鸡腿菇的菌丝将要长满试管斜面时，在培养基内常有黑色素沉积。显微镜下观察，大多菌丝无锁状联合。

鸡腿菇子实体为中大型，单生或丛生，由菌盖、菌褶、菌柄、菌环四部分组成。菌盖幼时白色，近光滑，圆柱状，紧贴菌柄，后期呈浅褐色直至黑色，表面裂开，形成反卷鳞片。菌柄为圆柱状，高一般为 7～20cm，粗 1～2.5cm，与菌盖紧密相连，基部稍膨大，似鸡腿，是支撑菌盖的部分。菌环白色，前期紧贴于菌盖上，逐渐与菌盖边缘脱离，并能在菌柄处上下移动，最后脱落。菌褶密，较宽，离生，初白色，担孢子形成后呈黑色，并逐步呈墨汁状滴下，最后菇体"自溶"。孢子呈黑色，显微镜观察，单个孢子暗黑色，椭圆形，光滑，一端具小尖，大小为 7～10μm×10.5～17.5μm。囊体棒状，无色，顶端钝圆，略稀，大小为 24～60μm×10.5～17.5μm。

春至秋季的雨后生于田野、林园、路边，甚至茅屋屋顶上。分布广泛，在我国的河北、山东、山西、黑龙江、吉林、辽宁、甘肃、青海、云南、西藏等省（区）均有报道。一般可食用，但少数人食后有轻微中毒反应，尤其在与白酒或啤酒同食时易引起中毒。

（二）生活条件

1. 营养

鸡腿菇是一种适应性极强的草腐性菌类，可利用相当广泛的碳源，如稻草、秸秆、棉籽壳、木屑、废棉、玉米芯、菇类菌糠等。蛋白胨和酵母粉是鸡腿菇最好的碳源，栽培常用麦粉、麸皮、玉米粉、畜粪等作为栽培鸡腿菇氮的来源。鸡腿菇能利用各种铵盐和硝态氮，但无机氮和尿素都不是最适的氮源，因此，在堆制培养料时，添加适量的尿素、硫氨等无机氮可加快培养料发酵和增加氮源。在培养基中加入富含维生素 B_1 的原料，如麦芽浸膏、玉米粉、燕麦、野豌豆、红三叶草、苜蓿等绿叶的煎汁，可明显促进鸡腿菇菌丝生长。

2. 温度

鸡腿菇属中温型的变温结实性菌类。菌丝生长温度为 3～35℃，最适生长温度为24～26℃；菌丝抗寒能力极强，冬季零下30℃时菌丝体仍能存活，但不耐高温，35℃以上菌丝便产生自溶现象。子实体分化需要 10～20℃ 的低温刺激，但温度低于8℃或高于30℃子实体均不易形成。子实体生长的温度为 8～30℃，最佳生长温度为 12～18℃。温度低，生长慢，但品质好、个头大、储存期长。温度高，子实体生长快，菌柄伸长，菌盖变小变薄，品质低；温度超过25℃时，菌柄很快伸长并开伞自溶，从而失去商品价值。

3. 水分和湿度

在菌丝体生长阶段，培养料含水量以 60%～65% 为宜，超过或低于该含水量，菌丝生长均减弱。发菌期间，空气相对湿度为 70%～80%。出菇前，覆盖土层的湿度因土质而异，要灵活掌握，覆土湿度一般保持 20%～25%，即手握成团，触之即散。过湿会影响通气性，过干则影响菌丝的生长、扭结及出菇，严重时会导致不出菇。子实体分化和生长期间，空气相对湿度宜为 85%～90%。湿度高于 95%，易发生斑点病甚至死亡；湿度不足，子实体瘦小鳞片反卷，商品价值大减。

4. 光照

鸡腿菇菌丝生长阶段不需要光线照射，子实体分化和生长阶段需要适量的散射光。

5. 空气

鸡腿菇属好气性菌类，从菌丝生长到子实体发育整个过程中都需要充足的氧气。因此，整个栽培管理阶段，必须注意通风换气。

6. 酸碱度

鸡腿菇喜中性偏碱的基质，菌丝能在 pH 值 2～10 的基质中生长，培养料和覆土的 pH 值以 7.0～7.5 为宜。

7. 土壤

鸡腿菇是一种土生菌，具有不覆土不出菇的特点，出菇需要土中的微生物和矿物质的刺激。一般覆土厚度为 3～5cm。

三、栽培技术

（一）栽培季节

由于鸡腿菇有不覆土不出菇及菌丝具有较强的抗衰老能力，长好的菌袋在常温下避光保存 6 个月后再行覆土栽培，仍能健壮出菇，所以制菌袋不分季节、气温常年可制。一般提前 2 个月制作原种，提前 1 个月扩制栽培种。

鸡腿菇主要在春秋季节进行，出菇温度以 12～20℃ 为宜。因此，我国大部分地区安排在 3～6 月和 9～12 月出菇。袋式栽培灵活性很大，可根据温度条件和市场情况分期分批脱袋覆土栽培出菇，供应市场，以获取最佳效益。粪草发酵料栽培以 8 月中下旬堆料，9 月上旬播种为宜；也可于上半年 1～2 月生产菌袋，4～6 月出菇。

（二）栽培场所

鸡腿菇在室内、外均可栽培。室外栽培可在空闲地阳畦、果园、草地中整畦搭荫棚，进行栽培管理，要求土质肥沃、疏松有腐殖质，有充足的水源，无病虫害。室内栽培可在日光温室大棚、砖瓦房、草棚中进行塑料袋栽培和架床栽培。

（三）培养料配方

栽培鸡腿菇原料包括主料和辅料，主料有玉米芯、麦秸（或稻草）、棉籽壳、菌糠等，辅料有麦麸、玉米粉、畜粪、石膏粉、石灰粉、过磷酸钙等。选择培养料配方的原则应该是因地制宜，可根据培养料的营养结构、化学结构和物理结构，添加适量的多种辅料调整营养平衡。

1. 原种培养料配方

常用培养料配方有如下：①麦粒98%，碳酸钙1%，石膏粉1%。②麦粒85%，木屑10%，石膏粉2%，米糠3%。③麦粒78%，麸皮10%，玉米粉6%，复合肥5%，石膏粉1%。④棉籽壳90%，麸皮9%，碳酸钙1%。⑤棉籽壳90%，麸皮8%，尿素0.5%，石灰粉1%，硫酸镁0.5%。

2. 栽培种培养料配方

常用培养料配方有如下：①棉籽壳90%，麸皮4%，玉米粉5%，石灰粉1%。②棉籽壳78%，麸皮10%，玉米粉5%，复合肥5%，石膏粉1%，糖1%。③棉籽壳44%，玉米芯44%，麸皮10%，石膏粉2%。④棉籽壳58%，木屑30%，麸皮10%，石灰粉2%。⑤玉米芯80%，麸皮10%，石膏粉1%。

3. 栽培生产培养料配方

常用培养料配方有如下：①麦秸（或稻草）77%，干牛粪（或干鸡粪）14%，棉饼（或菜籽饼等）3.6%，过磷酸钙1%，石膏粉2%，尿素0.4%，石灰粉2%，料水比为1∶（1.4～1.5）。②麦秸（或稻草）75%，麸皮20%，糖1%，石膏粉1%，石灰粉3%，料水比为1∶（1.4～1.5）。③棉籽壳（发酵）90%，玉米粉8%，尿素0.5%，石灰粉1.5%，料水比为1∶（1.3～1.4）。④棉籽壳85%，麸皮10%，过磷酸钙1%，石膏粉2%，石灰粉2%，料水比为1∶（1.3～1.4）。⑤棉籽壳40%，玉米芯（或麦秸、稻草）40%，麸皮10%，玉米粉5%，过磷酸钙1%，石膏粉2%，石灰粉2%，料水比为1∶（1.4～1.6）。⑥玉米芯40%，麦秸（或稻草、豆秸）40%，麸皮10%，玉米粉5%，过磷酸钙1%，石膏粉2%，石灰粉2%，料水比为1∶（1.4～1.6）。⑦玉米芯80%，麸皮15%，磷肥1%，石膏1%，石灰粉3%，料水比为1∶（1.4～1.6）。⑧菇类菌糠（如平菇、金针菇、香菇等栽培废料）40%，棉籽壳20%，玉米芯20%，麸皮16%，过磷酸钙1%，石灰粉3%，料水比为1∶（1.1～1.2）。

鸡腿菇与双孢蘑菇相比，培养料氮素营养应该稍低些，即碳氮比稍大些，培养料在发酵前的适宜C/N是35∶1。原材料应新鲜、干透、无霉变，菌糠晒干粉碎后备用。

（四）栽培技术

鸡腿菇人工栽培有熟料栽培（二段栽培）和生料（发酵料）等方式。

1. 熟料栽培

（1）配料　结合本地资源选好合适的配方，将各种原辅料称量好，把可溶性辅料先溶于水中，再浇于培养料中充分搅拌，混合均匀，使含水量在65%左右，pH值为7.5～8。

（2）装袋灭菌　栽培袋可用宽15～18cm，长33～40cm，厚0.004～0.006cm的聚丙烯（高压蒸汽灭菌）或低压聚乙烯（常压蒸汽灭菌）塑料袋；也可选用20～24cm×45～50cm的低压聚乙烯塑料袋。将培养料装入塑料袋，要求松紧适当，料袋两端用细绳捆扎封口。

另外，有的地方在料拌好之后进行堆积发酵一段时间再装袋，堆积发酵可参见生料栽培。

料装好后，应及时灭菌，防止基质酸变。高压蒸汽灭菌，必须在1.5kg/cm²

（0.15MPa）的压力下灭菌 2~3h。目前，农村普遍使用的土制蒸锅常压灭菌，它成本低廉，容量大，结构简单，可自行建造。常压蒸汽灭菌，料袋装锅时要留一定的空隙，或者采用"井"字型排垒，便于空气的流通，灭菌时不出现死角。一般从菌袋开始加热达到100℃不要超过4h为好，待温度达到100℃后，要用中火保持此温度 8~12h，中途不能熄火降温，最后用猛火攻一下，再停火焖一夜，以提高灭菌效率。

（3）接种　将灭菌后的料袋移入经过消毒灭菌的接种室，让其自然冷却。当料袋温度降到30℃以下，才可进行接种。鸡腿菇可采取开放式接种，接种室一般以 4~6m² 为宜，用来苏尔或新洁尔灭进行表面消毒和喷雾，气雾消毒盒或甲醛加高锰酸钾熏蒸消毒 1h。接种时，接种人员的双手要经常用酒精消毒，除了拿菌种外，不能触摸任何东西；直接将菌种分成小枣般大小的菌块，迅速填入菌袋两端，接种量为5%，套上套环，送入培养室进行菌丝培养。

（4）发菌管理　发菌期间温度应掌握在 25~28℃ 为宜，温度高时减少堆积层数以防高温烧菌，温度低时增加堆积层数，利用堆温加速发菌。堆放的层数，应根据培养环境的气温来定。如果外界气温偏高（20℃以上），菌袋摆放不要超过3层，袋之间留3~5cm的间隙；如果外界气温较低（10℃以下），可把菌袋摆成 3~5层。菌袋培养期间应注意防湿避光，空气湿度在60%~70%为宜，保持空气新鲜，使菌丝生长迅速、整齐、粗壮。

发菌5天左右用针在菌袋两头菌层处打 8~10 个小孔，以利菌袋增氧，加快菌丝生长。5~7 天后要进行第1次翻袋，整个发菌期要翻袋 2~3 次检查发菌情况，如有污染及时处理。翻袋时要做到上下、里外、侧向相互对调，目的是使菌袋均匀地接触空气，温度一致，使发菌均衡。经 20~30 天菌丝即可长满菌袋。

（5）脱袋覆土　要选择土壤肥沃、宜于排水的场所挖畦，以保证排灌的方便。畦床南北走向，畦宽1m，深20~30cm，长度不限，畦之间留40cm的过道。使用前将阳畦的地面浇透水，待水下沉后，在阳畦表面和过道上撒一薄层石灰粉进行消毒、驱虫。

将脱袋的菌棒直立排放在畦面上，随排随向间隙中填土，最后上面盖 3~5cm 厚的覆土。一般来讲，料厚则覆土略厚一些，料薄则覆土略薄一些。覆土厚，出菇稍迟，菇体个大盖厚，但个数较少；覆土薄，出菇较早，菇密，但个体较小。覆土后盖上薄膜或搭建小拱棚以保持一定的湿度，加遮阳网避免阳光直射。

覆土材料配制得好坏和消毒处理是否彻底，直接影响菇的产量和质量。覆土基本要求是结构疏松、孔隙度高、通气性能良好、有一定的团粒结构，例如：黏壤土、菜园土或河泥等。覆土配方为：①菜园土70%、砂壤土25%、石灰粉2%；②菜园土60%、煤灰渣30%、干牛粪粉5%、石灰粉3%、磷肥2%；③腐殖土50%、煤灰渣48%、石灰粉2%。覆土粒径 0.5~2cm，pH值8左右，含水量为20%~25%，掌握在手握成团、触之即散为宜。制好的覆土，要用1%~1.5%甲醛和0.1%敌敌畏混合盖上塑料膜密闭熏蒸24h后再使用。

（6）出菇管理　覆土后 7~10 天内，温度保持在 21~25℃，空气相对湿度保持在85%，保持覆土潮湿，喷水要少喷勤喷，保持较黑暗环境。

覆土10天后，菌丝可长出土面，此时增加散射光强度，提高空气相对湿度85%~

90%，温度降到 16～20℃，每天揭膜通风增加氧气，加大昼夜温差促进子实体原基形成。

菇蕾形成后，重点要控制好温度、水分和湿度、通风换气三者之间的关系，并给予适量光照，创造鸡腿菇生长的适宜条件。温度控制在 16～24℃，每天洒水通风，保持空气相对湿度85%～90%。加大棚内空间湿度，应注意不要往菇蕾上直喷水。换气时应注意避免强风直接吹入畦床，以免影响菇的色泽和质量。一般菇蕾形成后，经 7～10 天即可采收。

（7）采收　当鸡腿菇子实体达到六成熟，菌环稍有松动时即可采收。采收后应立即销售或加工，否则，子实体开伞后会发生褐变甚至自溶现象。采收时，用手握住菌柄基部，轻轻旋转即可拔起。

（8）后期管理　头潮菇采摘完毕，整理料面，清除死菇、烂菇及残菇，铲除污染严重的土粒，补覆肥土。停止喷水，2～3 天后喷 pH 值 8 的石灰水，使覆土层和培养料充分吸足水分，盖上薄膜，培养 8～10 天后可出第 2 潮菇。2 潮菇以后要喷施营养液，以提高后潮菇的产量和质量。温度适宜，一般可采 4～5 潮菇。

2. 生料栽培

生料栽培是指发酵料阳畦栽培，类似于双孢蘑菇栽培方式。用生料栽培鸡腿菇比熟料栽培更有实用价值，不需要高温灭菌，可省去大量的物资及人力，易于较大规模推广。实践证明，北方和南方都可推广。生料栽培生产过程为：配料→堆制发酵→菇房消毒→铺料播种→发菌管理→覆土→出菇管理→采收→后期管理。

（1）配料　结合本地资源选好合适的配方，如用玉米秸秆可用铡草机铡短，如用麦秸则铡成 20cm 长。将充分预湿后的培养料搅拌均匀分层建堆，另可加 0.1%～0.2% 多菌灵，使含水量达到 70%。

（2）堆制发酵　将拌好的培养料建成宽 1.5m，高 1m，长度不限的料堆。建堆后，在料堆上每隔 0.5m 用木棍打孔至底，盖上塑料薄膜保温发酵。当料温达 60℃ 左右时，维持 12h 后翻堆。翻堆前可向堆表面喷少量水，喷水量以保证无干料为宜。翻堆时将料的上下、内外互换位置，翻匀后再复堆。再达到 60℃ 维持 12h 后再翻堆，翻匀后再次复堆。一般翻堆 2～3 次，整个发酵时间 7～10 天。

发酵好的培养料应具备以下条件：①培养料呈棕褐色，无粪臭和氨臭味，有酱香味；②质地松柔软，手握成团，轻轻抖动就能散开；③pH 值 7～7.5；④含水量 60% 左右，标准为手握培养料，指缝间有水渗出但不滴下；⑤无任何害虫。

（3）菇房消毒　培养料堆制好后，一般在进菇房前，必须进行 1～2 次空菇房的消毒。目的是杀灭菇房内及潜伏在床架、板缝里的杂菌和害虫，时间一般都掌握在培养料进房前的 3～4 天进行。消毒前应把门窗、墙壁、屋顶的缝隙、破洞修补好，防止熏蒸时气体漏出，降低消毒效果。常用的喷雾消毒药剂有 2% 甲醛、1%～5% 漂白粉溶液、0.1%～0.5% 多菌灵液、80% 敌敌畏 500～1 000 倍液、（50～300）×10^{-6} 的碘福溶液、波尔多液（1.2% 硫酸铜、5% 石灰水）等。喷洒时，菇房的地面、墙壁、房顶、床架正背面以及空间均要喷雾消毒。如系旧菇房，最好先用硫磺燃烧，把高锰酸钾加入甲醛中熏蒸消毒，用药量每平方米空间大约需要硫磺粉10g，甲醛5ml，高锰酸钾 1～2g。甲醛熏蒸消毒后，熏蒸环境内残余气体有较强的刺激性。培养料进房前开窗散气，直至气味全无。

（4）铺料播种　发酵结束后，进畦（或床架）铺料，料厚 10～20cm，南方铺料薄，北方铺料厚些。

待温度降到 30℃以下时进行播种。播种采用混播加撒播方式，播种量为 15% 左右。操作过程：先将菌种均匀的撒在料面，接种用手抓住培养料，使种块翻入或抖入料层内部，使表层料和菌种混匀，菌种下沉深度不超过 8cm，然后将剩余的菌种撒在料面上，再用少量培养料撒盖，使菌种若隐若现。播种完毕，用手或木板平整料面，稍加压实。若环境温度在 20℃以下，要用地膜覆盖保温、保湿；若气温在 20℃以上，应用湿报纸覆盖；如果料温高于 30℃，应及时揭掉覆盖物降温，以防高温烧菌。

（5）发菌管理　一般播种后 3 天菌种开始萌发，以保湿为主，保持菇房门窗紧闭。播种 4～5 天开始吃料，菌种吃料后揭膜通气，把料温控制在 25～28℃。开始每天揭膜 1 次，每次 1h，以后逐渐增加通风时间。上层菌丝封面后，将薄膜全部揭去，使表面稍干燥，迫使菌丝向下生长。整个发菌期间，室温控制在 26℃以下，保持黑暗，防止强光照射。

畦栽法播种后，正常情况下，播种 20 天左右，菌丝基本发满。

（6）覆土　当菌丝长到料厚的 2/3 时覆土。

覆土方法、出菇管理、采收及后期管理方法同熟料袋栽。

思考题：

1. 鸡腿菇的生物学特性怎样？栽培前景如何？
2. 叙述鸡腿菇栽培管理要点。

第四节　竹荪栽培

一、概述

竹荪［*Dictyophora* spp. Desv.］为鬼笔科竹荪属真菌的统称，竹荪又名竹笙、竹参，因其常自然发生在有大量竹子残体和腐殖质的竹林地上而得名。

竹荪形态奇特，色泽绚丽，有"真菌之花"的美称，是一种营养丰富，香甜味浓，酥脆适口的食用菌，"与肉共食，味鲜防腐"，具"色、味、香、形"四绝。据分析，长裙竹荪干品中含有粗蛋白 15%～22.2%，粗脂肪 2.6%，糖 38.1%。其蛋白质中含有 21 种氨基酸，其中谷氨酸的含量达 1.76%。竹荪不仅味美，而且有类似人参的补益功效。在云南省，人们把"竹参汽锅鸡"当作一大补品。经常食用可以降低血压，减少血液中胆固醇的含量，特别是对肥胖者，有减少腹壁脂肪积累的良好效果。据报道竹荪具有治疗痢疾、减肥、防癌的功效，对肉瘤 180 抑制率为 60%。是一种食药两用的珍贵食用菌。

我国竹荪生产长期依赖天然野生，产量极少，价值高于黄金。曾在中国香港市场售价 4 000 ~ 6 000 港元/kg，相当于 50g 黄金的价值。20 世纪 70 年代，开始人工驯化栽培，多采用熟料室内栽培，虽有成功，但产量低，周期长。近年来，科学工作者对竹荪的生态环境进行了深入研究，发现竹荪与竹类的根系不存在共生的关系，只是利用竹类植物的枯枝烂叶为营养，甚至在许多树种的伐桩及秸秆、腐叶中都能生长，没有严格的选择性，确认竹荪为腐生菌类。云南纪大干、广东微生物所竹荪课题组、贵州胡广掘等相继从野生竹荪中分离出纯菌种，进行人工栽培并取得成功。湖南会同县曾德蓉首先发现棘托竹荪新品种，该品种具有抗逆性能强，栽培原料十分广泛，管理粗放等特点，栽培周期短，出蕾率和成功率高。自 1980 年以来，国内一些省市相继进行竹荪人工栽培，并获成功。从此，我国竹荪的生产获得了较大的发展。从研究试验中发现，竹荪菌丝抗逆力强，能够穿过许多微生物的颉颃线，并在群落中萌发茁壮菌丝。即使培养基原来已被其他微生物侵染，一旦接触到竹荪菌丝，在被污染的基物上，竹荪菌丝均能后来居上，压倒其他微生物，这是竹荪菌丝独有的特点。据观察，主要是竹荪菌丝分泌出的胞外酶，分解力极强，能够充分分解吸收生料中的养分，而绝大多数的杂菌孢子，在生料中难以萌发定殖，给竹荪菌丝创造了生长发育的一种优势，这就是竹荪可采用生料栽培的原理。

生料野外栽培竹荪，始发于福建省古田县。1989 年春季，古田县科技人员通过不同原料处理，于室内外不同方式栽培试验中，发现生料栽培可长出竹荪子实体。通过总结经验，不断发展生产，形成了"古田模式的竹荪野外生料栽培法"。总结了棘托长裙竹荪 60 天出菇，平均每平方米产竹荪干品 0.5kg，竹荪密度每平方米达 120 朵的生态条件和生料栽培技术。比熟料栽培提前 6 个月出菇，单产提高 10 倍以上。因而成为当今行之有效的竹荪速生高产栽培新技术。过去全国竹荪年产量只有 2t，生料栽培取材方便，栽培容易，如今普及推广到全国各地，形成商业性规模生产，2007 年全国竹荪总产量达 4 万 t。

二、生物学特性

（一）形态及分类地位

1. 分类地位

竹荪属鬼笔目（Phallales），鬼笔科（Phallaceae），竹荪属（Dictyophora）。据报道，竹荪属有 10 多个种和变种：长裙竹荪 [*D. indusiata* Vent. ex Pers.]、短裙竹荪 [*D. duplicata* Fisch.]、红托竹荪 [*D. rubrovolvata* Zang, Ji et Liou.]、棘托竹荪 [*D. echinovolvata* Zang, Zhen et Hu]、橙黄竹荪 [*D. indusiata*（Vent. ex Pers.）Fisch. Forma aurantiaca]、纯黄竹荪 [*D. indusiata*（Vent. ex Pets.）Fisch var. *letea*. Kobayasi]、黄裙竹荪 [*D. multiticolor* Berk.]、皱盖竹荪 [*D. metulina* Berk.]、朱红竹荪 [*D. cinnabarina* Lee]、西伯利亚竹荪 [*D. sibirica* Iavrov]。目前广泛栽培的是棘托竹荪 [*D. echinovolvata* Zang, Zhen et Hu]。

2. 子实体形态

竹荪子实体原基形成时，在索状菌丝（hyphal strand）尖端扭结形成小菌球，俗称菌蛋，菌蛋初期白色，长有许多小刺，湿度大、光照弱的环境下小刺长，光照强、湿度低，小刺逐渐消失。随着菌蛋长大，颜色逐渐转成咖啡色或暗褐色。成熟的菌蛋直径4～10cm，蛋壁由外膜、内膜和膜间质组成，外膜柔韧富有弹性，内膜白色，膜间质是半透明的胶质体，是供给子实体生长的营养物质。竹荪担孢子萌发产生菌丝，通常菌丝较纤细，两个带不同因子的菌丝接合质配，形成双核菌丝。双核菌丝较粗壮，生长旺盛、茂密，在基物中逐渐形成菌丝索，向土表层延伸，部分到达土表的菌丝索前端膨大，成为特殊化的组织，也即分化形成原基。

竹荪子实体的形态发生过程可划分为6个时期：①原基分化期：位于菌索前端的瘤状小白球，内部仅有圆顶形中心柱。②球形期：当幼原基逐渐膨大成球状体时，开始露出地面，外菌膜见光后开始产生色素。③卵形期：菌蕾中部的菌柄逐渐向上生长，顶端隆起成卵形或仙桃形，表面裂纹增多，呈鳞片状，菌蕾表面出现皱褶。④破口期：菌蕾达到生理成熟后，吸足水分，菌柄即可撑破外菌膜。⑤菌柄伸长期：菌蕾破裂后，菌柄迅速伸长，从裂缝中首先露出菌盖顶部的孔口，接着出现菌盖，随着菌柄的伸长，在菌盖内的网状菌裙开始向下露出，被褶皱在菌盖内的菌裙慢慢向下散开。⑥成熟自溶期：菌柄停止生长，菌褶散开达到最大限度，子实体完全成熟，随即萎缩，菌裙内卷，孢子液自溶。产生的担孢子被雨水冲刷或由昆虫、动物传播，在新的环境下又萌发出新的菌丝。

成熟的子实体由菌盖、菌柄、菌托、菌裙4个部分组成。菌盖像一顶钟形的小帽，在菌裙和菌柄的顶端。菌盖高4～5cm，直径4～6cm，厚0.1～0.3cm。菌盖表面布满多角形小孔，小孔内布满墨绿色的孢子液。菌裙像一把伞撑开在菌盖之下，有很多网孔，网孔多角形。菌裙长与菌柄长相等或超过菌柄，菌裙半边短些，另半边长一些。初期菌裙折叠式地被压缩在菌盖里面，当菌柄伸长停止时，菌裙才开始放下。此时，子实体散发出浓郁的香气。菌柄位于菌盖之下，由白色柔软的海绵状组织构成。菌柄长15～38cm，中空，圆形，上细下粗。菌托位于菌柄的基部，杯状，它的底部着生数根粗壮的索状菌丝。担子长棒状，长4枚担孢子。担孢子呈不规则的棒状、长肾状或长卵状，微弯曲，3～4μm×1.3～2μm，遇KOH液呈淡黄色，遇Melzer's液略呈淡褐色。

3. 菌丝体形态

棘托竹荪孢子萌发后形成单核菌丝，也称一次菌丝，较纤细。可亲和的一次菌丝质配后形成双核菌丝，又称二次菌丝。二次菌丝生长粗壮，呈索状生长，它没有组织分化，不是菌索，有些资料称之为菌索或三次菌丝不恰当。棘托竹荪菌丝洁白，在培养基表面匍匐生长，见光不变色，这是棘托竹荪区别于其他竹荪的重要标志。

（二）生活史

竹荪菌丝有锁状联合，但它的交配型未见报道，其生活史如下：成熟子实体→担孢子→孢子萌发→初生菌丝→次生菌丝→子实体原基→菌蛋→破口抽柄→伞裙。

（三）生长发育条件

目前栽培的竹荪品种主要有长裙竹荪、短裙竹荪、棘托竹荪和红裙竹荪。其中棘托竹荪具有抗逆性强、栽培原料广泛、生产周期短、管理粗放、产量高等特点，是主要栽培品种，下面所介绍的是该品种的特性及栽培新技术。

1. 营养

棘托竹荪是一种腐生菌，其生长发育所需的养料主要是碳源、氮源、无机盐和维生素，而这些营养物质都来自植物残体。棘托竹荪对营养物质的利用相当广，没有严格的选择性既可利用竹类植物枯枝落叶堆积腐烂的腐殖质、赤松下的针叶腐殖质，又可利用芦苇、秸秆等。

2. 温度

棘托竹荪是高温型菌类，菌丝生长温度范围 15～33℃，最适生长温度 26～30℃。子实体形成的温度范围是 22～32℃，27～29℃为最适。

3. 水分与湿度

培养料适宜的含水量为 65%～70%，菌丝体生长阶段的空气相对湿度要求 75%～80%，子实体发育阶段要求空气相对湿度 90%～95%。竹荪出菇阶段需要覆土，若没有覆土，子实体不会形成。出菇时土壤的含水量应低于 25%，并进行干湿差刺激，有利于原基形成。

4. 空气

棘托竹荪菌丝生长对培养料的通透气性要求严格，需要有很好的通透气性。如果培养料没有加入粗料，通透气性差，菌丝生长极慢。所以，不论是菌种培养基还是栽培生产的培养料，加入粗料，可提高通透气性，菌丝生长快，而且健壮。此外，棘托竹荪栽培需要覆土，覆土材料选择的主要依据也是通透气性，黏土或易板结的红土不能利用。

5. 光照

菌丝生长阶段对光不敏感，有光照或无光照菌丝都能生长，菌丝生长过程中见光不变色。在子实体生长发育阶段，适当的散射光有利于原基形成，栽培棚以三分阳七分阴为宜。

6. 酸碱度

菌丝生长阶段，培养基的 pH 值以 5.5～6.5 为宜，出菇阶段，培养料的 pH 值应为 5～6。

三、常规栽培技术

（一）栽培季节和栽培品种

棘托竹荪在夏天出菇最合适。室外栽培，若发菌温度适合 40～50 天可长满菌丝并形成原基，从原基形成到采收需要 20～30 天。室外栽培的播种期从 11 月至翌年的 3 月均可，各地的栽培习惯不同，有的地区在春节前播种，有的则在"清明"前后播种。由于出菇季节不变，早播种，发菌时间长，分解基质充分，菌丝体积累的营养多，产量高，质量好。在确定栽培季节后，菌种生产应提前安排。一般地，母种需 13 天长满管，原种需要 90 天，栽培种需要 70～80 天。

由于我国地域辽阔，为了便于广大菇农掌握、选择栽培品种，现将竹荪品种的形态特征逐个介绍如下：

1. 长裙竹荪

长裙竹荪散生或群生，子实体高 10～26cm，菌托白色，菌盖钟形或圆锥形，高、宽各 3~5cm，有明显网络，顶端平，有穿孔。菌裙白色，裙长为菌柄长的 1/2~2/3。从菌盖下垂达 10cm，由管状组织组成，网眼多角形，直径为 0.5~1cm。

长裙竹荪的菌丝体在 5~28℃均能生长。

夏季 4~6 月或秋季 9~11 月，长裙竹荪生于高湿热地区的楠竹、平竹、苦竹、慈竹等各种竹林的落叶层，也能在橡胶林、青冈栎混交林地、腐木或热带地区茅屋顶上生存。

2. 短裙竹荪

短裙竹荪单生或群生。子实体幼时呈卵球形，直径 3.5~4cm，具有明显网络，顶端平，有穿孔。菌柄呈圆柱形至纺锤形，长 10~15cm。菌盖下部至菌柄上部，均有白色的网状菌裙，下垂 3~5cm，长度为菌柄的 1/3~1/2，故称短裙竹荪。菌裙上部的网络，大多为圆形，下部则为多角形，直径 1~5cm。菌托呈粉灰色至淡紫色，直径 3~5cm。子实体高 10~18cm。

短裙竹荪的菌丝体在 5~28℃生长正常。其子实体幼时近球形或卵圆形，白色，见光后带褐色。菌裙白色，自菌盖下垂 3~5cm，即达菌柄的 1/3。上部网格呈圆形，下部呈多角形。夏秋季节，短裙竹荪生于楠竹、苦竹、平竹林内，或阔叶林地下。

3. 棘托竹荪

棘托长裙竹荪菌丝呈白色絮状，在基质表面呈放射性匍匐增殖。菌蕾呈球状或卵状。菌托白色或浅灰色，表面有散生的白色棘毛，柔软，上端呈锥刺状。随着菌蕾成熟或受光度增大，棘毛短少，至萎缩退化成褐斑。菌蕾多为丛生，少数单生，一般单个重20g，子实体高 20~30cm，宽 30~40cm，肉薄，菌盖薄而脆，裙长落地，色白，有奇香。菌丝生长适宜的温度 5~35℃，25~30℃最适；子实体生长在 23~35℃，25~32℃最适，属于高温型。其子实体外形类似长裙竹荪，但个体较小，外形瘦小，菌盖薄而脆。菌裙长于菌体 1/2~2/3。菌托呈杯状、白色，表面具白色突起物，柔软，上端呈锥棘状，形似枫香球果，菌托基部棘突渐长，随着菌蕾的成熟，棘毛短少，直至萎缩退化成褐斑。

棘托竹荪多发生于木屑、木皮上，在松、杉针叶树的木块、木屑、树皮及富含纤维的草本植物的腐殖质上也能生长。

4. 红托竹荪

红托竹荪散生或群生，子实体高 20~23cm。幼蕾呈卵球形，颜色为红色，成熟时变为长椭圆形，由顶端伸出白色笔形菌柄。菌盖钟形，直径 3.5~4.5cm，表面有明显的网络，顶端平，有一孔，内含孢子。菌裙下垂 7cm，边宽 4~8cm，有网眼，呈多角形，直径 0.5cm，子实体高 11~20cm，粗 3~5cm。野生多在秋季 9~10 月份。菌丝生长 5~30℃，25℃左右最适；子实体形成在 17~28℃，20℃最适，属于中温型。菌盖呈钟形或钝圆锥形，菌褶白色，张开如钟形，质脆，自菌盖下垂 7cm，具多角形或圆形网眼。菌托呈球形、红色。菌丝体在 12~20℃下变温培养，生长较好，不适宜于 25℃恒温下生长。秋季 9~12 月红托竹荪生于刚竹、慈竹或金竹林地、阔叶林地，也出现在活竹根及树根周围。

上述 4 个品种中，棘托竹荪容易栽培，产量高，见效快。国内外市场好销。考虑到国外一些客户的要求，可因地制宜生产短裙竹荪或红托竹荪，其品种虽产量低，但商品价值比棘托竹荪高出1倍。

（二）工艺流程

竹荪栽培工艺流程：栽培季节确定→备料→原料预处理→播种→发菌管理→覆土→搭盖荫棚→出菇管理→采收→干制。

（三）栽培管理

1. 栽培场所选择

棘托竹荪一般采用室外栽培，其栽培场所要求水源方便，阴湿背风，土壤疏松不易板结，土壤酸碱度呈酸性或中性。室外栽培可与果树或作物套种，如柑橘园、香蕉园、经济林、玉米地等。若树冠大，可在树头的两边做畦栽培，四周用草帘挡风保湿，利用树冠遮阳。若树冠小，可在行间做畦栽培，但要搭盖遮荫棚。

栽培之前要翻松土壤、晒白，使土壤疏松，最好在土壤中拌入木屑、谷壳等改良土壤，以提高土壤的疏松透气性。随后整畦，畦宽110cm（3层料两层菌），畦沟宽40cm，畦高20cm，在畦内挖一宽槽，槽深10cm，槽宽60~80cm，该凹槽用于铺放培养料。

2. 原料的选择与处理

栽培棘托竹荪的原料非常丰富，可用竹头、竹枝、竹叶、树头、树枝和树叶，还可利用甘蔗头、甘蔗渣、甘蔗叶、黄豆秆、玉米秆、麦秆、稻草、芦苇和杂草等。各种原料经过切片或切成长度5~10cm，晒干即可。选择何种原料根据当地资源条件、栽培时间、收成年限等要求来决定。质地硬的材料，菌丝生长速度慢，但收成年限长，产量高，一次播种可采收两年，质地软的材料，如玉米秆、蔗渣、稻草和麦秆等，菌丝生长速度快，但一般只能当年采收，产量略低。硬质材料宜提早播种，软质材料可略迟播种。与作物套种的（如玉米）宜选用软质材料，当年播种，当年受益。此外，培养料应粗细搭配，要有粗料，有利于提高培养料的通透气性，细料可填充粗料中的空洞，有利于菌丝生长。

原料在使用之前，用清水直接浸泡2~3天，直至劈开粗块后无白心为止，捞起、沥干水分，铺入畦床。原料也可经过适当的预处理再栽培，常用的预处理方法如下。

（1）石灰水浸泡法 播种前一周左右，将粗细料装入塑料编织袋内（占2/3袋容积），扎口，置入2%~3%石灰水池内，上置重物（使石灰水淹没原料），浸泡5~6天，至水池内产生大量气泡，pH值降至8~9。浸泡的目的是通过碱处理，破坏竹片表面的蜡质层，导致部分纤维素降解，以利于竹荪菌丝的吸收利用。但必须注意的是，浸泡后必须用清水将培养料反复冲洗至pH值7.5以下，以满足竹荪喜酸性环境营腐生的生活习性。也可将培养料从石灰池捞出后，整袋竖立于溪水内，提动袋口进行漂洗使pH值降至7.5以下。培养料沥干至含水量达65%左右即可用。

（2）石灰水浸泡再发酵法 播种前一个月左右，将上述石灰水浸泡后的湿料与未经浸泡的细料等混合，再加总用量1%过磷酸钙、3%花生饼粉（或黄豆、菜籽饼粉），含水量控制在65%左右。如水分不足，可加些清水。随后立即堆成锥形堆，堆高80cm，宽100cm，长度5m，堆面用厚草帘等覆盖（雨天盖薄膜，雨后及时揭膜），料堆中部插温度表，当堆温达65℃以上时，进行第1次翻堆，以后隔6天、5天、4天、3天各翻堆1次，最后1次翻堆要补足水分。整个发酵过程20天左右。发酵好的培养料料面呈白色斑点（放线菌），闻之有土香味，含水量为65%。

3. 铺料

（1）培养料配方 常用培养料配方如下：①木片50%，碎木块30%，竹头、尾5%，竹枝、叶5%，木屑10%。②木片30%，碎木块10%，秸秆30%，竹枝、叶20%，木屑10%。③木片10%，碎木块10%，竹头、尾10%，秸秆60%，竹枝、叶5%，木屑5%。

（2）铺料与播种 原料按配方的比例要求，预先用上述方法进行预处理或用清水浸泡。铺料之前将0.1%辛硫磷拌湿松木屑撒在畦面或用茶籽饼水浇灌，以便驱虫，再均匀盖上1cm厚土块。随后将培养料铺入畦床上，边铺料边播种，通常为3层料夹播2层菌种或2层料夹1层菌种。具体方法是将预处理过的粗料铺入畦槽内，厚度为5cm。然后，在料面上均匀撒播1层菌种，第2层再堆放粗、细料混合物，厚度为10cm左右，后再播1层菌种。之后，堆放1层5cm厚的细料盖顶并拍实，使菌种块与培养料更好地接触。最后在畦面表层全面覆盖1～3cm厚度的腐殖土，再覆盖1层竹叶或茅草。气温偏低时还可覆盖薄膜保温、保湿。每平方米用干料20～30kg。播种时应注意，菌种不能掰太碎，最好成块状，否则不易萌发，用种量为料干重的18%～20%。该法播种速度较快，适合在大面积生产上使用。为了保证菌丝正常呼吸，最好采用规格相近的粗土（花生大小），竹荪栽培撒播法覆土层厚度为1～3cm。但含细沙量过高的砂壤土不宜用，否则一旦喷水或淋雨后易板结。土粒偏干时用清水逐渐调湿。较干燥地区最好在畦面再盖上10cm厚的松针或茅草、芒萁骨等作为遮阳物，每平方米用料量为5kg。

覆土后为了提高料温和保湿，应在畦上搭塑料拱棚。如果是利用荒坡荒地，没有树冠遮阳，还应搭盖遮阳棚，遮阳棚可以是竹、木结构，上盖遮阳网，即简易矮棚。

4. 发菌管理

播种后的管理主要是做好保温保湿及通风换气工作。由于此季节气温低，雨水多，即要求拱棚上的塑料要盖好，提高料温并保湿，最好控制料温在20℃以上。每天要打开拱棚两端薄膜通风换气30min。如果土面干燥发白，应喷适量清水，保持覆土层湿润。

菌丝在料层内蔓延的速度和栽培材料及材料的质地有关。若以秸秆为主要栽培原料，一般播种覆土后30～50天长满培养料，并爬上覆土层，此时应加大畦面湿度，不使畦面的遮盖物干燥。待菌丝布满畦面开始直立时，再降低湿度，1周不喷水，促使菌丝倒伏，形成原基。从播种到菌球形成需50～70天（视气温而定）。以秸秆为主要栽培原料虽然菌球形成较快，但一般仅能采收二潮菇，第2年因培养料已耗尽而不再出菇。若以碎竹枝和碎木块为主的培养料，则从播种到菌球出现的时间比秸秆长很多，需要60～80天。但产菇潮次、菇蕾密度、单位面积产量均高于以秸秆为主的培养料，甚至第2年春末还会出菇。

5. 出菇管理

（1）菌球期管理 索状菌丝形成后，受到温差（10℃）和干湿交替环境的刺激，在表土层内形成大量的原基，经过 8~15 天原基发育成小菌球，露出土面。

菌球发育环境条件为：空气相对湿度 85%，温度不超过 32℃，每日午后注意通风。菌球初期白色，外表饰满白色短刺，随着菌球迅速膨大，颜色由白转灰（颜色的深浅与栽培场所光照强弱有关），菌球表面刺突逐渐消失，残留在菌球外成褐色斑点。靠近菌球基部有时仍长有白色卷须状的菌刺，随着菌球的发育，外包被逐渐龟裂，出现不规则的龟斑。

菌球形成后，管理工作的重点是保湿和通风。拱棚内要有较高的空气相对湿度（85%~95%），以薄膜内草上有小水珠聚集，但不滴下为度。每天将拱棚两端薄膜打开换气 30~60min。阴雨天，还要用树枝稍微提高畦面两侧薄膜，以利畦面通风。气温回升至 25℃ 以上，除下雨外，均将薄膜架在拱棚顶。

（2）子实体形成期管理　当菌球由近扁形发育进入蛋形期时，工作重点是维持畦床面上的空气相对湿度（85%~90%），同时增加光照，以利于诱导菌球破口。具体措施是：每日根据天气状况及畦面土块的干湿度决定喷水次数和喷水量，通常以喷水后土粒湿度为标准，即捏之会扁，松开手不黏。土壤含水量控制在 20%~25%。

若畦面湿度不足时，常会导致菌球缺水性萎缩。表现为菌球色泽变黄，外表被表皮呈皱褶状，菌球柔软，肉质白色，闻之无味。原因多为播种时培养料水分偏低，或栽培管理中过分失水，或菌球形成后空气相对湿度不足。为此，应常于傍晚向畦沟内灌水，翌日排出，以提高湿度。

若畦面湿度过大，常会导致形成水渍状菌球。表现为菌球色泽变褐色至深褐色，外包被表皮呈皱褶状，肉质呈褐色，质脆，闻之有臭味，底层栽培料变黑，甚至积水。原因多为栽培场土质过于黏重，喷水过重，造成"渗漏"，或下雨时未能及时覆盖薄膜遮雨；或畦沟面高于畦床底，造成积水，使菌丝不能很好地分解底层培养料；或覆土块含砂量过高，喷水过度，土块松散，造成板结，影响畦内水分蒸发。一般采用深挖畦沟，排除积水，用具团粒结构的覆土，栽培畦凿孔，加速蒸发等办法解决上述问题。

随着菌球的发育，其外形逐渐由扁球形发育成椭圆形，再进一步演变成"桃形"（菌球顶部出现小突）。"桃形"菌球的出现，预示菌球即将破口。"桃形"菌球通常在清晨形成。

棘托竹荪菌球破口多在清晨 5~6 时开始。首先在"桃形"菌球顶尖出现"一"字型的裂口，菌盖突破外包被，随之，菌柄伸出。当气温偏高时，菌球顶端外包被组织失水，有时较不易破口，从而造成菌球侧面强行撕裂，造成菌柄弯曲，易折断，影响等级。此时，应用小刀及时"助产"，割断部分仍联结的外包被，使菌柄正常伸长。菌柄破口伸出后，其伸长速度极为迅速，仅需数十余分钟，菌柄伸长高度就达 10~20cm，30~60min 后（视畦床温度及空气相对湿度），菌裙从菌盖下端开始向下放裙。若此时空气相对湿度低于 80%，菌裙撒放速度很慢，甚至一直不放裙。此时可喷雾以增加空气相对湿度，也可以采后催撒裙的办法解决。正常情况下，从开始撒裙至撒裙结束仅需 10~20min。空气相对湿度高，菌裙开张角度较大；相反，菌裙呈下垂状。随后，菌盖潮解，污绿色孢子液流下，该孢子液会沾污白色菌裙，且很难洗净，从而影响等级。故及时采收甚为重要。

（3）越冬管理　竹荪是"一年播种二年收"的菌类。当畦面气温降至16℃以下时，就停止出菇。若栽培材料中粗料比例较大，第2年还有希望出菇，应抓好清场补料和防寒越冬工作。①清场补料：扒开畦床上的覆土层，清除畦床老菌丝的栽培料，添补新的粗、细料（每平方米补充5~10kg新料）。覆土，保温过冬。②防寒保温：冬季气温较低，高纬度和高海拔地区更应注意搞好防寒保温工作。通常，卸下拱棚架的竹弓，将薄膜直接贴紧畦面，用土块压住，定期掀膜通风换气，并少量喷水。第2年气温回升后，再分次喷水，调整湿度。

6. 采收与干制

当竹荪菌裙达到最大开张度时，便及时采收，否则半小时就开始萎蔫、倒伏。采收时，用小刀切割菌托基部菌索，切勿用手强拉硬扯，否则菌柄易断。采后切弃菌盖和菌托。

由于竹荪成熟较为一致，难免使部分污绿色孢子液沾黏菌裙。为了提高产品等级，常在竹荪子实体未撒裙之前就采收。采后马上用小刀切去菌盖顶2~3mm，再在菌盖上轻轻纵切一刀，剥离掉菌盖污绿色组织，置于竹篮内，带回。置于预先洒湿的水泥地面上，一朵朵摆好，不定点放置砖块，再盖上薄膜，以便维持薄膜内有较高的湿度。在此环境下，由于后熟作用，菌裙依然会正常放裙。随后将之置于铺放有纱布的竹筛上进行鼓风烘干。

四、福建省古田栽培模式

20世纪80年代古田县成功开发竹荪生料栽培技术，十几年来其栽培技术不断改进，栽培工艺越来越成熟，更加便于操作和推广，其中搭建室外荫棚改为套种大豆遮荫；改用芒萁、松针覆盖畦面；畦宽50cm，高40cm；菇床为龟背波浪型；培养料为杂木片、刨花、竹绒、竹屑、谷壳、芦苇秆、玉米芯、玉米秆、豆秆等综合利用；同时简化了播种前培养料浸泡等繁杂的处理工艺，使竹荪生产得到了快速发展，目前全县年栽培500万㎡，年产量1万t多鲜品。现将古田县经多年改革完善的栽培新技术总结如下。

（一）栽培季节

栽培季节应结合各地气候特点，安排3月下旬至4月份播种。

（二）配方

含木质素较高的谷壳、阔叶树木片、刨花、竹粉、竹屑、竹绒等均可为主原料，适当添加经发酵腐熟后的牛粪、鸡粪、鸭粪或尿素等。主原料经晒干或在室外堆放至变色即可。每667㎡用干料3 500~4 000kg。春节后播种，温度从低到高，若培养料用量太多，会引起培养料高温，导致"烧菌"现象，影响产量。常用配方：①阔叶树木片、竹片68%、谷壳30%、熟鸡粪或尿素1%、碳酸钙1%、pH值自然；②阔叶树木片、阔叶树刨花38%、竹粉或竹绒30%、谷壳30%、熟鸡粪或尿素1%、碳酸钙1%、pH值自然；③芦苇50%、谷壳50%、pH值自然；④谷壳100%，pH值自然。

（三）菇床准备

实践证明，当年种过竹荪的地块第2、第3年再种竹荪，严重影响产量，因此应选择连续 3 年未栽培过竹荪，土壤肥沃，排水方便的地块。将地块整成畦宽 50cm（2 层料 1 层菌），高 40cm，长度不限的畦床备用：畦床四周挖好排水环沟，预防雨天积水。畦与畦之间留 50cm 宽的作业通道。

（四）播种

在整好的畦床的畦面中间开宽 30cm，深 40cm 左右的播种沟，按每平方米用料 10～15kg 为标准在沟里铺上培养料。培养料一般先铺厚 5cm 左右，料面纵向堆成波浪形，培养料要求压实。料铺好后即可播种：由于竹荪用生料栽培，所以菌种一定要健壮，菌龄适宜，一般为 70～80 天，菌种用量按每平方米 2～3 袋（菌袋规格 12cm×24cm）。播种时，将每袋菌种掰成 7～8 块，每隔 20cm 播一块菌种，播种后加盖 2～3cm 厚的培养料，然后把播种沟两侧的土覆盖上，横向堆成龟背型，纵向堆成波浪型，这种形状的菇床既增加了长菇面积，又可防止菇床积水。覆土要求盖严培养料，覆土层厚 8cm。然后每隔 2m 用长 160cm，宽 3～4cm 的竹片，两头插入菇床两侧。在菇床上方形成拱形架，拱形架上遮盖塑料薄膜。

（五）菌丝培养

播种后，气温低于 20℃时覆盖薄膜保温，高于 28℃时，揭开薄膜适当降温，温度正常时也要经常通风，保持空气新鲜。覆土层要保持湿润，即培养料和覆土层的含水量保持在 60% 左右。若连续晴天，覆土层含水量过低，要喷水保湿。雨天要覆盖薄膜防雨淋。当菌丝生长到离覆土层面 1cm 时，在菇床上覆盖厚 4～5cm 的松针。自然脱落的松针或采集到的松针均可。松针的采集方法是：把砍下的新鲜松枝放在水中浸 3～4 天后，即可脱下松针并晒干。利用松针覆盖既能保湿，又克服了稻草覆盖容易腐烂增加碱性，用芒萁覆盖采收时子实体容易破损等缺点。菇床用松针覆盖后不要再用薄膜覆盖，并可拆除拱形架。从播种到菌丝生长到覆土层面 1cm 这一阶段的菌丝体都处在覆土层下生长，覆土层起到很好的保温保湿作用。当菌丝生长离覆土层面 1cm 后，菇床除了要用松针覆盖保湿外，还要进行遮荫。遮荫采用套种大豆遮荫方法。大豆是短日照作物，对光照、温度都十分敏感。根据大豆的这一生物学特性，选择夏大豆或秋大豆品种春播，即 4 月份播种，这样大豆整个夏天（6～8 月）均处于营养生长阶段，植株高大，6～8 月正是竹荪子实体生长阶段，从而达到遮荫的目的。具体播种方法为：竹荪播种结束后，在菇床的两侧各种 1 行，穴播，穴距 40cm，每穴播 3～4 粒种子，播后盖经腐熟的农家肥或火烧土，大豆生长早期，结合竹荪畦床除草进行一次中耕追肥即可，大豆中耕追肥一般掌握在竹荪菌丝未长至覆土层面 1cm 前进行，此后菇床不能再松土、除草，以免破坏菌丝生长。栽培大豆遮荫，菇床空间湿度、氧气、光照三者协调十分有利子实体生长，栽培大豆遮荫不再搭建荫棚，栽培成本大大减少。另外，到秋季也可收获少量大豆，大豆秆还可作为栽培竹荪的原料。

（六）子实体培养

竹荪菌丝长至菇床面后，再过 10 天左右即可扭结形成菌蕾。子实体生长阶段主要保持覆土层湿润，如果连续干旱，菇床无法保持湿润时，需要喷水保湿。

（七）病虫害防治

为害竹荪的病虫主要有螨虫和白蚁，应贯彻"预防为主，综合防治"的植保方针，做好菇场周围的环境卫生减少病虫源。

1. 防治螨虫

螨虫个体极小，肉眼一般不易发现。检查时，用手插入培养料中几分钟，抽回后若有搔痒的感觉，则说明有螨虫为害。发生螨虫为害，选用农药4.3%菇净乳油10ml加水15kg加7～8片溶化后的酵母片喷雾（加酵母片的作用在于酵母片的香味可吸引螨虫，从而提高防治效果），一般在未出菇前喷两次。

2. 防治白蚁

保持菇床间作业通道及排水环沟浅水层，隔断白蚁进入菇床的通道，预防白蚁为害效果较好。

（八）采收

当菌蛋顶端柔软或破裂时采收，采收的竹荪蛋清除杂质后，排列在竹筛上，喷水加大湿度，保持空气相对湿度85%以上，促使破球出柄，破球出柄后，控制空气相对湿度94%以上，促进竹荪撒裙，撒裙后去除菌托和菌盖即可进行烘干。

五、生态棘托竹荪栽培技术

棘托竹荪是20世纪80年代于湖南省会同县发现的竹荪新种，也是会同县最先推出的新产品。至今，会同县生产的棘托竹荪仍是最地道的生态产品。国家质量监督部门特为其制定了质量技术标准，总的技术要求有3点：①种源是会同当地的野生棘托竹荪种源；②在原有生态环境下或模拟原有的生境培育获取的产品；③在栽培和加工过程中，没有任何污染，保持与天然产品相似的形态与风味，即单个个体小而轻，3 000～4 000朵/kg，气味芳香，味道鲜美，营养丰富。产品已获取三证，标签认可号湘会食签2006002号、执行标准号 Q/UVEH（003—2006）和卫生许可证号（2006）431225000159。棘托竹荪是竹荪中分解活力最强的一种，连针叶树的残落物也能有效分解。人工模拟棘托竹荪的生态环境栽培棘托竹荪，是食用菌科技工作者多年的研究成果，其特点是易于群众掌握，所获产品也是真正的绿色食品。

（一）选好和培养种源

根据棘托竹荪喜高温、喜湿润、喜半腐基质和好气、好荫等生态习性。在高温季节，到南方林区竹木混交林内的荫湿处，凡是竹木废弃物堆积多年的地方，只要没有人、畜破坏，就不难找到种源。在会同县，多发现于林内锯木场的废墟上。选当地林内自然生长的种源或仿野生栽培获得的第1代种源。

常用接种方法有如下两种。

1. 将野生菌蕾制成母种

将野生菌蕾在无菌条件下按常规方法分离提纯，制成母种。母种在试管斜面上出现放射状菌丝束后，再转制原种及栽培种。原种的培养基以竹木屑加通用的营养成分；栽培种的培养基则以竹木碎片为主，可以开放式生产。

2. 直接选用野生菌材接种

野生菌材就是在野外长有棘托竹荪菌丝体的竹木原料，如第1年采到菌材，可加入等量基质原料培育，以提高菌丝活力和扩大种源。菌材必须在菌丝穿透和布满基质后才能用。新的基质原料能在当年长出子实体，只要有存活的粗壮菌丝第 2 年又可用来做种。

（二）基质原料

1. 原料种类

（1）根枝皮屑　各种竹木砍伐剩余物和加工废弃物，如伐根、竹枝、树皮、边材、竹木屑等。

（2）半腐朽竹木（包括松杉类）　如林内腐朽倒木、废旧棚架、篱笆等。

（3）废旧菇木　种过各种食用菌和药用菌（如平菇、木耳、香菇、天麻、灵芝）的废菇木。

（4）秸秆　各种富含纤维的秸秆，如玉米秆、豆秆、豆荚、棉花树、花生壳、甘蔗渣等。

2. 规格与用量

（1）粗料　即用于生长子实体的基质原料，如竹木块，砍成长度 30cm 左右，用料 5kg/m² 左右。

（2）细料　即用于转引扩展菌丝的基质原料，如竹木屑、削片沫、豆荚、蔗渣等，用料 2~3kg/m²。

3. 原料处理

（1）收集时间　最好在前 1 年备料。因新鲜的松杉原料须经半年以上的时间处理，才能干透和脱脂。

（2）原料场地　堆放和加工处理原料的场地，应选室外能日洒雨淋的地方，并与栽培场有一定的距离间隔，既要搬运方便，又要避免将病虫带入栽培场。

（3）处理方法　原料必须经过堆沤发酵和日晒雨淋达半腐状态，尤其是细料，是用来与菌种直接接触的原料，要求细软湿润养分充足，最好是用竹木碎片、木屑和农作物秸秆加牛羊粪混合堆沤发酵，或是用 0.1% 的高锰酸钾水浸泡过，既杀死病虫又增加养分。

（三）栽培场地选择

栽培场地要选水源方便、排水良好、土壤疏松、有机质含量高的地方，又要环境卫生、空气流通、无病虫源和无任何污染。在不同的场地栽培，有不同的要求。

1. 林内栽培

在郁闭度 0.4 以上的竹林和各种树林下因地制宜作床开厢，接种后长出的草本植物也不要拔除，维持原有的生态环境。选取坡度 5° 左右的山湾、山脚，有板页岩碎片堆积地方，更有利于通气和保水排水。松土时，先套入 1 层木屑，然后才下料接种。自然护荫不当的地方再外加设施遮阳；在有竹木废弃物成堆的地方和伐根集中连片的地方，只要条件适宜，可以就地接种培育；原来生过竹荪的地方，只需补充一些原料和菌种。

2. 瓜架或葡萄架下栽培

用葡萄园和菜园的棚架来模拟森林环境，利用棚架下的空地栽培竹荪，能节约土地成本，但作物需要杀虫，必须在竹荪出幼蕾前进行，而且要用薄膜把菌床覆盖好，确认药物不会污染菌床后再揭开。在庭院葡萄园和菜园里种竹荪，环境污染比较严重，首先要给土壤进行非药物消毒处理。为避免损伤作物根系，可用竹木或石块围成菌床，床中垫1层拌有松木屑的客土，再下料接种。在栽培场周围挖隔离沟和设篱笆，以防病虫侵入和禽兽破坏。

3. 农地套种

大面积规范化栽培竹荪，套种玉米等高秆作物来模拟森林环境，能达到粮菌双丰收，用大田栽培必须注意：①选阴山田；②四周深开排水沟；③翻地之前铺上一层厚厚的松木屑翻入泥土，使土壤变得疏松透气。作床、开厢筑土埂都要在土中掺入木屑后实施，菌床四周和床中每隔1m左右筑成一条横土埂，能省料省种、保水保菌，又便于套种作物和促进菌丝发育。土中掺木屑和做土埂是两条非常重要的增产措施。

（四）铺地管理

1. 套种护荫

竹荪接种15天后，可在每条横土埂中间点播高秆迟熟玉米，每条土埂上种两株，让其自然生长，不再追肥喷药。

2. 菌丝生长期管理

接种后要保持土壤湿润，若山上有水源可引水自流渗透，或在栽培场设有蓄水池或容器，在早晚取水用喷雾器喷洒。发现土壤板结的地方要用扦棍挠松，发现菌丝长出表面，要及时薄薄的覆1层细土。

3. 菌蕾期管理

接种两个月后，便会长出成簇的小菌蕾。这时，需有一定的散射光，可把覆盖的草适当减薄一些。

4. 病虫害防治

竹荪对杂菌有很强的抗性，主要是防虫害。常见的主要害虫是螨类和蚁类，在栽培时要防止原料带虫入场，原料中不要掺入粮食和糖分，保持菌床内通风透气。防治方法主要是隔离和诱杀，如白蚁是竹荪的大敌，既吃菌丝又吃原料，可在场地周围开隔离沟（灌水），沟边布设诱杀坑。找些直径20cm带皮的干松材，锯成30cm长，浸水后，扒开树皮，喷些糖水，再复原，埋入土坑内，稍露出地面，再盖好薄膜，20天左右检查1次，如发现有白蚁，随即杀灭。

（五）采收与干燥处理

1. 采收

子实体成熟后，最佳采收期是菌柄伸长1cm左右，菌裙初露，菌盖松动时。先将可以采收的子实体的菌盖统一摘掉，再一朵一朵采摘。这样，能避免产品受孢子、昆虫的污染，菌裙洁净、完整并富有弹性。

2. 干制储藏

尚未完全展裙的竹荪采收后稀疏地摆放在尼龙丝筛内，让它自行伸展成形。如遇上阴雨天，需用40~60℃的温度烘烤，避免烟雾，更不准用硫磺薰蒸。因竹荪干品吸湿性很强，容易回潮，在包装封口之前，还得用电烤箱或电吹风催干1次，随烘随包装，置8~12℃的冷藏室保存。包装盒内只能用干燥剂，一律不使用防腐剂。保持产品颜色为乳白色至淡黄色。

（六）产品的开发利用

多年来，在研究棘托竹荪方面做了大量的分析检测工作，如依托中国科学院沈阳应用生态研究所的设备条件，对菌丝体和孢子用 3 500 倍的电子显微镜进行扫描，还请该所的农产品安全与环境质量检测中心对会同县产的棘托竹荪产品的氨基酸、蛋白质、脂肪、维生素、微量元素及重金属有害元素等项目都进行过检测，在国内发表了相关结果，数据表明各种营养成分比其他竹荪高。

近些年开发的竹荪酒获过国家级金奖，竹荪饮料曾获福建省优秀新产品证书。最近又对棘托竹荪孢子的氨基酸含量进行检测，发现孢子的氨基酸含量十分丰富。棘托竹荪全身都有开发价值，但因多种原因，至今产品开发力度不大。近年来，福建师范大学等单位对产于福建的棘托竹荪的深度开发做了大量工作，测出棘托竹荪含有水解性多糖、凝集素等药用成分，菌托中含有能防腐的化学物质等。国内竹荪系列产品陆续问世，竹荪菌蛋成为当今的时尚菜，可与野生生物菜肴媲美。会同县的生态棘托竹荪是天然保健食品，民间早已应用。其个体较小，易加工，极具开发潜力，在应用方面正在做进一步的研究探讨。

思考题：

1. 竹荪的生物学特性怎样？栽培前景如何？
2. 叙述竹荪栽培管理要点。

第六章 珍稀食用菌栽培

第一节 茶薪菇栽培

一、概述

茶薪菇［*Agrocybe aegerita*（Brig.）Sing］，又名茶树菇，自然野生条件下分布于闽、赣、鄂、黔、桂等省（自治区）及云贵高原。茶薪菇人工驯化栽培始于闽、赣交界武夷山麓的江西省黎川、广昌。茶薪菇的人工栽培，在公元前50年已开始进行，不过当时的栽培方法极其原始，即把长过茶薪菇（靠自然孢子接种）的木头埋在土壤中，使之继续出菇。公元1550年，有人把茶薪菇捣烂，施于木头上，在其上覆土进行栽培。

1950年，Kersten用大麦皮和碎稻草栽培过茶薪菇。我国福建省三明真菌研究所，最早在国内对茶薪菇进行了驯化培育。江西省黎川县、广昌县的菇农和科技人员对茶薪菇的人工驯化栽培做了大量工作。20世纪80年代初，试验用木屑进行茶薪菇人工驯化栽培，取得初步成功，但产量不高。后经福建省古田县食用菌从业人员精心研究，在菌种培育、培养基配方、出菇管理、栽培工艺等方面取得重大突破，茶薪菇栽培生物转化率大幅度提高，取得明显的经济效益和社会效益。

1999年，古田县科兴食用菌研究所承担并完成古田县科委茶薪菇袋料栽培技术研究与示范项目，该研究成果具有3个创新点：第一，菌种改良；第二，采取科学配方；第三，栽培模式改为立式排放，技术上有重大突破。当年在全县推广茶薪菇栽培新模式500万袋，获利1 000多万元，成为古田县菇农新的增收点。2007年承担科研项目：无公害高效栽培茶薪菇。对茶薪菇栽培工艺进行大胆的研究和创新，2008年该科研项目成功验收，受到专家组的好评。该所研发了古茶2号、古茶988号茶薪菇菌株（2008年8月通过国家农业部品种认定，具有知识保护产权）、培养基配方和开放式大棚接菌，优化了原基分化成子实体及转潮出菇等栽培工艺，该品种的成果贡献是：①出菇时间从原来120天缩短到50天；②袋产量从原来150g提高到350~500g；③栽培场所由原来的室内改为野外荫棚。生物学效益可达100%以上。古田茶薪菇栽培模式迅速推广到全国各地。经过数十年的栽培和科学研究，培育出了黎茶系列、赣茶系列、古茶2号和古茶988号菌株。这些菌株生活力强，适应性广，抗菌力强，出菇集中，批次明显的优点。在福建、江西、北京和广东等地推广栽培，尤其是在福建、江西境内大量栽培，茶薪菇已成为福建、江西栽培食用菌的当家品种，而且产量较高，每个菌袋产干品达0.2~0.4kg，年均生产茶薪菇3万t左右。

茶薪菇营养丰富，鲜食清脆爽口，味道鲜美；烤制干菇更是风味独特，清香浓郁，味道香甜，是一种高蛋白质，低脂肪，集食用与保健于一身的绿色食品。根据国家食品质量监督检验中心(北京)检验报告，每100g（干品）含蛋白质14.2g，纤维素14.4g，总糖9.93g；含钾4 713.9mg，钠186.6mg，钙26.2mg，铁42.3mg。茶薪菇的蛋白质内含人体所需的18种氨基酸，其中人体不能自行合成或转化，而必须从食物中摄取的8种必需氨基酸，茶薪菇里全都有，而且含量很高。

茶薪菇性平、甘温，益气开胃，老少皆宜。常食可起到抗衰老、美容等作用，具有补肾滋阴、健脾胃、提高人体免疫力、增强人体防病治病能力的功效。现代医学研究表明，茶薪菇由于含有大量的抗癌多糖，其提取物对小白鼠肉瘤180和艾氏腹水瘤的抑制率高达80%~90%，有很好的抗癌作用。临床实践证明，茶薪菇对肾虚尿频、水肿、气喘，尤其小儿低热尿床，有独特的功效。因此，人们把茶薪菇称做"中华神菇"、"抗癌尖兵"。

栽培茶薪菇的原料来源广泛，成本低廉，还可改善生态环境，促进农业生产良性循环。我国目前用于茶薪菇栽培的原料很多，可利用工农业生产中的各种下脚料，如棉籽壳、锯木屑、甘蔗渣、农作物秸秆、甜菜渣、木薯渣、废棉等。目前，茶薪菇栽培的生物学效率一般为70%左右。茶薪菇的栽培可在室外栽培，也可在室内栽培。适用于大企业进行规模化生产，也可用于一般小农户进行个体生产。茶薪菇还可在人工控制的条件下进行工厂化全年生产。

二、生物学特性

（一）形态及分类学地位

茶薪菇在分类地位上隶属于层菌纲，伞菌目，粪锈伞科，田头菇属。原生于南方油茶树上，俗称茶树菇。

茶薪菇由菌丝体和子实体两大部分组成。菌丝体主要功能是分解基质，吸收营养。菌丝为白色，茸毛状，较细，菌丝组成菌丝群，锁状联合成双核菌丝。双核菌丝分枝粗壮，繁茂，生活力旺盛，生理成熟时，由原基分化形成子实体。子实体单生、双生或丛生。菌盖光滑或有皱纹，幼时半球形，后渐伸展至扁平，中央稍突起，直径2~10cm，初期深褐色、茶褐色，后渐变为淡褐色，至淡土黄色，平滑或中部有较多条纹。菌肉白色。菌褶密，不等长，初白色，成熟后呈污黄锈色至咖啡色。有内菌膜，白色，开伞后形成菌环，上位，易脱落。菌柄圆柱形长3~10cm，粗0.3~1.5cm，中实，纤维质脆嫩，污白色，基部色稍深。随着子实体逐渐成熟，菌柄上呈现纤维状条纹和纤毛状小鳞片。

茶薪菇菌丝体在基质中吸收营养，不断地进行分裂繁殖和营养贮藏，为子实体形成奠定基础。在自然界里，茶薪菇菌丝体常生长在枯死的油茶树木枝干、树兜、枯枝落叶或土壤等基质内。菌丝在基质中向各个方向分枝和延伸，以便利用基质营养进行繁衍，组成菌丝群。

（二）生活史

茶薪菇是一种异宗结合的四极性担子菌，整个生活史包括营养生长和生殖生长两个阶段。营养生长主要由无性繁殖的方式度过漫长的营养生长，双核菌丝体不断分枝增殖直至成熟。由担孢子萌发产生的菌丝叫初生菌丝，初生菌丝开始时为多核，到后来产生隔膜，把菌丝隔成单核的菌丝。单核菌丝纤细，分枝角度小，生长缓慢，生活力较差。初生菌丝生长到一定阶段，当两个不同性别的可亲和的单核菌丝，通过菌丝细胞的接触，彼此沟通，原生质融合在一起，形成锁状联合。锁状联合与细胞分裂同步发生。分裂后每个细胞中含有两个细胞核。这种双核化了的菌丝，分枝角度大，粗壮，生活力旺盛。当它生长到一定的数量，菌丝体便缠结在一起，形成原基，在适宜的环境条件下，分化形成子实体。子实体成熟时，产生大量的有性孢子来繁殖它的下一代。在人工培养的条件下，茶薪菇完成一个生活史需 70 天左右。

（三）生长条件

1. 营养条件

茶薪菇是木腐菌，常野生于油茶树、杨树、榆树、柳树、榕树、桦树等众多阔叶树的枯死树上，因此阔叶树木屑，是茶薪菇人工代料栽培时的营养源之一。但茶薪菇中漆酶活力低，利用木质素能力差，而蛋白酶的活力较强，菌丝对蛋白质的利用力强，对纤维素也能很好的利用，在人工栽培中，要考虑其生物学特征，主要营养源是碳源、氮源和无机盐及生长素。茶薪菇利用蛋白质的能力极强且为喜氮类食用菌。不仅需要充足的营养，而且需要平衡营养，最关键的是培养基中的碳元素、氮元素的比例要合理，即碳氮比要合理。茶薪菇菌丝生长阶段要求碳氮比为 20：1，子实体分化发育阶段则要求碳氮比为（30～40）：1。如果氮浓度过高，酪蛋白氨基酸超过 0.02% 时，原基分化就会受到抑制，子实体难以形成。

碳源是茶薪菇的主要营养来源。一般采用棉籽壳、木屑、作物秸秆作为碳源，这些材料含有丰富的碳源。

氮源是茶薪菇合成蛋白质和核酸必不可少的主要原料。茶树菇生长发育主要利用有机氮，如麸皮、玉米粉、尿素、氨基酸、蛋白胨和蛋白质等含有丰富的氮源，它们可满足菌丝生长过程中对氮素的需求。

无机盐如磷、钾、镁、钙等矿质元素，能促进菌丝生长和子实体生长发育。石膏及石灰中含有丰富的钙离子，生产时可在培养料中添入适量的石灰、石膏等。其他的矿质元素，在培养料和水的含量中足够了，不必另外添加。

2. 温度

茶薪菇属中温偏高型食用菌，在温带、亚热带地区从春季至秋季均可栽培。菌丝生长的温度范围在 4～38℃，适宜温度 23～26℃，子实体形成温度 15～35℃。在低至 -14℃ 高至 40℃ 温度下不会死亡。温度过高，菌丝容易老化变黄；当温度在 38℃ 以上时，菌丝生长受到严重抑制；当温度处于 4℃ 以下，菌丝生长速度明显变慢；低于 -14℃ 时，菌丝停止生长，处于休眠状态。温度一旦回升，菌丝就能恢复正常生长。

3. 水

在菌丝生长和培养基制作中，要求含水量为 65% 左右。低于 50% 容易出菇，但产量低；高于 68% 菌丝生长减慢、纤弱。子实体形成时，栽培场空气湿度以 85%～95% 为佳。

4. 空气

茶薪菇属于好氧真菌。菌丝短期缺氧时，就借助于酶解作用，暂时维持生命活动，但要消耗大量营养物质，菌丝逐渐衰弱，缩短寿命；严重缺氧时，菌丝生长受阻，比较纤弱，且容易受杂菌污染。子实体生长过程中，若通风不良，原基形成慢，菇柄粗，菌盖小，出菇不整齐。

茶薪菇在吸收氧气，排出二氧化碳时，放出的二氧化碳常积累在培养料的表面，影响菌丝的正常呼吸。为此，要保持菇房内空气新鲜，以保证正常的含氧量，促使子实体生长发育。因此，菇房内应经常通风换气，保持空气新鲜，防止二氧化碳积累过多。

5. 光照

茶薪菇不能进行光合作用，菌丝生长不需要光照，在黑暗环境中能正常生长。紫外线有杀菌功能，对菌丝生长会起到抑制作用，因此菌袋培养阶段应注意遮阴避光。原基分化和子实体形成时，则需要一定的散射光照，完全黑暗的条件下，不能形成子实体。适当的散射光（500~800lx），对子实体形成和发育有促进作用；光线不足时，出菇变慢，菇体变淡，菇脚变长，并有明显的趋光性。

6. 碱酸度（pH 值）

菌丝对酸碱度适应范围较宽，在 pH 值 5~12 之间均可正常生长，最适酸碱度为 pH 值 5~7，在培养料中添加 1%~3% 的石灰可中和菌丝生长过程中产生的酸质，从而促进菌丝生长，提高制袋成品率，同时又能补充其生长发育所需要的钙元素，促进原基形成和子实体发育，提高产量。

三、栽培技术

袋式栽培是目前国内应用最为广泛的一种栽培方法。按照培养料的不同处理方式，可分为生料、发酵料、熟料、发酵熟料 4 种袋式栽培法。茶薪菇由于其抗逆性差，生产一般采用熟料栽培法。

茶薪菇熟料栽培一般流程：栽培季节选择→备料→装袋→发菌管理→菇房搭建→出菇管理→采收→干制。

（一）栽培季节

根据种性特征，茶薪菇菌种有中温型（18~25℃）、中温偏低型（15~22℃）、中温偏高型（20~28℃）3 种，栽培者应根据菌种类型、季节和当地的气候环境进行选择。一般安排春秋两季栽培为宜。具体把好"两条标准"：一是采用 15cm×30cm 规格的聚丙烯或聚乙烯塑料袋接种后 50~60 天内为营养生长期，当地自然气温不超过 30℃；二是从接种日起，往后推 50~60 天为终止日，进入出菇期，当地气温不低于 14℃，不超过 30℃。根据海拔纬度划分：一是长江以南诸省：春季宜 2 月下旬至 4 月上旬接种菌袋，4 月中旬至 6 月中旬长菇；秋季宜 8 月下旬至 9 月底接种菌袋，10 月上旬发菇至翌年春季长菇。二是华北地区：以河南省中部气温为准，春季宜 3 月中旬至 4 月底接种菌袋，5 月初至 6 月中旬长菇；秋季宜 7 月上旬至 8 月中旬接种菌袋，8 月下旬至 10 月中旬长菇，大棚内控制温度不低于 15℃，冬季照常长菇。三是西南地区：以四川省中部气候为准。春季宜 3 月下旬至 4 月中旬接种菌袋，5 月下旬至 6 月底长菇；秋季宜 8 月初至 9 月上旬接种菌袋，10 月中旬发菇，直至翌年春季长菇。选择最佳接种时间，最佳接种时间是指当地某一时间的温度（中温型 22℃、中温偏低型 18℃、中温偏高型25℃，该温度最适合茶薪菇子实体分化发育）往前推50～60天的时间。例如，当地10月上旬平均气温28℃左右时，倒计时50～60天计算，也就是8月上旬为最佳接种期，此时"立秋"过后，气温一般在30℃以下，接种后经过50～60天菌袋培养，到10月上旬"寒露"季节进入长菇期，此时自然气温18℃以上，正适合原基分化和子实体生长。具体根据当地温度而定。栽培茶薪菇要避开不利于菌丝体生长和子实体分化发育的两个不利温区。即夏季7～8月份高温期和冬季12月份至翌年1月份低温期。例如，春栽2～3月份接种菌袋，发菌培养50～60天后，到5～6月份进入长菇期，自然气温15～28℃，适合长菇。但长菇时间仅两个月，进入7～8月份高温期休止，需待9月份气温下降到适温时，才继续出菇。

（二）菌袋制作

1. 原料选择

原料，分主料、辅料。主料为在培养料配方中所占比重较大、起主要营养作用的物质；辅料为所占比重小、起补充调节营养作用的物质。常用于栽培茶薪菇的主要原料有木屑、棉籽壳、玉米芯、甘蔗渣和水稻、小麦等农作物秸秆屑；辅料有麦麸（或米糠）、玉米粉、茶籽饼、黄豆粉、饼肥等。

选择原辅料的标准如下。

（1）木屑　选择新鲜干燥、粗细度适中、无霉变的木屑，过筛备用。无结粒、无砂石、玻璃、金属、塑料等杂质及大块木材，以杨树、柳树、榆树、榕树、油茶、栎树、山毛榉等阔叶树木屑为宜，不含柏、松、樟、杉等树种木屑。

（2）棉籽壳　棉籽壳应新鲜、干燥、颗粒松散、色泽正常、无霉变、无虫蛀、无结团、无异味、无混杂物、无农药残留。

（3）麦麸　麦麸应新鲜，无霉变，无虫蛀，无异味。

原辅材料的选择因各地而异，充分利用当地资源，利用农副产品下脚料，尽量降低成本。在树木资源丰富的地方应以木屑为主料，辅以棉籽壳、麦麸、米糠和玉米粉。在产棉区应以棉籽壳为主要原料，搭配一定量的木屑。

2. 培养料配方

常用配方有：①棉籽壳77%，麦麸16%，玉米粉5%，石灰2%；②棉籽壳60%，杂木屑18%，麦麸20%，石灰2%；③五节芒40%，棉籽壳35%，麸皮18%，玉米粉5%，石灰2%；④棉秆60%，木屑15%，麦麸17%，玉米粉5%，石灰1.5%，石膏1.5%；⑤玉米芯30%，棉籽壳45%，麦麸15%，玉米粉5%，蔗糖3%，石灰2%；⑥木屑40%，棉籽壳30%，麦麸16%，玉米粉6%，茶籽饼5%，石膏1.5%，蔗糖1%，磷酸二氢钾0.4%，硫酸镁0.1%；⑦木屑75%，麦麸18%，茶籽饼5%，蔗糖1%，碳酸钙1%。

其中：①为栽培常用配方，茶薪菇产量最高；②为古田县通用配方；③为古田科兴食用菌研究所试验研究所得，并获得栽培成功。

3. 配料及装袋

茶薪菇栽培一般采用15cm×30cm规格、结构精密、抗张性强、能耐高温聚丙烯或聚乙烯塑料袋。按选取的配方称取原料，准确计算原料量，注意原料量所生产的菌袋容量不大于灭菌灶所容纳的容量。

拌料采用先干后湿，先干拌木屑、棉籽壳、麦麸等干物质两遍。然后将石灰、糖等物质放入水中搅拌均匀后，倒入干料中，再拌两遍，使各种材料及水分混合均匀。最后调整培养料含水量至65%左右。将配制好的培养料用机械或人工的方式装入塑料袋内，培养料高15~17cm，湿重约为0.75kg。装料时要特别小心，避免刺破塑料袋。同时在装料时要求上、中、下均匀，无缝隙，以利菌丝生长。装料后套上套环或系上塑料绳。装袋后应及时将料袋进行灭菌，尽量缩短从拌料到上灶的时间，时间过长，会引起培养料酸败变质，不利菌丝生长。

灭菌方式有两种，高压灭菌和常压灭菌，两种灭菌各有优缺点。栽培者应根据自身条件进行合理选择。聚乙烯不耐高温，只能用常压灶灭菌。常压灭菌可使用铁质周转筐或塑料编织袋装料袋，以利于提高灭菌功效。编织袋应堆叠合理，自下而上重叠排放，上下成直线状；前后叠的中间要留空隙，使蒸汽能自下而上畅通、均匀运行。叠好包后，罩紧薄膜，外加麻袋或帆布，然后扎紧绳索，上面压木板加石头等重物，以防蒸汽把罩物冲走。在灭菌过程中，操作人员应坚守岗位，随时观察温度和水位，检查是否漏气。如果温度不足，则应加大火力，确保持续不降温。及时补充热水，防止烧焦，如有漏气应及时用湿棉塞塞住缝隙，杜绝漏气。菌袋灭菌原则为"攻头保尾控中间"。即料袋在装灶后，立即加火猛攻，使温度在5h内迅速上升到100℃，接着用中、小火保持该温度23h，即将结束时，用大火要猛攻一阵后闷2~3h，然后稍微打开锅门使锅内蒸汽慢慢蒸发，当灶内温度下降至60℃左右时，趁热把经灭菌后的料袋移入冷却室进行冷却。

冷却可以用大棚冷却，也可用室内冷却。大棚冷却要选择阴凉、整洁、干燥的空旷场所，无灰尘，远离污染源，地上垫一层塑料薄膜，将灭菌过的料袋直接排放在塑料薄膜上，利用自然冷却，也可人工安置电风扇加速冷却。室内冷却，一般冷却室又当接种室使用，在需要使用的前7天扫干净，并用福尔马林或气雾消毒盒进行消毒。气雾消毒（盒）每立方米用药为5g，关门密闭燃烧熏蒸消毒，时间3~5h；或用38%~40%甲醛溶液消毒，时间为2~5h。根据冷却室的大小，量取福尔马林溶液，分装于4~5个瓷盆或铁盆中，放于冷却室中央和各个角落，关闭门窗，随后加入适量的高锰酸钾，此时福尔马林立即沸腾，散发出福尔马林蒸汽。冷却室消毒要彻底，避免杂菌孳生，污染菌袋。菌袋一定要冷却至28℃以下时才可以进行接种工作，要不然由于袋内温度过高，使菌丝生长缓慢或不生长。

4. 接种

接种前应对菌种再进一次检查，观察菌丝是否浓密，洁白，袋子或瓶子是否破裂，菌龄应在35~40天之间，菌丝不能老化后，搬到接种室与栽培料袋一起消毒处理。菌袋在经过冷却之后便可进行接种。接种一般有接种箱接种、室内接种和大棚开放式接种。接种箱接种污染率低，但是一次性接种量少，接完一批之后又要经过消毒处理，需要很长的时间。

（1）接种箱接种 在接种前30~45min操作人员首先将栽培袋、接种匙、镊子、蘸有75%乙醇的医用棉球、栽培种等接种材料同时放入接种箱内，再用福尔马林与高锰酸钾混合熏蒸消毒或用气雾消毒剂燃烧熏蒸消毒，其用量参照接种室消毒用量的比例进行计算，消毒30min即可。料袋要堆叠整齐，给操作人员留下足够的接种空间。每瓶（袋）栽培种接25～28袋，接种时把栽培种袋底撕开，然后从袋底往袋口方向操作，离袋口2～3cm处菌种块属老化菌种不用，以防菌丝不萌发。接种一般步骤：①用75%酒精喷洒双手，进行表面消毒。②点燃酒精灯。③用酒精棉球对栽培种外部进行擦洗，放在接种架上或用一圆形铁盒进行固定，瓶（袋）口靠近火焰上方。④用棉球擦洗接种匙，置于酒精灯上灼烧，冷却备用。⑤揭开栽培种瓶盖，用镊子将酒精棉球对栽培种瓶（袋）口进行消毒，然后将消毒冷却后的接种匙伸入栽培瓶（袋）口内，将表面一层菌种挖出去掉。⑥解开袋口，接种工具用酒精灯火焰灼烧，用大号镊子夹取一小块菌种集中迅速地通过酒精灯火焰区放入菌袋内，然后重新扎好或盖好袋口。接完菌的菌袋，应立即移入培养室发菌培养，并将下一批需要接种的菌袋连同栽培种一起放入接种室（箱）内，进行又一轮消毒处理，然后开始第二轮接种。如此反复进行直至接完所有菌袋。

（2）室内接种和大棚开放式接种　大规模生产往往要求在短时间内完成很大的接种量，少则1万～2万袋，多则数十万袋，对接种的空间很大，往往采取室内接种或大棚开放式接种。

值得注意的是：①提前一个星期给接种室或大棚做卫生和消毒，做到干净、干燥、无虫害、无杂菌；②接种前24h，接种室或大棚应进行彻底的消毒处理。常用气雾消毒机熏蒸或福尔马林与高锰酸钾混合熏蒸，消毒前计算房间体积，其用量为$12ml/m^3$ 38%～40%甲醛溶液加10g高锰酸钾混合熏蒸或5～$8g/m^3$气雾消毒剂燃烧熏蒸，消毒5～8h，然后打开门、窗通风30～60min后进行接种。用福尔马林消毒过的房间，消毒后会有一股强烈的刺激性气味，会引起操作人员头晕、呕吐，可在接种前30min用一些氨水或碳铵来吸收；③接种应选择晴天或阴天为佳，避开暴雨、台风和西北风天气。接菌时袋温必须降到28℃以下，高温季节气温超过30℃时应在早、晚气温较低时接种，以防高温烧菌，影响产量；④接种，现行接种方式有两种：一是解口接种法。将袋口解开，搬到接种工作台上。接着将菌种掰一小块约大拇指大，迅速放进袋内培养基中央。然后迅速扎好袋口，或外套袋。最后将接种后的菌袋摆放堆架。另一种是打穴接种法，在袋旁打一个接种穴，穴口直径1.5cm，深2cm。菌种接入穴内后，穴口用胶布或胶纸贴封；也有的采用18cm宽的食品袋套上；⑤菌袋的摆放，接种后的菌袋搬入培养室发菌，菌袋要合理排放，采用架层式集约化立体栽培的排袋方式：菌袋采取立式摆放或墙式摆放，墙式摆放叠放2袋为宜，不能重叠2袋以上，前后列菌袋间要留3～4cm的通风路，有利于空气流通散热；⑥接种后，杂物要及时搬离培养室，清扫地上菌种碎屑，通风60min左右，排出湿气和废气，密闭培养室，接种结束。

为保证接种的质量，操作人员在接种过程中应注意如下几点：①搞好个人卫生，尽量避免带入杂菌。②注意安全，采用福尔马林加高锰酸钾消毒后有一股浓烈的刺激性气体，会造成接种人员身体不适，可于接种前30min用一定量浓氨水来吸收，氨水用量$5ml/m^3$。③严格按照规范化技术要求进行操作，把无菌操作理论铭记心中，养成良好的记录习惯，对每天的事情做好合理的安排和记录。④菌种要尽可能保持整块，这样菌丝萌发快，成活率高。⑤料袋应堆叠整齐，留取适量的空间进行操作。

（三）菌丝培养

培养室要保持干净，温度控制在23～28℃，空气相对湿度保持在70%左右，经常通风换气，每天早、晚通风各60min（高温季节凌晨0～6时，采用长时间通风，有利于高温时能使菌丝正常生长），这样培养室内有充足的氧气供应菌丝生长。

茶薪菇菌丝萌发比较慢。接种后1～5天，菌袋由于水分的影响，料温低，此时可适当提高温度，控制在25～28℃，使菌丝处于最适生长温度，加快菌丝萌发；当菌丝长至料袋3～5cm时（适宜温度约10天），开始检查菌袋是否被杂菌污染，若有杂菌及时隔离出培养室，同时应适当降温，控制在23～28℃，此时菌丝已完全萌发。当菌丝生长超过菌袋一半时，呼吸加强，代谢活跃，产生大量热量，料温和二氧化碳浓度出现一次升温高峰，菌温会比室温高3～7℃，特别是采用中间打孔接种方式的菌袋料温会比室温高4～8℃，此时必须加强通风换气和降温管理，室内温度控制在23～26℃，早、晚各通风一次，并适当延长通风时间。当菌丝生长至袋底1cm时，要解开袋口。培养袋在正常温度下培育60天左右，菌丝可长满袋，这时应搬入出菇房或野外大棚进行出菇管理。

在菌丝培养过程中，可采取如下方式控制温度：①安置空调等降冷设施。②野外荫棚可在棚顶安置喷头，至夏季等高温季节，打开阀门进行喷雾冷却。③通风换气。高温季节早晚各通风一次，每次40～60min，低温季节早、中、晚各通风一次，每次30～40min，这样既可调节室内温度也可使空气清新。④翻堆也可降低堆温，起到一定的散热效果。

菌丝培养期间要遮阳避光，阴暗培养，如果光线强，菌袋内壁形成雾状，并挂满水珠，基质内水分蒸发，会使菌丝生长迟缓，后期菌筒出现脱水；而且菌袋受强光刺激，原基早现菌丝老化，影响产量。所以，菌丝培育期间门窗应挂窗纱或草帘等遮光。每隔1周应进行翻堆检查，及时隔离出那些已经染菌的菌袋。

（四）出菇管理

茶薪菇菌丝体在达到生理成熟之后，即可搬入出菇房，进行出菇管理。菌丝体褐变过程，俗称菌丝体的转色，即标志着菌丝体已从营养生长过渡到生殖生长，此时即可开袋催蕾。一般工艺流程：菌袋摆放→开袋催蕾→控温控湿→出菇管理→采收加工。

1. 菇棚搭建

栽培房要求地势较高，平坦，近水源，排水方便，环境卫生，既保温、保湿又通风，有较好的散射光。产地环境应符合《NY5294—2004 无公害食品 设施蔬菜产地环境条件》标准规定。栽培房长10m、宽4.8m、高4m，房子一头建两个门，门规格1m×2m，另一头装两个等高可开合的60cm×140cm玻璃窗，窗顶上方安装排气扇，屋顶盖瓦片，瓦片下设置隔热层。房内安装3排栽培床架，边床宽70cm，中间床宽1.4m，层间距50～60cm，分5～6层，床架间留100cm的作业道。床面纵向排放4根木条或竹竿，然后铺上架席（可用毛竹片编成）。每条走道上安装两盏节能灯和1盏黑光诱虫灯，天花板上开两个80cm×80cm能开合的天窗。所有通气窗和门都要安装防菇蚊、菇蝇等害虫的纱网。配套地下火坑道（低温季节保温用），烧火口设在门口外墙脚处。栽培床架可用角钢、杉木、毛竹、水泥柱或竹竿等搭建。

野外荫棚搭建：室外栽培要选择坐北朝南、有水源、排灌方便的空地或田块搭荫棚，用芦苇、芒萁、稻草或遮阳网遮阳，栽培场四周开排水沟。荫棚规格，内拱棚17m×4m，半径2m，棚顶距外荫棚30cm，内外荫棚之间铺设芦苇、芒萁或隔热瓦等隔热措施。整个内荫棚用薄膜覆盖，外荫棚用黑色塑料布遮盖。荫棚内搭设层架3个，两侧层架宽0.7m，中间层架宽1.4m，层架相隔60cm作为走道，层架分3层，层间距60cm，每层用竹片或木条铺设，料袋或菌袋的装口朝上放在层架上。如此规格的荫棚可摆放菌袋5 000个。

场地的消毒处理：栽培场地要经过消毒处理。生石灰（15kg/100m²）撒在栽培场地上，消除杂菌；"潜克"或"除尽"（具体用量见各厂家产品说明）加水喷雾，杀灭虫害。

2. 出菇方式的选择

常用的出菇方式有3种，架层立式出菇、墙式出菇和菌袋覆土出菇。

（1）架层立式出菇 将长满菌丝的菌袋竖直排放在层架上，袋口拉直向上，栽培与金针菇相似。40m²出菇房安装3排栽培床架，边床宽70cm，中间床宽1.4m，层间距50～60cm，分5层，床架间留100cm的人行道，如此规格可排放菌袋10 000个，平均每平方米摆放菌袋100个。此种模式占地面积小，单位面积菌袋摆放数量多，从而降低劳动成本，提高管理水平，大幅度地提高产品质量，能获取较高的经济效益，是福建省古田县最佳的栽培模式，并已推广到全国各地。

（2）墙式出菇 把两个菌袋的袋底对接，平地重叠成7～8个袋高的菌墙，将菌丝长满的菌袋，沿袋口培养基表面将多余料袋剪平，让茶薪菇子实体长出，形成两边菌墙出菇，中间作为通道。每100m²可摆放菌袋6 000袋。这种模式节省搭架成本，但长菇后菇体一般向上弯曲，菇柄短且黑。

（3）菌袋覆土出菇 把菌袋沿培养基表面剪平或脱去薄膜，然后将菌筒竖放于畦床上，用肥土填满袋间和覆盖畦面（覆土层约2～3cm），形成埋筒覆土平面长菇。此种模式长菇齐，菇柄短、黑，形态酷似野生茶薪菇，但占地面积大，产量低。

3. 催蕾出菇

在室温23～28℃下培养65天（中间打孔约为45天）左右，茶薪菇的菌丝在袋内即将满袋时，可将袋口解开并把袋口反卷2cm。保持室内温度20～28℃，空气相对湿度85%～90%，可向地面和菌袋喷水以控制空气湿度。如果温度超过30℃，可用电扇和排风扇降温，或疏袋散热。每天早晚打开门窗通风换气各60min。茶薪菇属不严格的变温结实性菇类，没有昼夜温差刺激也能正常出菇。通过温差刺激，有利于菌丝从营养生长转为生殖生长，促进菇蕾的形成。因此，拉大温差配合调控干湿度，是茶薪菇栽培中的有效催蕾措施。人为变温时采取白天关闭菇房门窗，夜间12时后打开窗户，要求日夜温差拉大到7～10℃，直到菌袋表面出现白色粒状物，说明已经诱发原基，并将分化成菇蕾。子实体形成过程中需要一定的散射光刺激，光照强度为500～800lx，适宜的光刺激有利于原基的快速形成。光照不足时子实体生长缓慢，但光照太强，长菇慢，菌盖干亮，菇柄短而黑，产量少。调节光源主要是菇棚通风窗打开，让光线透进，上方遮阳物调节稀疏透光或棚内安置电灯，照射一段时间。

4. 出菇管理

当菇蕾出现，停止喷水以防水分过多造成烂菇。随着菌体的伸长，逐渐拉直袋口，直到采收。注意的是幼菇形成后，需要控制空气湿度为95%左右，切勿直接向菌体喷水，否则由于湿度过高造成烂菇、死菇，可向地面或空间喷洒一定水分。

冬天出菇管理：进入冬季，主要做好保温和保湿，并注意通风。如果温度在17℃以下，喷水后，菌盖容易积水，水分难以吸干，这样易导致死菇现象的产生。此时必须加温，加快水分的吸收，使子实体能够正常生长。喷水应灵活掌握。晴天、干燥天气多喷水，雨天不喷，阴天少喷；菌体小时少喷，菌体大时多喷；地湿时少喷，地干时多喷；采菇前不喷水。冬季气温低，应选择中午气温较高时进行通风，通风80min。

春天出菇管理：春季气温由低向高递升，春菇产菇量的比重与秋菇相等，其品质前期较好，后期稍差若遇到较干燥的天气，空气湿度比较小，且温度持续上升至28℃以上，将影响出菇，这是春天不能正常出菇存在的主要问题。春天最好的出菇天气条件是气温由高温转凉后连续下雨3~4天，并保持在20℃左右就会正常出菇。气温超过30℃时在菇棚顶上安装喷灌系统，采用定时喷灌、降温、增湿。通过微喷头使喷出的水形成细雾，在空气中飘移时间长，达到降温增湿的目的。可在菇棚四周开沟，引进活动水流，使棚内阴湿，降低棚内温度。喷雾后棚内温度可降至3~5℃有利于正常出菇。春季雨水多，空气相对湿度较大，要加强通风换气，一般早晚各通风一次，每次60min，保持棚房内空气新鲜，防止真菌侵染。

5. 补水

茶薪菇原基出现后，保持栽培场空气相对湿度为85%~95%。每采收一批菇后，需要向菌袋补水，补水办法直接喷洒。用喷雾器喷水至袋内蓄水高于料面1~2cm，加强通风，48h之后将袋内多余的水分倒掉。

（五）病虫害防治

选用菌丝生长旺盛的菌种，提高自身抗逆能力。菌袋入棚前要捡出被杂菌污染的部分，单独出菇，防止交叉侵染。接种15天后至开袋口之前，可用多菌灵、灭蝇胺喷洒。菇棚要经严格彻底消毒处理。出菇管理期要努力创造适宜菌体生长的环境条件，保持子实体的生长优势，增强自身抗逆性。出菇期禁用任何农药，以免影响食品安全。

（六）采收与加工

适时采收是茶薪菇获得高产的重要环节，又是保鲜、加工和干制的最初环节，具有非常强的时间性。采收过早，产量低，采收过迟，菌体开伞，组织变老，会产生大量的褐色孢子，失去商品价值。待菌盖呈半球形，内菌幕尚未脱离菌盖时采收。采收时整丛一起拔起，随后摘除残留的菇根。采收后，菇房温度控制在18~27℃，相隔12~15天采收一次，每次采收结束后要进行补水。一般每袋可产鲜菇350~500g。

把采收下来的鲜品按长短粗细分拣后摊放在竹筛上进行烘烤，起始温度35℃，以后慢慢上升，最高温度不超过60℃，以免温度过高影响质量。干品含水量控制在13%以下，稍散热后，及时定量装入塑料袋，密封袋口，以免时间过长回潮。

思考题：

1. 茶薪菇的生物学特性怎样？栽培前景如何？
2. 叙述茶薪栽培管理要点。

第二节　白灵菇栽培

一、概述

白灵菇［*Pleurotus nebrodensis*］又名翅鲍菇、白阿魏菇、白灵侧耳，隶属侧耳科、侧耳属，是近年来发展起来的珍稀食用菌品种之一。它菇质细腻脆嫩，口感较好，有素鲍鱼之称。具有较高的营养价值和保健价值，据国家食品质量监督检验中心测定：白灵菇含蛋白质14.7%，碳水化合物43.2%，真菌多糖19%，脂肪4.3%，粗纤维15.4%，灰分4.8%，另外还含有多种氨基酸、维生素、矿物质，其真菌多糖具有提高免疫力、抗肿瘤的作用。

二、生物学特性

（一）菌丝体

其菌丝体洁白绒毛状，长速较快，7~10天可长满试管斜面。

（二）子实体

白灵菇子实体常单生或丛生，个体较大，单菇重100~150g，最大可达350~400g。子实体菌盖白色到奶油色，形状因品种不同各异，常见的有柱状、马蹄状和手掌状，菌盖中部肥厚，一般为1~5cm，特别的能达到10cm，菌盖直径8~16cm，甚至更大。菌柄白色中实，常侧生或偏生，直径4~7cm，长度2~5cm。菌褶奶油色至淡黄或白色，长短不一，稠密而柔软，宽2~5mm，近延生。孢子无色，圆形至长圆形，孢子印白色。

（三）对营养和环境条件的要求

1. 营养

野生白灵菇生长在中药刺芹植物上，因此对营养要求不太严格，可以利用淀粉、葡萄糖、麦芽糖等多种碳源，生产上可用棉籽皮、玉米芯、植物秸秆、糠醛渣、甘蔗渣等物质，除了松、杉等含芳香物质以外的其他阔叶树的木屑一般都可使用，目前效果最好的为棉籽皮。可利用蛋白质、蛋白胨、氨基酸等多种氮源，生产上常用麸皮、米糠、玉米粉、豆饼等物质补充，其生长过程中还需要多种矿物质和微量元素，因此栽培过程中常添加适量的钙肥，微量元素一般天然物质中已经含有，不必另外添加。其菌丝体生长期间要求的C/N为（20~40）：1，碳氮比过大菌丝生长不良，过小，菌丝徒长。

2. 环境条件

（1）温度　菌丝体生长温度范围为6~32℃，最适合的生长为24~26℃，菌丝耐低温能力强，在有保护介质的情况下可忍受0℃以下的低温。

子实体分化温度因种类不同略有差异，低温型品种，子实体分化温度为0~12℃，最适生长温度为 8～15℃；中温型品种，子实体分化温度为 8～18℃，最适生长温度为 10～25℃。环境温度在 20℃以上时，子实体生长快，但品质差，25℃以上一般很难形成子实体。

（2）水分　白灵菇在生长期间需要提供适合的培养料含水量和空气相对湿度，在菌丝体生长期间，一般培养料含水量为 60%～70%，培养料含水量过低，菌丝由于缺水生长缓慢，培养料含水量过高，菌袋缺氧，菌丝生长不良。空气相对湿度应控制在 70% 左右。

子实体生长期间空气相对湿度要求在 85%～95% 之间，湿度过大易引发细菌感染，出现烂菇现象，湿度低于 60%，子实体生长缓慢，个体较小。

（3）光照　白灵菇在不同的生长阶段对光照的要求不同，在菌丝体生长阶段不需要光照，光照会抑制菌丝体的生长；在子实体形成和生长阶段需要 200～1 500lx，光线过弱或无光子实体不易形成，即使形成也会出现长柄的畸形菇。

（4）空气　白灵菇是好气性菌类，无论是菌丝体生长阶段还是子实体生长阶段良好的通气都易于菌体的生长，尤其是子实体阶段，空气中 CO_2 浓度高于 0.1%，子实体容易形成长柄大肚的畸形菇，因此子实体生长阶段需要良好的通风。

（5）pH 值　白灵菇对 pH 值要求不太严格，pH 值在 5～11 之间均可生长，以 pH 值 6.5 为最合适，但应注意白灵菇代料高压灭菌后 pH 值会降低，而且在白灵菇生长期间也会产酸降低其 pH 值，因此生产过程中应适当调高其 pH 值。

三、栽培技术

（一）品种选择

目前生产上应用的白灵菇品种较多，如子实体中等大小，短柄的白灵 1 号、白灵 2 号、新优 3 号和天山 2 号，其菌丝体生长适温为 22℃，子实体分化温度为 5～12℃。

（二）栽培季节

我国目前栽培的白灵菇品种以低温型的居多，利用菇房、温室大棚或闲置房间栽培时，北方地区一般在 8～9 月制作栽培袋，11 下旬到翌年 4 月出菇，利用空置冷库或工厂化栽培，可实行周年生产。

（三）菌种制作

1. 母种

（1）母种培养基配方　常用配方有：①去皮马铃薯 200g，葡萄糖 20g，琼脂 18～20g，水 1 000ml。②马铃薯 300g，蛋白胨 1g，葡萄糖 20g。酵母粉 2g，琼脂 18～20g，水 1 000ml。③玉米粉 100g、蔗糖 20g、琼脂 18～20g，水 1 000ml。④马铃薯 200g，麸皮 80g，葡萄糖 20g，蛋白胨 4g，磷酸二氢钾 3g，硫酸镁 1.5g，维生素 B_1 2 片（10mg/片），水 1 000ml。

（2）母种培养基制备　以上述培养基④为例，将马铃薯去皮，称出 200g，切成 1cm² 见方小块，放入锅中加水 1 000ml，同时称出 80g 麸皮，一并放入水中，与马铃薯一块放到水中加热，开锅后保持 15～20min，待马铃薯煮到熟而不烂时，过滤取滤液，将滤液放入锅中，加入 20g 琼脂继续加热直到琼脂由固体完全融化为液体，然后加入葡萄糖 20g、蛋白胨 4g、磷酸二氢钾 3g，硫酸镁 1.5g，维生素 B_1 2 片，稍加热，并搅拌直到药品完全溶解，然后添加清水直到 1 000ml，煮开后将培养基分装到试管，然后给试管塞上棉塞、用牛皮纸包扎后于手提式高压锅 121℃ 灭菌，摆好斜面备用。

（3）母种制备　将购买或保藏的白灵菇母种于接种箱或超净工作台，无菌条件下，接种到培养基试管斜面中央，然后放入 25℃ 左右环境下，遮光培养 7～10 天左右，待菌丝长满试管斜面，即可应用。

2. 原种

原种可以用谷粒、麦粒制作固体原种，也可以制作液体原种。固体原种的制作方法参照制种部分，下面简单介绍液体原种的制作方法。

（1）液体培养基的制作　白灵菇液体培养基配方很多，可根据当地资源灵活选择，以上母种培养基配方去掉琼脂，即可作为液体培养基配方使用。

以④号培养基为例，其制备方法如下，将马铃薯、麸皮按母种方法称量、煮制、过滤，然后将其余药品加入滤液，定容到 1 000ml，然后将培养基分装到 500ml 容量瓶，每瓶 100ml，每瓶放入 10 粒玻璃珠，然后给三角瓶塞上棉塞，放于手提式高压灭菌锅 121℃ 灭菌 30～40min。

（2）液体原种的制作　将制作好的母种在超净工作台或接种箱中，在无菌条件下接入液体培养基，然后将其放入恒温振荡培养箱，在 25℃、无光、振荡速度为 105r/min 的环境下培养 7 天，瓶内形成大量的均一菌丝球，完成液体原种的制作。

3. 栽培种

（1）栽培种培养基的制作　常见的栽培种配方有：①阔叶树木屑 78%，米糠或麸皮 20%，蔗糖 1%，石膏粉 1%。②棉籽皮 39%，木屑 39%，麸皮或米糠 20%，蔗糖 1%，碳酸钙 1%。③棉籽皮 98%，蔗糖 1%，石膏粉 1%。

选择好配方后，将称量好的主料、辅料和水混拌均匀，然后装入规格为 17cm×33cm 的聚丙烯袋，放入常压灭菌灶 100℃ 灭菌 8～10h，待菌袋冷却到常温后接种。

（2）栽培种的制作　将制作好的液体原种或固体粮粒原种，在消毒后的接种帐或无菌室内接种到栽培种培养料表面，固体原种的接种方法参照菌种制作，液体原种可用灭菌后的兽用注射器吸取液体菌种，每袋用酒精棉球消毒菌袋表面后，注入 10ml 液体菌种，然后将消毒胶布贴在接种部位，或者打开菌袋口，直接将 5～10ml 液体菌种倒入栽培种培养基表面，然后用绳子系好。接好菌种的菌袋放入空气相对湿度 60%～70%、无光、温度为 22～25℃ 的环境下培养 30 天左右，菌袋长满菌丝，完成栽培种的制作。

（四）栽培方法

1. 培养料配方

培养料的配方有多种，可根据当地的实际情况选择原料容易获得，成本低廉的配方使用。常见配方介绍如下：①棉籽皮 100kg、麸皮或米糠 10kg、磷肥 0.1kg、尿素 0.2kg、生石灰 13～kg，料水比 1：（1.2～1.5）。②玉米芯 100kg、麸皮或米糠 15kg、磷肥 0.1kg、尿素 0.2kg、生石灰 1～3kg，料水比 1：（1.2～1.5）。③棉籽皮 50kg、玉米芯 50kg、麸皮或米糠 10kg、磷肥 0.1kg、尿素 0.2kg、生石灰 1~3kg、料水比 1：(1.2~1.5)。④木屑 77kg、麸皮或米糠 17kg、糖 1.5kg、石膏粉 1.0kg、玉米粉 3.0kg，料水比 1：(1.2~1.5)。⑤木屑 37kg、棉籽皮 38kg、麸皮或米糠 20kg、糖 1.5kg、石膏粉 1.0kg、玉米粉 2.0kg，料水比 1：(1.2~1.5)。

2. 原料的准备

选择好配方后，可根据菇房的种植面积准备材料，一般一个 400m² 的菇房可种植菌袋 30 000 袋左右，如果用 17cm×33cm 的高压聚丙烯袋装料，每袋装干料约 350~400g 左右，大概计算一下一个菇房的投料量，然后再根据配方中各种物质的比例计算出各种物品的用量。原材料一定新鲜无霉，棉籽壳选用色泽灰白、断绒少、手捏之稍有明显刺感并会发出"沙沙"响声的产品，玉米芯用之前彻底晒干粉碎为黄豆粒大小的颗粒，木屑使用前要过筛，去掉有棱角的物质，以防装袋过程中将菌袋扎破。

3. 配料

原料备齐后，一般选择晴好天气，在环境比较卫生的水泥地面上拌料，将主料、辅料、水充分混拌均匀。首先计算好需水量，然后将主料摊开，将不溶解于水的辅料一起混匀撒于主料表面，将溶解于水的辅料用部分水溶解均匀的喷洒于料的表面，然后用铁锹拌匀，之后再将剩余的水拌入料内，充分混拌，使料、水均匀。料拌好后一般堆闷 1~2h 左右，然后调整含水量达到要求后装袋。有条件的可以使用拌料机拌料，拌料机拌料不仅拌料效率提高，而且主料、辅料、水混合的比人工拌料更均匀。

4. 装袋

装袋可人工操作或用装袋机装袋，一般先将塑料筒按照要求裁出符合要求的菌袋，然后一端用绳子系好，用装袋机装袋时，将料加入装袋机内，把塑料袋口张开，套入装袋机出料管，同时踩下脚踏开关，双手紧托菌袋、使料均匀装入袋内，待料装到袋子 2/3 处停止加料，将料袋取出，整平料面，然后在料中间用 2cm 直径木棒打孔，然后抽出木棒，将菌袋套上一个直径 2~3cm 的塑料颈环，做成瓶口形状，再在类似瓶口位置加棉塞，并在棉塞外加牛皮纸包扎，用线绳系好。用装袋机可装菌袋 200~300 个/h。

人工装袋方法与机器装袋类似，但要注意装好的料要松紧适度，而且菌袋内料与塑料薄膜间不留空隙。

5. 灭菌和接种

将装好的菌袋放入常压灭菌灶，100℃下灭菌 8~10h，再闷锅 10h。冷却后，先将接种箱用甲醛消毒，然后在无菌条件下接入栽培种，或在超净工作台中进行接种。

6. 发菌

将培养室及周围环境打扫干净，喷洒杀菌剂及杀虫剂，充分通风散气后将接过种的菌袋搬至培养室，菌袋发菌时气温尚高，因此菌袋应单层摆放或"井"字型摆放，以使菌袋产生的热量尽快散去，防治温度积累造成烧菌。菌袋摆放好后，控制培养室温度为 24~26℃，空气湿度 60%~70%（一般利用自然湿度即可，不必要另外喷水增湿），培养室遮光，通风情况配合室温进行，一般接种后的 3~5 天内少通风，促进菌丝尽快萌发、定殖。如果室温过高，可早、晚通风降温，5 天以后每天通风两次，每次 0.5~1h，每天检查污染及袋温情况，有污染的菌袋及时捡出，远离发菌时进行处理，袋温超过28℃时，结合通风、翻堆倒垛，注意调整菌袋上下左右、里外的位置，使发菌室内的菌袋生长温度一致。两周以后菌袋长速减缓，如果环境条件比较卫生，防虫措施较好，可通过松袋口等方式增氧。环境条件合适，一般40天左右菌丝即可长满袋。

7. 后熟

白灵菇菌丝长满菌袋后一般不能直接出菇，必须经历一个后熟的过程。后熟时间一般为30~40天，后熟的过程就是菌丝进一步积累营养的过程，后熟时间的长短，影响着菇类的产量、品质，如果后熟时间不够，过早刺激出菇，将来菇类产量低，常会出现盖小肉薄、反卷呈老熟状、重量不一的小片菇，菇农俗称其为小老菇。后熟培养期间不要打开袋口，注意保持培养基含水量，温度控制在18~25℃，每天通风3次，每次40min，给予300~500lx光照，促进菌丝扭结。

8. 催蕾

催蕾就是在菌丝达到生理成熟后，为其创造合适的环境条件，采取合适的操作措施，促进及早出菇。操作措施是进行搔菌，即打开菌袋袋口出菇端，露出料面，用灭菌的小耙子，轻轻刮去老菌种（皮），搔菌面积一般为1.5cm^2，深度为0.2cm，搔菌面积过大、过深，将来原基数量大，给疏蕾造成困难，搔菌后菌袋松扎袋口，然后将菌袋采用墙式栽培出菇的方法码垛，昼温度控制在13~20℃，晚上给以低温刺激，但不低于5℃，使昼夜温差保持在10℃左右，白天给以散射光刺激，空气相对湿度保持在75%~80%，经过连续7~10天的刺激，菌袋料面扭结形成原基。

9. 出菇

原基形成后，可去掉菌袋表面塑料颈环上的覆盖物，但颈环仍然保留。此时环境温度控制在8~18℃，光照强度保持在800lx，每天用喷雾器喷雾状水1~2次，保持空气相对湿度在85%~90%。每天通风2~3次，保持空气新鲜，二氧化碳浓度低于0.1%，当袋内原基长到蚕豆大时进行疏蕾，每袋留1~3个健壮菇蕾，不久原基长出颈环，并进行分化，此时应向空中、墙壁、地面喷雾化水，使空气湿度提高到90%~95%，注意喷水后加强通风，防止菇体表面长时间有水膜存在，导致细菌感染，菇体发黄软腐。一般经过10~15天，白灵菇菌盖展开，边缘尚保持内卷而孢子尚未弹射，菇片七八分成熟时即可采收。

10. 采收及采后管理

采收时，左手压住料袋，右手托住菇类，轻轻旋转扭下菇类，或者用锋利的刀子，将菇体从基部切下，采收后的鲜菇先清除柄基部的杂物，修正后进行分级。目前市场上一级菇的标准是洁白如雪、菌肉肥厚、单个白灵菇重0.14~0.15kg，单朵用保鲜纸包扎，装箱销售。如果不能及时销售可暂放入0℃下贮藏。由于菇体组织致密、含水量低、不易破碎，鲜品在0℃环境下可保藏3个月左右。

工业化生产白灵菇一般只采收1茬。采用塑料大棚或菇房栽培的可采用覆土方法采收第2茬，其具体操作是，首先去掉残留在料袋表面的菇柄、死菇及残留原基（注意这些物质要拿到远离菇房的地方深埋或做其他处理，千万不能随手丢弃在菇房内，这样存在于故房内的残留物会引发病虫害的发生，进而影响整个菇房菇类的产量及品质）。然后将菌袋脱去薄膜，竖直栽入畦，菌棒与菌棒之间及菌棒表面用营养土覆盖，然后喷水保持土表面湿润，其他管理如前，经过一段时间开始出第 2 茬菇。第 2 茬一般在产量和质量上远远低于第 1 茬。

思考题：
1. 白灵菇的生物学特性怎样？栽培前景如何？
2. 叙述白灵菇栽培管理要点。

第三节　杏鲍菇栽培

一、概述

杏鲍菇［*Pleurotus eryngii*（DC. Ex Fr.）Quèl］，又名刺芹侧耳，隶属于伞菌目、侧耳科、侧耳属。

杏鲍菇菌肉肥厚，质地脆嫩，特别是菌柄组织致密、结实、乳白，可全部食用，且菌柄比菌盖更脆滑、爽口，被称为"平菇王"、"干贝菇"，具有愉快的杏仁香味和如鲍鱼的口感，杏鲍菇营养丰富，含有大量的蛋白质、糖类和多种维生素。据测定蛋白质含量高达 25%，脂肪 1.4%，粗纤维 6.9%，灰分 6.9%。在蛋白质中含有 18 种氨基酸，其中人体必需的 8 种氨基酸齐全。此外，还含有多种矿物质元素。经常食用杏鲍菇可降低人体血液中的胆固醇含量，且有明显的降血压作用，对胃溃疡、肝炎、心血管病、糖尿病也具有一定的预防和治疗作用，并能提高人体免疫力，增强人体抗病治病能力。加之该菇保鲜期长，适合保鲜、加工，深得人们的喜爱。因此，杏鲍菇被称为新世纪理想的健康食品，是味道很好、值得重点推广的珍稀食用菌品种。

二、生物学特性

（一）形态特征

杏鲍菇菌丝白色，初期纤细，逐渐浓密蔓延，属单一型菌丝，有锁状联合。子实体单生或群生。菇盖宽 2 ~ 13cm，初呈弓圆形逐渐平展，成熟时中央浅凹至漏斗状，圆形至扇形，表面有丝光泽、平滑、干燥。幼时菌盖内卷，成熟后呈波浪状。菌褶延生、密集、略宽、乳白色，边缘及两侧平滑，有小菌褶。菌柄长 12 ~ 18cm，圆状直径 5 ~ 6cm，偏心生至侧生，色乳白，中实，肉质纤维状，无菌环或菌幕。

（二）对环境条件的要求

1. 营养

杏鲍菇是一种分解纤维素、木质素能力较强的食用菌，需要较丰富的碳源和氮源；基质原料有棉籽壳、木屑、蔗渣、麦秆等；以棉籽壳为主料的培养基产量最高，朵形也大，子实体风味较好。

2. 温度

杏鲍菇属中温偏低型品种，菌丝生长的最适温度为 23 ~ 26℃；原基形成最适温度为 10 ~ 15℃；子实体发育的温度因菌株而异，一般为 15 ~ 18℃，温度低于 8℃或高于

20℃时，子实体发育不良，气温是杏鲍菇栽培成败的关键。

3. 水分和湿度

培养基含水量以60%为宜，拌料时水分要适中，宜小不宜大，料水比1.0∶1.1；子实体形成和发育阶段相对湿度各在90%～95%和85%～90%。

4. 空气

菌丝生长和子实体发育都需要新鲜的空气，但一定量二氧化碳浓度能明显地刺激菌丝生长和原基形成。

5. 光照

菌丝生长阶段不需要光照，子实体分化和生长却需要一定的散射光；适宜的光照强度为500～1 000lx。

6. pH 值

菌丝生长的最适 pH 值是6.5～7.5，出菇时的最适 pH 值是5.5～6.5。

三、栽培技术

（一）菇房栽培

1. 栽培季节

杏鲍菇出菇最适温度10～18℃，温度太低或太高都影响子实体形成。根据各地气候条件和出菇温度，安排好栽培季节。南方诸省海拔300m以下地区，宜在秋末初冬接种，500m以上高山和北方省区，可在春末接种并以此为起点倒退70天进行菌种制作。

2. 培养料配制

常见配方：①杂木屑36%，棉籽壳36%，麸皮20%，豆秆粉6%，过磷酸钙1%，石膏粉1%；②杂木屑30%，棉籽壳25%，玉米芯18%，麸皮15%，玉米粉5%，豆秆粉5%，过磷酸钙1%，石膏粉1%；③杂木屑22%，棉籽壳22%，麸皮20%，玉米粉5%，豆秆粉29%，过磷酸钙1%，石膏粉1%；④杂木屑73%，麸皮25%，过磷酸钙1%，石膏粉1%；⑤棉籽壳78%，麸皮20%，过磷酸钙1%，石膏粉1%。以上配方任选1种，含水量60%，自然 pH 值。搅拌均匀，即可装袋，选用12cm×55cm或15cm×55cm塑料袋。装袋后立即灭菌，常压灭菌为100℃保持18～20h。

3. 接种培养

待料袋冷却至28℃以下时进行接种。要求严格做好各项无菌操作，接种后室温保持25℃左右发菌。发菌期要求避光干燥，注意发菌室通风换气。经过25～30天的培养，菌丝即将走透袋底后，把穴口上的原菌种挖掉，使氧气透进袋内，加快菌丝生理成熟。然后移入消毒干净的菇房或野外荫棚出菇。

4. 出菇管理

栽培房棚内温度保持12～18℃，空气相对湿度保持90%～95%。干燥时向空间及地面喷水，一般经过10～15天就可出现菇蕾。当袋内菌丝扭结，原基形成小菇蕾出现时，把袋口解开。现菇蕾快慢与温度有很大关系，气温在12～16℃出菇较快，而菌袋开口时间过早会影响出菇量和质量。如果开袋拖延，袋内子实体已大，会变成畸形，严重的出现萎缩、腐烂。因此，要掌握原基形成有小菇蕾时开袋较好。出菇管理主要注意如下方面。

（1）掌握温度　温度低于8℃时，原基难以形成；当温度升到20℃以上时，原基分化和子实体迅速生长，但品质下降，而小菇蕾停止生长，开始萎缩，原基停止分化，菇房最佳温度控制在12～18℃。

（2）调控湿度　菇房湿度应保持在85%～95%，湿度太低，子实体会萎缩并停止生长，原基干裂不分化；而浇水时要注意不能直接喷在子实体上，否则子实体变黄，影响品质，严重时会造成腐烂。

（3）调节空气　子实体发育阶段需要新鲜空气，菇房要经常通风。通风不良子实体难以正常发育，出现小子实体停止生长或萎缩状。然后在已萎缩的子实体上再分化出畸形小菇呈树枝状，不能发育成正常子实体。若再碰上高温高湿，则会造成子实体腐烂。因此，菇房必须保持良好的通风条件。

（4）协调光线　子实体发生和发育阶段均需光照，以500～1 000lx为宜，气温升高时要注意不要让光线直接照射。

（5）综合防治病虫害　杏鲍菇的主要病虫害是细菌、绿霉、木霉及菇蝇。通常低温时病虫害不易发生，加强通风和进行温度调控可预防病虫害的发生。如发现细菌、绿霉、木霉污染，要及时把菌袋取出室外深埋；对菇蝇可利用电光灯、粘虫板进行诱杀。

（7）适期采收　当菇盖张开平整，有光泽新鲜感，孢子尚未弹射为采收适期。采收后覆土管理可再长二潮菇。覆土栽培时，①开畦畦宽1～1.2m，深10cm左右，畦间距为50cm，畦上撒一层石灰，喷一遍杀虫剂。②菌棒处理剥掉塑料袋，用消毒刀刮掉老化菌被、菌皮和原基，避免菌棒断裂。③覆土使已出菇面朝下，按25 棒/m²竖排，棒与棒之间以3cm为宜。土壤应取10cm以下耕作层为好，要求有良好的保水性、通气性和20%±1%的含水量；用手捏土时，土能扁但不粘手。覆土厚度为3～4cm，覆土后向畦面浇透水，使菌棒吸水饱和，然后盖上无纺布或地膜保湿。④菌丝恢复期管理要让菌丝在土壤中尽快恢复生长，空气温度为10～15℃，土壤温度为9～13℃，温差要尽量小，空气相对湿度保持在70%～80%，土壤相对湿度20%±1%。须喷雾化保湿，严禁向畦面喷大水。管理期无光或弱光均可，加强通风，每日6～7h。

整个生产周期80天左右，生物转化率达110%～130%。杏鲍菇是以鲜品收购，然后整朵通过盐渍罐、桶包装；或切成薄片机械脱水烘干出口；或鲜品直接在国内市场上供应。

（二）冷库墙式工厂化栽培

杏鲍菇工厂化周年栽培技术研究是近年来食用菌产业一个新的研究热点。漳州市引入杏鲍菇菌株，开始各种栽培试验。由于漳州市气候独特（冬季低温期短），自然季节栽培效果不佳，在白金针菇反季节工厂化栽培技术和墙式栽培白背毛木耳模式启发之下，萌生了杏鲍菇反季节在冷库采用墙式工厂化栽培。经过几年栽培技术研究表明：杏鲍菇在冷库环境中污染率大大降低，出菇整齐，出菇量大，单菇大朵，菇形好，商品率高，能周年均衡出菇，市场售价高，获得良好的经济效益。现将杏鲍菇工厂化栽培技术总结如下。

1. 厂房结构设计

厂房主体采用钢架大棚结构建设，再按照栽培工艺分类，在大棚内安排灭菌室、接种室、养菌室、出菇房及其他操作场所。养菌室、出菇房一般采用并排建设，各菇房门统一开向缓冲走廊，走廊宽3m。出菇房一般每间长8m，宽6m，高3.4m，墙体内六面铺贴5cm厚的阻燃、防潮挤塑板，地面保温一定要做好（因为地面冷气传递最快），菇房门则采用防潮保温门；出菇房内采用铁丝网墙体室设计，每间出菇房一般可容纳5 000个菌包出菇。养菌室内可设床架，亦可利用周转框堆积成床架式，充分利用空间进行养菌。

2. 相关设备

（1）制冷系统 通过在养菌室配备柜式空调机和在出菇房安装制冷机完成。

（2）加湿系统 根据出菇期子实体生长发育不同阶段对湿度的要求，采用增湿机自动调节，并在室内配备湿度计即可。

（3）排风系统 在养菌室安装两台45W的轴流电风扇，出菇房安装4台45W的轴流电风扇，新鲜空气过滤后进入菇房，废气由菇房另一端排风口缓冲排出而进行换气。

（4）光照系统 杏鲍菇菌丝生长阶段不需要光线，子实体形成和发育阶段需要散射光，适宜的光照强度为500～1 000lx的光线才能满足子实体生长需要，并使产品色泽正常。因此，在出菇房需横向安装6盏40W的防潮日光灯（开关需要独立控制），以满足子实体不同发育期对光照的需要。

3. 培养料和菌袋制作

参考菇房栽培部分内容。

4. 出菇管理与包装加工

（1）出菇管理 菌袋进入出菇房即刻上铁丝网架，先拔掉棉塞（左手按住套环，右手拔棉塞），注意不松动袋口，菇房温度控制10～12℃，空气相对湿度80%，光照强度500～1 000lx，促进原基形成。第2～3天脱掉套环（注意不松动袋口）。第5～6天适当通风，促进原基分化。第9天视菇蕾多少加大通风，控干让弱小菇蕾萎缩死亡，留下强壮的1～3个小菇。第10～12天提高菇房温度，控制在14～16℃，并增加光照强度，提高空气相对湿度至90%～95%，加强通风换气，促使子实体伸长。第13～15天降低菇房温度至12℃，控制空气相对湿度85%，光照500lx，让子实体发育结实延长货架寿命。菌袋进入出菇房第16天就可采收，至第18天采收结束。杏鲍菇产量通常集中在第一批菇，同时工厂化栽培耗电量大，因此，只采收一批，采收完废包清出后菇房清洗干净或用漂白粉消毒，放干两天再进新菌袋。

（2）包装加工 杏鲍菇采收后应及时进行分级包装，先放置于0～3℃的冷藏室中保鲜，然后由销售商根据需求出货。与一般菇类比较，杏鲍菇保存时间较长，在4℃冷箱中可10天不变质，气温10℃时可放置5～6天。长途运输要用泡沫箱装运。杏鲍菇不易破碎，煮后不烂，口感脆嫩，可切片制成罐头，亦可切片烘干成干制品或加工成盐渍品进行销售。

5. 冷库栽培杏鲍菇注意事项

（1）品种选择 由于杏鲍菇菌株来源不同，其温度等生物学特性差异较大，在引种时必须注意所选品种的温度特性。由于涉及工厂化栽培运作成本，应尽可能选择一些产量高、品质好的中高温型品种。另外，工厂化栽培和自然条件出菇也有较大差异，有些品种在自然环境中出菇表现很好，但是在工厂化中表现较差，或者相反。所以，在选择品种时要优先考虑选用适宜于工厂化栽培的专用品种，或者先自行进行出菇试验，确定工厂化栽培品种。

（2）温度控制　工厂化栽培出菇房的温度完全依赖于室内的制冷机控制，在栽培过程中随时都有可能面临停电或设备损坏的问题。幼菇对温度剧变很敏感，一旦库温超过28℃，很容易发生大批发黄、萎蔫，继而死亡的现象。因此，务必要控制好库温，可添置发电机或备用制冷机来保证冷库的正常运转。

思考题：
1. 杏鲍菇的生物学特性怎样？栽培前景如何？
2. 叙述杏鲍菇栽培管理要点。

第七章　食用菌病虫害防治

近年来，随着食用菌产量的大幅度上升，病害、虫害的影响也越来越严重，在许多地方已经成为制约食用菌产业发展的重要制约因素之一。据不完全统计，因病虫害引起的产量损失一般为总产量的20%～30%，发生严重时达到50%，甚至绝收。

第一节　食用菌病害及防治

一、概述

食用菌病害是指在食用菌生长、发育或运输、贮藏过程中，遭受到病原生物的侵害或受到不良环境因素的直接影响，致使食用菌生长发育受到显著影响，因而产量降低，品质变坏，严重的甚至绝收。

根据食用菌发病的原因，可将病害分为两大类，即病原病害（侵染性病害）和非病原病害（生理性病害）。病原病害是病原生物侵染引起的，侵染食用菌的病原物主要有真菌、放线菌、细菌、粘菌、病毒，这类病害具有明显扩张蔓延性。非病原病害是由于不适宜的环境条件或不恰当的栽培措施引起，如培养料含水量过高或过低，pH值的过低或过高，空气相对湿度高低，光线的强弱，二氧化碳浓度过高，农药及生长调节物质不当等环境因素引起的，这类病不具有传染性，如子实体畸形，菇体水渍斑等。

二、病原病害

（一）真菌病害及杂菌

1. 木霉（*Trichoderma* spp.）

（1）**病原菌**　属半知菌类，对食用菌生产造成为害的主要有绿色木菌（*T. viride* Persex S. F. GyeyHE）和康宁木霉（*T. koningii* Oudem）两类。

（2）**发生与为害**　又称绿霉菌，分布广，是食用菌生产中发生最普遍、为害最严重的杂菌之一，几乎在所有食用菌的制种和栽培中，不论是熟料、生料或发酵料发菌期间均可发生。病菌的孢子通过空气、覆土、操作人员及生产用具进入菇房侵染为害。病菌孢子萌发和菌丝生长的最适温度为30℃左右，低于15℃则不易萌发。病菌菌丝阶段不易被觉察，直到出现孢子（绿色霉层）时才引起注意。木霉感染培养料时，菌落初期白色、致密，无固定形状，后从菌落中心到边缘逐渐变成浅绿色，出现粉状物，很快料面上形成大片霉层。子实体感染木霉后，先出现浅褐色的水渍状病斑，后病斑褐色凹陷，产生绿色霉层，最后整个子实体腐烂。

（3）**防治方法**　农业防治时，常采用：①培养料的营养要全面、均衡，保证食用菌的菌丝生长健壮，以提高菌丝的抗性，可对木霉形成颉颃或抑制；②接种时要严格执行无菌操作；③培养料的发酵要彻底；④发现污染后及时处理，避免孢子散发、蔓延。化学防治时，常采用：①制种或熟料栽培时用 1 200 倍液的恶霉灵可湿性粉剂拌料；②菌种或菌袋发菌及出菇期间，每 5 天左右用强优戊二醛 10 倍液对菇棚空闲处喷洒；③发现木霉后，150 倍菌绝杀可湿性粉剂液浸洗菌袋或直接撒施覆盖病区。

2. 青霉（*Penicillium* spp.）

（1）病原菌　属半知菌类，对食用菌生产造成为害的主要有黄青霉（*P. chrysogenum* THom）、圆弧青霉（*P. cyclopium* Westl）、白青霉（*P. palliolum* Smith）以及软毛青霉（*P. puberelum*）等。

（2）发生与为害　是食用菌生产中最常发生的竞争性杂菌，青霉多喜欢酸性环境，酸性的培养料及覆土较易发生病害。青霉菌丝生长不快，但能很快长出大量绿色的分生孢子，形成一片青绿色粉状霉层（图 7 - 1）。培养料被青霉感染时，初期料面出现白绒状菌丝，1～2 天后菌落渐变成青绿色的粉末霉层，覆盖于培养料表面，分泌毒素，使菌丝生长受抑制，并诱发其他病原物的侵染。

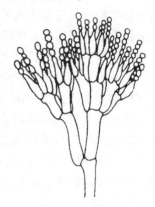

图 7 - 1　青霉
（仿刘波，1991）

（3）防治方法　同木霉菌。

3. 毛霉

（1）病原菌　俗称长毛菌。毛霉属接合菌亚门、毛霉科、毛霉属。生产中形成为害的主要是点状毛霉（*M. racemosus* Fres）。

（2）发生与为害　毛霉的菌丝稀疏、细长，生长迅速，菌袋或菌床感染后，表面很快形成很厚的白色棉絮状菌丝团，随着生长，逐渐出现细小、黑色球状的孢子囊，变成灰黑色（图 7 - 2），又称黑霉菌或黑毛菌等。病菌主要以孢子进行传播为害。对环境条件适应性强，高温高湿的条件有利于病菌孢子的萌发和传播为害，在适宜的条件下病菌 3 天时间即可布满培养（基）料的表面。

（3）防治方法　农业防治时，常采用：①清理接种室和培养室的内外卫生，并进行消毒处理；②菌种培养基灭菌时避免棉塞受潮；③接种时接种室的温度控制在 25℃ 以下，空气的相对湿度保持在 70% 为宜；④发菌阶段培养室的温度控制在 25℃ 以下，空气的相对湿度保持在 70% 为宜，避免出现高温高湿的条件。化学防治时，可用 50% 咪鲜胺锰盐可湿性粉剂 800～1 000 倍液，将污染的菌袋浸 2～3min，以杀死霉菌后再进行处理。

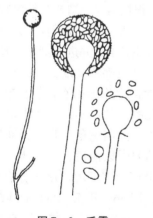

图 7 - 2　毛霉
（仿刘波，1991）

4. 曲霉

（1）病原菌　又称黄霉菌或黑霉病。生产中形成为害的曲霉主要有黄曲霉（*Aspergillus flavus*）、黑曲霉（*A. niger*）等。曲霉的分生孢子梗无色、直立、不分枝，顶部膨大成圆形或椭圆形，上面着生多层小梗呈放射状排列，顶生瓶状产孢细胞。分生孢子单胞、串生，聚集时呈不同颜色（图7-3）。

（2）发生与为害　是食用菌生产中仅次于木霉的第2大杂菌。病菌发生后，在一定的条件下，不断扩大，直至占领整个料面，与食用菌菌丝争夺养分、水分和生长空间，还分泌毒素为害菌丝。病菌的适应性较强，在10℃以下条件也能生长，最适生长温度为25℃左右。

（3）防治方法　农业防治时常采用：①高压灭菌时防止试管棉塞受潮；②养菌室使用前要进行消毒处理，严禁无关人员随便进入；③培养料的发酵要彻底；④污染严重的菌袋要进行深埋或焚烧处理。化学防治时，生产中发现木霉后，用70%菌绝杀可湿性粉剂150倍液浸洗菌袋；若是菌种可挖除病斑后再用药或直接撒施覆盖病区。

5. 根霉

（1）病原菌　根霉属接合菌亚门、毛霉科、根霉属。发生于培养基上大多为黑根霉［*R. stolonifer*（Ehrenb：Fr）Vuill］。孢囊梗不分枝或呈总状分枝和假单轴分枝，顶部形成孢子囊，能形成假根和葡萄状菌丝（如图7-4）。

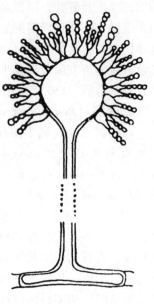

图7-3　曲霉

（仿刘波，1991）

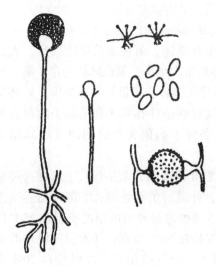

图7-4　根霉

（仿刘波，1991）

（2）发生与为害　根霉的发生与毛霉相似，长速极快，很快即可布满料面，且气生菌丝纵横交错，菌丝顶端有黑色颗粒状物，几天后整个菌床呈乌黑状。潮湿、通风不良和阴暗的条件下有利于病害的发生。菌床感病后食用菌的菌丝停止生长，很快消失，造成栽培失败。

（3）防治方法　农业防治常采用：①清理接种室和培养室的内外卫生，并进行消毒处理；②菌种培养基灭菌时避免棉塞受潮；③接种室和发菌阶段培养室的空气相对湿度保持在70%为宜，避免出现高湿的条件；④在生产中可用pH值10以上的石灰水抑制病菌，并加强通风换气；⑤发病严重的要予以清理，并喷药消毒（如蘑菇祛病王），彻底治理环境。化学防治常采用：①菇棚消毒：用36%甲醛10ml/m³+5g高锰酸钾，对菇房进行密闭熏蒸24h后，再使用；②生产中发现污染的菌袋，用50%的施保功可湿性粉剂800~1 000倍液浸2~3min，以杀死霉菌后再进行处理；菌床污染后用70%菌绝杀可湿性粉剂150~200倍液浇施。

6. 链孢霉

（1）病原菌　属孢子囊菌亚门、粪壳霉科。生产中主要有粗糙脉纹孢霉（*N. crassa*）和面包脉纹孢霉（*N. sitoohila*）等。

（2）发生与为害　又称脉孢霉或面包霉或红霉或红色面包霉或橘皮菌等。病菌的菌丝量很小，且生长期很短，1~3天后即能形成成堆的孢子（图7-5），成熟的孢子随空气传播重复侵染。高温的条件有利于病害的发生，气温低于10℃时不能造成为害。主要为害熟料制种和栽培，一般不侵染生料及腐熟料，病害多发生在春末至夏季及初秋季节。

（3）防治方法　①清理接种室和培养室的内外卫生，并进行消毒处理；②发菌过程要坚持药物预防与降温、降湿相结合，创造不适于病菌生长的环境条件；③菌丝生长阶段若发现异样菌丝的菌瓶或菌袋，要立即剔出，并进行单独处理；④发现个别菌瓶或菌袋扎口处有橘红色孢子团时，用塑料袋套住，包好后移出菇房，将污染袋浸入或涂刷废柴油或机油，也可挖坑将污染袋置于坑内架火焚烧，也可将污染袋深埋50cm以下。

7. 鬼伞

（1）病原菌　属担子菌亚门、伞菌目、鬼伞科。生产中形成为害的主要有毛头鬼伞（*Coprinus comatus*）和墨汁鬼伞（*Coprinus atramentarius*）等。子实体菌柄细长，菌盖小，易碎。

（2）发生与为害　鬼伞是草菇、双孢蘑菇、鸡腿菇和平菇栽培床上常发生的大型竞争性杂菌，夏季高温期发生得最多。菌床感染鬼伞，开始料

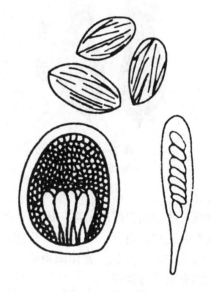

图7-5　链孢霉
（仿刘波，1991）

面上无明显症状，看不到鬼伞的菌丝，直到灰黑色的鬼伞菌蕾从中冒出，形成鬼伞时才辨别出。鬼伞生长很快，从子实体形成到溶解为墨汁状，仅需24~48h，子实体自溶为墨汁时，产生恶臭（图7-6）。发生鬼伞的菌床或菌袋上一般不长食用菌。

（3）防治方法　①配制优质堆肥，要求选用新鲜、干燥、无霉变的草料及畜粪，并进行高温堆制。翻堆时一定要将粪块弄碎或清除。进房后进行后发酵处理；②控制合理的碳氮比值，防止氮素养分过多，同时适当增加石灰用量，供堆肥的pH值呈碱性；③菇床上一旦出现鬼伞要及时拔除，防止孢子扩散。

8. 褐腐病

（1）病原菌　属半知菌亚门、丛梗孢目、疣孢霉属。生产上发生为害的主要是菌盖疣孢霉（*Mycogone pemicioosa* Magn），也有马鞍疣孢霉、夏氏疣孢霉及红丝菌疣孢霉等。

（2）发生与为害　病菌孢子多存活于肥沃的土壤及有机质中，生产中多通过覆土材料及气流进入菇房，培养料本身也可将病菌带入菇房。褐腐病菌主要为害蘑菇、平

菇、草菇等，是食用菌最主要病害。该菌只感染子实体，不侵染菌丝体。病菌可在土壤中长期存活，成为首次侵染源，菇房内的再侵染主要是病菌的分生孢子通过气流、人体、昆虫和生产工具而传播。高温高湿、通风不良的环境有利于病害的发生。菌丝生长期感染该病菌后可在料面或覆土层表面长出白色绒毛状菌丝，并形成团块，很快菌丝由白色转黄褐色并分泌黄褐色水珠，如同浅色酱油；幼蕾生长期感病后子实体形成团状的菌肉组织，不能分化出菌柄菌盖，感病菌体由白色转黄色后，即可腐烂，出现臭味；幼菇生长期感病后，菇体畸形，几天后菇体腐烂并出现褐色汁液；子实体生长后期感病后，只在菌盖表面出现少许凹陷的褐色病斑。

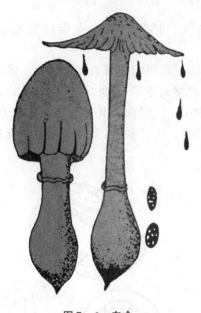

图 7-6 鬼伞
（仿刘波，1991）

（3）防治方法 ①菇房要远离垃圾堆和畜舍，出菇房内外保持环境的清洁卫生，清除菇房附近枯草杂物，以减少病源及传播媒介；②菇房使用前要严格消毒，床架生产用具使用前均需消毒处理；若是老菇房，使用前更要彻底清理、消毒，每 100m² 菇棚使用 50% 多菌灵干粉 1kg、36% 甲醛 2～4kg，加水 80kg 左右均匀喷洒，密闭闷熏两天后再用；③覆土材料使用前一定要用甲醛或多菌灵喷洒熏蒸消毒处理。

9. 软腐病

（1）病原菌 属半知菌亚门、丛梗孢目、葡枝霉属、轮枝孢霉菌（*Dactylium dendroides*）。常见种为菌生轮枝霉（*V. fungicola*）。病菌分生孢子梗细长、有轮生分枝；分生孢子卵圆形至椭圆形，无色、单孢，单生或聚生成头状。

（2）发生与为害 菇蕾柄基部初出现淡褐色不规则水浸状病斑，之后即被蛛网状菌丝体所覆盖而软腐，并逐渐向上蔓延至菇盖，病菇梢加触动即倒下，主要为害蘑菇，也为害平菇。病菌长期存活于有机质丰富的土壤中，病菌孢子随覆土进入菇房，通过气流、水滴、人体传播。低温（低于 8℃ 以下的温度）高湿的条件有于该病的发生，一旦发生传播速度较快。

（3）防治方法 常用：①消毒好覆土：用 70℃ 热蒸汽处理 3min 或加入总量的 0.5% 石灰粉拌匀后堆闷。②局部发生时应减少床面喷水，加强菇房通风，降低土表面和空气湿度。③发病初期，对霉菌进行处理，并及时清除感病子实体（集中处理），或 250～500g/m³ 覆土熏蒸杀菌。

（二）细菌病害

1. 细菌性褐斑病

（1）病原菌 蘑菇和平菇细菌性斑点病的病原菌为托拉斯假单胞杆菌（*Pseudo-*

monas tollasii paine），而金针菇细菌性褐斑病的病原菌为假单胞杆菌属（*Pseudomona ssp.*）。

（2）为害症状　病菌一般只侵染子实体的表面组织，不深入菌肉。子实体被感染初期，菌盖表面出现小的黄色或苍褐色变色区，后变成暗褐色的凹陷病斑，病斑圆形或不规则形，在潮湿条件下，病斑表面有一薄层菌脓，发出臭味。

（3）防治方法　①保持菇场的清洁卫生，菇房、床架、用具等使用前要用2%的漂白粉或五氯酚钠等彻底消毒，菇房门窗要安装纱窗，防虫控病；②熟料栽培时要灭菌彻底，发酵料栽培要充分发酵，腐熟均匀，栽培用的覆土要用甲醛熏蒸消毒；③控制子实体出菇期温度，金针菇控制在15℃以下，平菇控制在18℃以下，且菇房内温度波动不宜过大，防止水膜产生；④生产用水要用清洁水源，最好用漂白粉杀菌，用药量为水量的0.015%～0.02%，菇房喷水后加大通风量，使菌部表面的水分迅速蒸发掉；⑤发现病菇后要及时摘除，再向料面喷洒5%石灰水澄清液，也可喷链霉素液或漂白粉液。

2. 干腐病

（1）病原菌　是一种假单胞杆菌（*Pseudomonas sp.*）。主要为害蘑菇，病菌沿着菌丝传播，土壤、气流、水滴、人体、害虫和工具也可传播此病菌。

（2）为害症状　感病子实体畸形，菌盖歪斜，菌柄基部稍膨大，生长几乎停滞，病菇不腐烂，而是逐渐萎缩、干枯、僵硬。纵向剖开菌柄，可见一条条纵向的暗褐色组织。

（3）防治方法　发病菌床上，要采取隔离措施，切断病区与非病区之间菌丝的连接，并浇2%漂白粉液用薄膜盖严，以防病菌传播。

（三）病毒病害

病毒病在食用菌中发生不太多，但也为害蘑菇、香菇、平菇、银耳等食用菌。病毒感染后培养料中的菌丝会退化，子实体畸形，品质下降，产量降低，甚至绝收。

1. 蘑菇病毒病

（1）症状　蘑菇出菇期，表现为床面不出菇或出现畸形菇，如菌柄与菌盖生长的比例失调，菌盖干褐变小，菌柄细长而成为"高脚菇"；或菌柄肿胀呈球形不形成菌盖的"孢状菇"或称"地雷菇"；或菌盖小、菌柄上粗下细的"钉头菇"；或菌盖小、菌柄长并向一边歪斜生长的"歪斜菇"；或菌盖薄而平展的"早开伞菇"；或子实体僵缩不长大的"僵菇"；或菇蕾出现不久便死亡；或表现为菌柄水渍状等，这些均是由于病毒侵染而引起的。

（2）防治方法　①选用无病毒感染的菌种；②及时采收，在蘑菇子实体的菌膜未破裂和未开伞前采收；③选用抗病菌株，一般白色或灰白色品种均表现感病；④菇房使用前用5%甲醛溶液消毒处理。

2. 平菇病毒病

（1）症状　平菇子实体菌柄肿大成近球形或烧杯状，无菌盖或菌盖较小；菌柄弯曲，表面凹凸不平或有瘤状突起，菌盖呈波浪形；菌盖和菌柄上出现明显的水渍状条纹或条斑，是平菇病毒病。菇床料面感染此菌后变为黑褐色，造成不出菇。

（2）防治方法　①搞好菇房周围的环境卫生，并做好消毒工作；②选用无病毒的菌种，避免菌种带毒；③床栽或畦栽时，播种后要用塑料薄膜覆盖床面，以防带病毒的平菇孢子落入床面；④及时防治菇蚊、菇蝇，以防传染病毒；⑤发现病菇及时摘除，并小心用报纸包住菇体（防止带病毒的平菇孢子漂浮传播），带入菇房处理；⑥生产结束后要及时清理废料，消毒菇场。

三、非病原病害

非病原病害，也称生理性病害。这类病不会传染的，如子实体畸形，菇体水渍斑，高温烧蕾或死菇都属于这种类型。

（一）菌丝生长期的非病原病害

1. 菌丝徒长

（1）症状　食用菌床上长出密密一层白色气生菌丝，菌丝持续生长，在料面上形成厚厚的菌皮，难于形成子实体。

（2）主要原因　①由于培养室内通风不良，二氧化碳浓度积累过高；②培养基或培养料内含水量过高和培养室的空气湿度过大；③栽培的品种与生产季节不匹配，如高温型的品种在低温季节栽培或低温型的品种在高温季节栽培；④培养料的氮素营养过高，碳氮比失调；⑤菌丝不能完成生理成熟，未进入转化期。

（3）防治方法　①科学设计培养基料的配方，使培养基的营养全面、均衡；②菌种接种时连同培养基质一起接入下级菌种内；③加强培养室的通风换气，控制适宜的空气湿度；④当菌丝达到生理成熟时，要调节培养条件，使之转入生殖生长。

2. 颉颃线

（1）症状　食用菌菌袋内的菌丝不发展，菌丝积聚，由白变黄，形成一条明显的黄色菌丝线，有的是菌丝连结处形成一道明显凸起的菌丝线条。

（2）主要原因　①菌袋两头接入了两个互不融合的菌种；②培养料的含水量过高，菌丝不能向高含水量的料内渗入。

（3）防治方法　①接种时不能将两个或两个以上的菌种接种到同一菌袋内；②培养料的含水量要适宜。

3. 菌丝稀疏

（1）症状　食用菌菌丝表面稀疏、纤细、无力、长速非常慢，在排除细菌污染的前提下，是菌丝稀疏。

（2）主要原因　①培养基料的 pH 值不适宜，过高或过低；②菌种感染病毒；③菌种退化；④培养基料的配方设计不合理，营养不均衡或过低；⑤培养料的含水量过低，菌丝无法正常生长；⑥培养室的温度过高、湿度过大。

（3）防治方法　①选用适龄脱毒的菌种；②培养料的含水量要适宜，料水比在1：（1.3～1.5）；③科学合理设计培养料的配方，保持营养的均衡、全面；④控制好培养室的温湿度，若温度超过 35℃、空气的相对湿度超过 100% 时，菌丝则明显纤细、稀疏。

4. 菌丝不吃料

（1）症状　食用菌菌袋内表面菌丝浓密、洁白，不能预期出菇，开料后发现菌丝只深入料表下 3~5cm，并形成一道明显"断线"，未发菌的基料变为黑褐色，有腐味，夏季栽培食用菌较易发生。

（2）主要原因　①培养料配方不合理，原料中含有不良物质；②菌种退化或老化；③培养料的含水量过高。

（3）防治方法　①选用适龄脱毒的菌种；②培养料的含水量要适宜；③科学合理设计培养料的配方，保持营养的均衡、全面，避免使用过多的催长素。

5. 菌丝松散

（1）症状　食用菌菌袋内菌丝稀疏、纤细、不结块，菌丝无力。

（2）主要原因　①培养料配方不合理，缺少一些微量元素；②菌种退化或老化；③培养料的含水量过低；④培养料装料时过松；⑤发菌期间培养室的温度过高。

（3）防治方法　①选用适龄、脱毒的菌种；②科学设计配方，培养料的含水量控制在 63%~65%；③培养料内加入食用菌三维营养精素，可调节培养料的营养平衡；④培养料拌好后要及时装袋，防止失水；⑤发菌期间根据栽培品种特性调节好培养室的适宜温度，避免出现高温。

6. 退菌

（1）症状　食用菌菌袋内菌丝开始生长正常，当菌丝该进入生殖生长时或出完一潮菇后，菌丝逐渐消失，是退菌。

（2）主要原因　①培养料含水量过高，出现闷热、水大，菌丝自溶。②菌种退化，抗性减弱，无法适宜培养时高温。

（3）防治方法　①选用适龄、脱毒的菌种；②科学设计配方，培养料的含水量控制在 63%~65%；③培养料内加入食用菌三维营养精素，可调节培养料的营养平衡；④培养料拌好后要及时装袋，防止失水；⑤发菌期间根据栽培品种特性调节好培养室的适宜温度，避免出现高温。

（二）子实体生长期的非病原病害

1. 灵芝芝片相连

（1）症状　灵芝子实体两个芝片相互连在一起，不能形成菌管，致灵芝连体，降低商品价值。

（2）主要原因　子实体菌蕾密度过大，当子实体长大，相近的子实体相互连接，缠绕在一起，从而形成连体芝。

（3）防治方法　①子实体原基形成后要及时疏蕾，使相邻子实体之间有足够的生长空间；②出芝袋摆放，相邻 3 袋呈"品"字型为宜，并相邻袋子实体间有一定的高度差；③一旦发现菌袋间有芝体可能相连时，要及早分开，避免子实体接触、相连。

2. 金针菇出菇稀疏

（1）症状　金针菇原基密密麻麻，有效菇稀稀拉拉。

（2）主要原因　金针菇发育不同步所致，为了抑制开伞，片面提高二氧化碳浓度，过早地将菌袋翻折下的塑料薄膜拉起，或过早进行套袋，使大部分菇蕾因得不到足够的氧气供应而窒息。

（3）防治方法　①在抑制阶段要加大室内通风，让长得高的菇蕾发白；②春夏秋冬，雨天要加大室内空气循环量，相对湿度保持 80%～85%，宜采用竖直往复式升降扇，确保栽培架每一层空气均能充分流动。

3. 草菇幼菇死亡

（1）**症状**　在草菇生产过程中，经常见到成片的小菇萎蔫死亡。

（2）**主要原因**　①通气不畅，料堆中的二氧化碳过多而导致缺氧，小菇难以正常长大而萎蔫；②建堆播种时水分不足或采菇后没有及时补水，导致小菇萎蔫；③温度骤变，盛夏季节持续高温致使小菇成批死亡；④环境偏酸，当酸碱度在 pH 值 6 以下虽可结蕾，但难长成菇；⑤水温不适，喷 20℃左右的井水或喷被阳光直射达 40℃以上的地面水，到第 2 天小菇会全部萎蔫死亡。

（3）**防治方法**　①加强通风换气，播种 1～4 天内，每天通风半小时，随着菌丝量的增大和针头菇的出现，要适当增大通气量；②堆料播种时要大水保湿，播种 4 天后要喷水促使结蕾，头茬菇结束后补充水分；③盛夏酷暑要选择阴凉场地堆料栽培，料上加盖草被并多喷水，堆上方须搭棚遮阴；④采完头潮菇后可喷 1% 石灰水或 5% 草木灰水，以保持料堆的酸碱度在 pH 值 8 左右；⑤菇房喷水要在早晚进行，水温 30℃左右为好。

4. 平菇菌盖翻卷

（1）**症状**　子实体菌盖翻卷，菌褶在外，整丛菇只能看到一个满是菌褶的“菌球”，严重降低商品价值。

（2）**主要原因**　①子实体发育过程中喷洒了敌敌畏等药物或是吸入敌敌畏的气味。②培养料中加入了某些不明成分化学物质，使子实体中毒。③菌株温度类型与栽培季节不配。

（3）**防治方法**　①菌袋入棚后禁止使用敌敌畏、敌百虫等农药；②培养料中加不使用不明成分化学物质；③根据当地的气候条件，确定生产季节，正确选用菌株。

5. 香菇瘤盖菇

（1）**症状**　香菇子实体菌盖表面着生圆形凸瘤或条块状凸起，严重影响商品价值。

（2）**主要原因**　①选择菌种不当，在低温季节选用了中温或高温菌株。②菇棚保温不足，高温菌株在 10℃左右出菇。

（3）**防治方法**　①根据当地气候条件选择适合当地栽培的菌株。②栽培高温菌株时注意菇棚的保温工作，使香菇子实体处于适宜的温度条件下出菇。

6. 杏鲍菇袋膜内出菇

（1）**症状**　杏鲍菇子实体不向袋口方向发生，而在菌袋中间的袋膜内发生，即使人为剖开袋膜，也不能长出符合标准的子实体，子实体大部分为畸形，出现杏鲍菇边壁菇，致产量和品质下降。

（2）**主要原因**　一是在菌丝的后熟培养阶段，不移动的菌袋顶层菌丝接受了来自同一个方向的过多光照刺激，导致顶层子实体的发生；二是在后熟培养结束前后，菌袋口过早打开，出菇料面失水过多、干缩，形成菌皮，使菇蕾发生困难；三是在后熟培养结束前后，过早将菌袋口打开，菇房适宜的环境条件，使袋口处产生大量的气生菌丝，形成菌皮，很难发生菇蕾。

（3）**防治方法**　①菌丝后熟阶段要进行避光培养，并经常将上下层菌袋调换培养；

②在出菇管理阶段，当菌袋表面发生子实体原基时再打开袋口。

第二节 食用菌害虫及防治

一、眼菌蚊（*Sciarids* sp.）

又称洒眼菌蚊或小黑蚊子，幼虫称之白蛆，属双翅目，蚊类昆虫。

（一）形态特征

成虫、体小，长 2~3mm，褐色或灰褐色，有一对膜质前翅和一对特化为平衡的后翅，复眼发达，顶部尖，在头顶延伸并左右相接，形成眼桥，触角丝状，16 节，雌虫腹末尖细，雄虫外生殖器呈一对铗状。卵圆形，白色透明至乳白色，单生或成堆生，产于低洼潮湿处。幼虫，细长 6~7mm，白色透明至乳白色，头黑色，骨质化，咀嚼式口器发达。蛹，黄褐色裸蛹（图 7-7）。

（二）发生及为害

眼菌蚊生活史由卵到幼虫，蛹，成虫，成虫雌雄交配，繁殖了第 2 代，适宜生长温度为 20℃，温度 25~30℃，繁殖 1 代为 17 天左右，10℃ 以下活动能力下降，幼虫停食不活动。成虫活泼善飞，有趋光性。对蘑菇、平菇、金针菇有很强趋性。以幼虫和成虫为害食用菌，可取食培养料，为害发菌；也可直接取食菌丝，切断幼菇与菌丝间的联系，幼菇枯萎死亡；还可取食子实体，同时在为害时携带病菌孢子及螨类进行传播，造成间接为害。

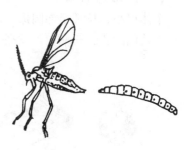

图 7-7 尖眼菇蚊
（仿常明昌，1998）

（三）防治方法

1. 搞好卫生

重要环节和根本措施是清洁卫生，彻底消除出菇场地垃圾、粪肥及上年废弃的培养料，铲除虫害孳生地，尤其是虫菇、烂菇，菇根不要堆积在菇房内外任虫发生，要及时销毁或深埋。防止成虫羽化。

2. 预防杀虫

在生产前或菌袋开袋前，菇房或培养室用 50% 敌敌畏熏蒸，用量 0.5ml/m³，菇房四周用 80% 敌敌畏，1:800 倍液喷施。做好菇房与外界的隔离，防止成虫进菇房。

3. 出菇期防治

出菇期防治要考虑药剂对菇体的影响，一般都采用 25% 菊乐酯 2 000 倍液喷施，或利用眼菌蚊的趋光性，采用灯光诱杀。

二、蚤蝇

（一）形态特征

又称粪蝇和菇蝇。成虫体长 1.07~1.1mm，翅展 1.8~2.3mm，小蝇状，淡黄、淡褐或橘红色。幼虫蛆形，体长2.9mm左右，头尖，无足，常为淡黄或白色。

（二）发生及为害

幼虫又称菌蛆，主要取食子实体造成孔洞而影响品质，且造成的伤口还很易被病菌感染而腐烂，也取食菌丝和培养料，使菌丝衰退。

（三）防治方法

主要采取：①蚤蝇的防治在不同时期应采用不同方法。出菇前有菌蛆大量发生，可用敌敌畏按0.90kg/100m²的量进行熏蒸，同时在每个培养块上再喷0.15kg的1%氯化钾或氯化钠溶液（可用5%食盐水代替）；出菇后有菌蛆为害可喷鱼藤精、除虫菌酯、烟碱等低毒农药。②菇房的通风口及门窗要安装防虫飞入的纱窗。此外，还应加强通风，调节棚内温湿度来恶化害虫生存环境，达到防治其为害的目的。

三、螨类

（一）形态特征

个体很小，长圆至椭圆形，蒲螨咖啡色，行动缓慢，多在料面或土粒聚集成团，似一层土黄色的粉；粉螨白色发亮，体壁有若干长毛，单独行动（图7-9）。

图7-8 蚤蝇

（仿常明昌，1998）

图7-9 螨

1. 腹面 2. 背面

（仿常明昌，1998）

（二）发生及为害

主要取食菌丝和子实体，菌丝被取食后出现枯萎、衰退，为害严重时可将菌丝吃光，培养料变黑腐烂。子实体被咬食后，表面出现不规则的褐色凹陷斑点。害螨主要是通过培养料和昆虫带入菇房。

（三）防治方法

主要采用：①防治时首先应杜绝虫源侵入菇棚，因其主要来源于仓库、饲料间的各种饲料里，所以利用仓库、鸡舍等作为养菌室时要彻底消毒，并用石灰刷墙，使用前再用敌敌畏熏蒸1次；②培养室、菇房在每间次使用前都要进行消毒杀虫处理；③发菌期间出现螨虫，可喷洒锐劲特、菇净等；出菇期间可用毒饵诱杀；④防治菌种带螨。

四、线虫

（一）形态特征

线虫是一种无色的小蠕虫，体形极小，仅1mm左右。如线状，两端稍尖（图7-

10)。

（二）发生及为害

幼虫侵害菌丝体和子实体，开始时菌盖变黑，以后整个子实体全变黑腐烂并有霉臭味。线虫的为害常伴随着蚊、蝇、螨等害虫的同时发生。

（三）防治方法

常用：①及时清除菇房的残菇、废料，使用前对菇房进行全面消毒杀虫处理。②对培养料进行高温堆积发酵。③做好蚊、蝇、螨等害虫的防治工作。④培养料发生线虫时可用1.8%集琦虫螨克乳油5ml喷洒。

五、跳虫

（一）形态特征

又名烟灰虫。成虫灰色或紫色，体长1～2mm，无翅。具有灵活的尾部，弹跳自如，体具蜡质，不怕水（图7-11）。

图7-10 线虫
（仿常明昌，1998）

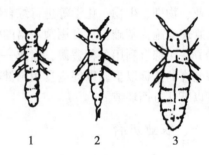

1　　　　2　　　　3

图7-11 跳虫
1. 幼虫　2. 雌成虫　3. 雄成虫
（仿常明昌，1998）

（二）发生及为害

常分布在菇床表面或潮湿的阴暗处咬食子实体，咬食菌柄，菌柄形成小洞，咬食菌盖，菌盖出现不规则的凹点或孔道。一般群集为害，当菌盖上虫口密度高时，则呈现烟灰状。

（三）防治方法

出菇前发生可用1：1 000倍液的敌敌畏加少量蜜糖诱杀，或用亚砷酸制剂，或有机磷制剂涂于甘薯片上进行诱杀。出菇后一般不能直接使用农药，此时可利用新鲜橘皮0.25～0.50kg切成碎片，用纱布包好榨取汁液，再加入0.50kg温水之后用1：20的比例喷施2～3次，防跳虫有效率达90%以上。

六、蛞蝓

（一）形态特征

俗称鼻涕虫，系软体动物，身体裸露，无外壳，暗灰色或灰红色，有的体壁有明显的暗带或斑点，触角2对，黑色（图7-12）。

图 7－12　蛞蝓

（仿常明昌，1998）

（二）发生及为害

其畏光怕热，白天躲在砖、石块下面及土缝中，黄昏后陆续出来取食为害，天亮前又躲起来，喜栖息在阴暗潮湿处。

（三）防治方法

米糠或豆饼加入2%砷酸钙或砷酸铝制成毒饵诱杀，也可用15～20倍氯化钠溶液地面喷洒驱除成虫。晚上21～22时是它们集中活动时期，这时可进行人工捕捉。

第三节　食用菌病虫害综合防治

食用菌病虫害较多，生产中应遵循以农业防治为主，药剂防治为辅的防治方针，利用农业、物理、生物、化学等进行综合防治，在防治策略上以选用抗病虫品种，合理的栽培管理措施为基础，从食用菌栽培的整体布局出发，选择一些经济有效，切实可行的防治方法，综合利用各种资源，建成一个较完整的有机的防治体系，把为害损失降低在经济允许的指标以下，以促进食用菌健壮生长，高产优质。食用菌病虫害的综合防治应做好以下几方面环节。

一、农业防治

（一）菌种质量

选用优良菌种，把好菌种质量关。对自行分离的菌种，要从多方面进行观察，并要试种，看其经济性状表现。对于引种，应按照质量标准挑选。在制种过程中，要经常检查和挑选，一旦发现污染，立即淘汰，确保菌种纯度，对于生产的菌种，要在最佳菌龄期使用，以防老化，并控制传代次数。

（二）清理场地

在选到适合要求的场地后，对场内外的枯枝、烂叶、杂草、腐朽树木等清除烧掉。收菇时要及时清除被病虫侵染严重的出菇袋和菇棚内的残菇、烂菇等。使用以前的场地要严格消毒，以减少病虫源。

（三）轮作

同一品种和同一大棚，不宜周年栽培，宜轮作不易感染同种类病虫的品种。例如，金针菇棚不宜接茬栽培双孢蘑菇，防止螨虫和菇蚊延续性繁殖。

（四）科学管理

根据食用菌的特性进行科学管理，创造适宜的温度、湿度及良好的通风条件，使环境条件更有利食用菌生长发育，从而达到对病虫害的抑制。

（五）精心管理

食用菌生产中要勤检查，精心管理。一旦发现病虫为害，应采取措施，将病虫为害扼杀在萌芽状态，控制发展与蔓延。

二、物理防治

主要包括光诱杀、高温、光照、水诱杀、饵料诱杀螨虫、人工捕捉等方法。例如，菌蚊等害虫具有趋光性，可利用黑光灯或普通白炽灯诱集并在灯下安置盛有敌敌畏药液的盆进行诱杀；浙江省施金驰新发明的"食用菌专用杀虫灯"，则能够产生特殊的光波，利用飞虫的趋光性，吸引菌蚊、菌蝇"自投罗网"，以此来消除食用菌培殖过程中的虫害问题。堆制发酵产生的高温可以杀死大量病菌及害虫，包括线虫。发生蚊类的菌袋日光下曝晒 1～2h 或撒石灰粉，能大大降低虫口密度。在菌床上撒布炒熟的菜籽饼粉，可诱集螨类集中杀灭。生产中若发现个体较大的害虫可用人工方法捕捉，例如，鳞翅目幼虫、蛞蝓、蜗牛、步行虫等。

三、生物防治

采用生物防治从理论上讲是最理想的，由于无环境污染，无残毒、若食用菌生产场所范围较小，容易控制，有利于生物防治技术的应用与推广。但由于食用菌生产周期短、困难较大。目前，已有用农用抗菌素防治细菌性病毒，应用各类增产素、专用肥提高食用菌的抗病性、产量和品质；也有用捕食性动物、寄生生物等防控食用菌病虫，例如，几种捕食性螨、捕食类线虫、尖眼菌蚊、真菌瘿蚊等；苏云金杆菌防治鳞翅目、双翅目等害虫。因此，在未来的食用菌病虫害防治中有广泛的应用前景。

四、化学防治

在食用菌生产中，不提倡用化学药剂防治病虫害，用药剂防治病虫是一种应急措施。由于食用菌生长周期短，子实体缺乏防护，容易受到污染侵害；大量喷施化学农药，可造成菌丝生长缓慢、子实体畸形、农药残留超标等问题，使用化学农药时一定要慎重挑选毒性低、残留少、影响小的农药使用。陆晓民等研究认为，高效氯氰菊酯杀虫效果好、为害小，且对子实体生长无不良影响。因此，菊酯类药剂在食用菌生产中被广泛应用。

2000 年以后，许多新型农药被应用到食用菌生产上。例如，吡虫啉、农药烟剂、菇净等。

思考题：

1. 常见的杂菌、病害有哪些？如何防治？
2. 常见的虫害有哪些？如何防治？

第四篇

实践技能

第八章　食用菌实验技术

第一节　食用菌形态

实验一　食用菌子实体形态结构观察

一、目的和要求

掌握观察食用菌子实体形态结构的基本方法，并观察其形态结构。

二、基本原理

食用菌是由菌丝（菌丝体）和子实体两部分组成，其中子实体的许多重要特征用肉眼或放大镜就可以直接观察到，这些特征总称为宏观特征。食用菌的形状千差万别，有伞状、舌状、头状、笔状、匙状、球状、花状或灌木丛枝状等。其中伞菌的种类虽然都具有菌盖和菌柄，有些还具有菌环或菌托，但是它们各自的形状和色泽（包括外部和内部）以及相互关系也有一定的差异。甚至同一种伞菌的形态和结构在不同发育阶段也有明显的差别。至于其他不同分类地位的食用菌其形态结构实际上也都不尽相同。由此可见，从分类学角度来讲，所有食用菌的宏观特征都是对它们自身进行分类鉴定的重要依据之一。

三、材料和器具

（一）食用菌子实体新鲜标本

1. 蘑菇 *Agaricus bisporus*；2. 香菇 *Lentinus edodes*；3. 糙皮侧耳 *Pleurotus ostreatus*；4. 金针菇 *Collybia velutipes*；5. 草菇 *Volvariella volvaceae*；6. 银耳 *Tremella fuciformis*；7. 木耳 *Auricularia auricula*；8. 猴头 *Hericium erinoceum*。

（二）器具

1. 放大镜、解剖刀、镊子、固定板、小瓷盘（20cm×30cm）。

2. 游标卡尺、直尺、绘图铅笔、实验报告纸和表格。

四、操作与观察

（一）伞菌形态和结构

1. 清除伞菌标本基部杂质，再将其插在固定板的钉子上或放在小瓷盘内，然后观察它们各部分形状和色泽，被覆层有无，外表面质地等情况。

2. 用游标卡尺或直尺分别测量它们的菌盖直径、厚度；菌柄直径、长度；菌环宽窄、着生位置，菌托大小等。

3. 由菌柄基部中央用解剖刀沿中轴线向上纵剖到菌盖顶部，以手顺势掰开成两半，再观察剖开的子实体内部结构及相互关系；菌盖结构、形状、大小、色泽；菌褶褶片形状、大小、色泽、排列；菌褶和菌柄的关系；菌柄内部质地等。

（二）耳类形态和结构

1. 银耳和木耳子实体（如干耳需经过水发后使用）清洗干净后，放在小瓷盘中，分别观察它们的外部形态和结构，耳片形状、数量和质地，耳根形状、质地和色泽。

2. 用游标卡尺或直尺度量子实体大小、耳片厚度和大小、耳根粗细和长度等。

3. 注意耳片背面和腹面情况（如皱折或光滑等）；耳片上子实层着生位置以及茸毛或刚毛被覆情况；耳片着生或排列方式。

（三）猴头形态和结构

1. 观察小瓷盘中新鲜猴头子实体的形状和色泽；菌刺形状、数量和排列；菌蒂的形状和色泽。

2. 度量猴头的大小；菌刺的直径和长度；菌蒂的宽度和长度。

3. 用解剖刀沿菌蒂中部位置向上剖开，观察其内部形态和结构。

五、作业与思考题

（一）绘图并填表

1. 绘图并说明各种食用菌子实体的形态和结构。

2. 将度量得到的各种食用菌子实体外部和内部的有关大小尺寸填入相关表内。

（二）问题

1. 列出几种伞菌中各自的菌褶和菌柄的关系。

2. 银耳和木耳的区别有哪些？

3. 猴头子实体外有无菌皮？菌肉是什么颜色？

实验二　食用菌子实体显微结构观察

一、目的和要求

掌握食用菌子实体的徒手切片方法，并观察其显微结构。

二、基本原理

食用菌子实体的许多结构必须借助于光学显微镜才能观察到，这种结构就称为显微结构，属于显微结构部分的有孢子、担子、子囊及囊状体等。而不同食用菌子实体各自显微结构的形态、大小和数量却存在一定差别，所有这些子实体的特征也称微观特征。一种食用菌子实体的微观特征同样也是分类的主要依据之一。

三、材料和器具

（一）食用菌子实体新鲜标本及其孢子印

1. 蘑菇；2. 香菇；3. 糙皮侧耳；4. 金针菇。

（二）器具

1. 盖玻片、载玻片、玻片镊、接种针、小剪、单面刀片、培养皿（直径6cm）、培养皿（直径9cm，内盛蒸馏水）、吸水纸等。

2. 冰箱、显微镜。

3. 阿拉伯胶、石炭酸复红。

4. 绘图铅笔，实验报告纸。

四、操作与观察

（一）担孢子和子囊孢子

1. 取片

取一片盖玻片，用接种针蘸一下孢子印，让孢子抖散一些在盖玻片上（子囊菌则可取其成熟子实体，如羊肚菌可用小剪轻敲子实体，使其表面凹陷的子实层中的子囊孢子散落在洁净的盖玻片上），在载玻片上滴一滴阿拉伯胶，再将盖玻片有孢子的一面盖在胶上，于30℃下干燥。

2. 观察

用显微镜观察时先用低倍镜观察孢子的形状及大小，再转换高倍镜观察孢子的表面特征。

（二）担子、子囊及囊状体

1. 切片

取新鲜子实体菌褶部位组织一小块，放纸片上，再移入小培养皿中，放于冰箱冷冻室内冷冻约10min。取出后用一手压住标本，另一手用单面刀片对标本进行切片（宜用臂力切片），可得到厚薄较一致的切片，片厚以50μm左右为宜。将切片放入盛有蒸馏水的培养皿内。

2. 染色

取石炭酸复红染色液1滴，滴于载玻片的中间，用镊子从培养皿中小心挑取薄而均匀的切片放入染色液滴中展开，盖上盖玻片，静置1~2min。

3. 观察

先用显微镜的低倍镜观察褶片上的担子（例如，用羊肚菌或林地碗等子囊菌的子实层做的切片，可以观察其子囊）和囊状体的形态后，再转换高倍镜观察它们的内部结构特征等（例如，担子顶端的担孢子小梗、担子上的横隔或纵隔有无；子囊和子囊孢子的数目及形态；囊状体的结构和表面特征及排列）和菌褶髓层组织（例如，菌褶中的髓部菌丝的排列方式：平整型、羽脉状型、倒羽脉状型和混杂型4种完全不同的类型）及菌肉的菌丝组织（一种是菌丝呈泡囊状的泡囊组织，如红菇科的食用菌；另一种是菌丝呈丝状的丝状菌丝组织，如平菇、香菇和蘑菇等）。

五、作业与思考题

绘图并说明所观察到的担子菌和子囊菌显微结构的各部分情况。

实验三　伞菌菌丝体制片和显微观察

一、目的和要求

掌握伞菌菌丝体制片方法，观察担子菌菌丝中的双核细胞和锁状联合的形态及其发生规律。

二、基本原理

多数担子菌（如平菇、香菇、金针菇、木耳等）的菌丝细胞在经过短暂的单核期后，很快又用异宗结合的方式质配形成双核菌丝，在双核菌丝的顶端细胞上常常会发生锁状联合（此时的双核菌丝细胞中的两个核也同步分裂成 4 个核），经过这种锁状联合的分裂形式，一个双核菌丝细胞就增殖为两个双核菌丝细胞。由于担子菌的菌丝不少具有一定的爬壁性，所以能用制取生长的活标本片来对菌丝中的双核细胞和锁状联合现象进行观察。

三、材料和器具

（一）食用菌母种试管

1. 糙皮侧耳；2. 香菇。

（二）器具

1. 无菌滴瓶（内装经过灭菌的 PDA 培养基约 20ml）、无菌的洁净载玻片（外有几层纸包裹）、9cm 培养皿（内垫湿纱布，上放置一根"U"形玻棒）、无菌镊子。

2. 接种箱和接种工具。

3. 恒温培养箱。

4. 盖玻片、玻片镊、加拿大树胶。

5. 3% 铁矾溶液、1% 苏木精溶液（配好 1 个月以上）、70% 酒精、苦味酸固定液。

6. 显微镜、绘图铅笔、实验报告纸。

四、操作与观察

（一）长菌丝的活标本片制作

1. 涂片

在接种箱内无菌操作取出纸包的载玻片，取滴瓶中的培养基 1 滴，滴于载玻片中间，斜倾使其展开在载玻片上铺成一薄层。

2. 接种

用接种工具从母种试管中切取绿豆大小一块菌块，迅速移至载玻片上培养基薄层的边缘，再将接上种的载玻片放入培养皿的"U"形棒上，盖好上皿。

3. 培养

将装入载玻片的保湿培养皿置于恒温培养箱内，25～28℃培养。待菌丝刚生长到0.5～1.0cm时，停止培养，取出后用镊子轻轻剔除菌块（不可带掉载玻片基质上的菌丝）。

（二）菌丝载玻片染色

1. 固定

往长有菌丝的载玻片中间滴1滴苦味酸固定液，数分钟后用70％酒精洗净。

2. 媒染

将已固定的载玻片浸入铁矾溶液中24h。

3. 染色

自铁矾溶液的媒染缸中取出载玻片，用水冲洗后再放入苏木精染色缸中浸24h。

4. 分色

从苏木精染色缸中取出载玻片用水冲洗，然后再放入新鲜铁矾溶液的缸中，以消退原生质的颜色，并不时取出用水冲洗，同时置显微镜下观察直至细胞核为黑色，原生质变为灰色为止。分色完毕后，水冲、晾干。

5. 封片

用加拿大树胶加盖盖玻片制成永久性封片。

（三）观察

1. 低倍镜观察

先用低倍镜观察，可看到菌丝双核细胞形态和锁状联合现象的图像。

2. 高倍镜观察

再转换高倍镜观察，就可以清晰地看到双核细胞的形态和锁状联合现象及发生情况。

五、作业与思考题

描绘担子菌菌丝双核细胞形态和锁状联合的情况。

实验四　伞菌孢子印形态的观察

一、目的和要求

掌握伞菌孢子印的制作方法并对其进行观察。

二、基本原理

孢子印是伞菌成熟后的菌盖扣在纸上，其担孢子散落在纸上的印痕（又称孢子堆）。颜色有白色、粉红色、奶黄色、锈色、褐色、黑色等，它们是伞菌分类的重要依据。由源自于紧密排列在褶片两侧的担子，因此，孢子印的形态也能表现出该菌菌盖的形状和大小；菌柄着生位置（中生、侧生、偏生）；菌褶的形状和排列；褶片的长度、厚薄和稀密，若是多孔菌如牛肝菌等，则菌管的孢子印为圆点状。这些也有助于对伞菌进行分类鉴定。

三、材料和器具

（一）几种即将成熟的新鲜伞菌子实体
1. 蘑菇；2. 金针菇；3. 香菇；4. 糙皮侧耳。
（二）器具
小烧杯（内盛少量清水）、白色和黑色或其他颜色的油光纸、解剖刀、直尺等。

四、操作与观察

（一）操作
用刀片将几种伞菌的菌柄齐盖缘切下，将油光纸放在烧杯口上，再把切去绝大部分菌柄的菌盖扣在纸上，置于25℃左右室温下培养24h，检查是否有孢子印形成，如有，即可取出。
（二）观察
观察孢子印的形状和颜色，并用直尺度量能反映该种伞菌的一些宏观特征（如菌盖的大小、菌褶褶片长度、厚薄、间距等）的尺寸，并注意菌柄着生位置，菌褶排列方式。

五、作业与思考题

将观察到的孢子印有关宏观特征和度量记录在附表中。

第二节 食用菌生理

实验一 伞菌菌丝生长速度测定

一、目的和要求

掌握食用菌菌丝生长速度的测定方法。

二、基本原理

食用菌菌丝在适宜的生态环境中吸收其所需的营养物质，经细胞体的代谢途径将一部分物质转化为自身的细胞结构成分，从而增加了个体的体积（随着细胞的分裂，菌丝也相应生长伸长或分枝扩展）。食用菌菌丝生长的速度不仅和种系的遗传特性有关，也和食用菌菌丝生长的生态环境优劣、所需营养物质的供应状况有关。因此，测定食用菌菌丝生长速度是有其一定意义的。食用菌菌丝生长速度的测定不同于单细胞微生物，这里是指菌丝体生长量的测定。所以，能通过测定菌丝的直线生长或菌丝的干重、菌丝的湿重等方法获得。这里仅介绍直线生长速度的测定。

三、材料和器具

（一）伞菌母种

1. 糙皮侧耳；2. 香菇。

（二）器具

1. 无菌滴瓶（内装经过灭菌的 PDA 培养基约 20ml）。无菌的载玻片（外用几层纸包着）、9cm 培养皿（内垫湿纱布，上放置一根"U"形棒）、无菌镊子。

2. 接种箱和接种环（直径为 4mm）。

3. 恒温培养箱。

4. 显微镜、目镜测微尺、镜台测微尺。

5. 坐标纸、直尺、绘图铅笔。

四、操作与测定

（一）培养生长菌丝的载玻片

1. 在接种箱内进行无菌操作，先把保温而呈熔化状态的培养基滴在无菌的载玻片上，趁热让其铺满载玻片约 2/3 的面积，厚度约为 1.5mm，待凝固。

2. 用硬质的接种环（直径为 4mm）接一环母种菌块于载玻片培养基涂面的一端，然后将其放入培养皿内的"U"形棒上，再盖好皿盖，用记号笔写上菌种名称和接种时间，置 25～28℃恒温箱内培养。经过 3 天，待菌块边缘长出新菌丝，即可用于显微镜测定。

（二）观察测定菌丝生长速度

1. 首先用镜台测微尺在显微镜上标定目镜测微尺，并计算出目镜测微尺上每一格的长度（单位为微米）。

2. 用无菌镊子从培养皿中取出长有菌丝的载玻片，放在擦净并消毒过的显微镜载物台上面。在菌落边缘选择单根菌丝的顶端在低倍镜下聚焦，然后将目镜测微尺与菌丝延伸方向平行，并选择菌丝开始出现分枝的部位与目镜测微尺上的一条刻度线重合，这个点即为"参照点"。

3. 每隔一定时间测量一次菌丝生长的长度，然后再放回平皿内置温箱中继续培养。观察数次后，以时间为横坐标，以生长的长度为纵坐标绘出一条生长曲线，并求出菌丝生长的速度（mm/天）。

五、作业与思考题

1. 用函数来表示这两种伞菌菌丝生长的速度变化（可以利用已绘出的菌丝生长曲线来计算）关系。

2. 测量菌丝生长速度为什么要选"参照点"？怎样才能不将"参照点"搞混乱？

实验二　伞菌菌落生长速度测定

一、目的和要求

掌握食用菌菌落生长速度的测定方法。

二、基本原理

食用菌菌丝在生长中除能呈直线延伸生长外，还能向四周长出也能延伸生长的分枝菌丝，这些分枝还能继续产生分枝。因此，通过对食用菌菌丝细胞的群体（菌落）生长速度的测定，就可以比较准确地了解食用菌菌丝在面上生长的速度。

三、材料和器具

（一）菌种

1. 香菇；2. 糙皮侧耳。

（二）器具

1. 制好的无菌 PDA 培养基平板。

2. 接种箱和接种环（一种直径 4mm 的不锈钢硬质接种环），记号笔。

3. 培养箱。

4. 直尺、圆规、坐标纸、绘图铅笔、计数器。

四、操作与测定

（一）接种并培养伞菌平板菌落

1. 在接种箱内按无菌操作的要求，将两种伞菌母种用接种环分别移接到两副空白 PDA 平板上，盖好皿盖，用记号笔写上菌种名称和接种时间，然后放入 25～28℃ 的温箱中培养。

2. 培养 3 天后，等到菌丝块上的菌丝已向菌块四周生长时，就开始每隔一定时间用圆规和直尺测量菌落的半径或直径，并及时记录在纸上。

3. 运用如下菌落生长扩增面积的计算公式：$S = \pi \cdot (r_n - r_{n-1})^2$，可以求得在某时刻菌落实际生长扩增的面积。

4. 以时间为横坐标，以菌落生长扩增的面积为纵坐标作曲线，这样就可以求得菌落生长扩增面积与时间的直线关系。

5. 在实际工作中，在研究某一种食用菌菌落的生长速度时，一种菌种必须设计 3 次以上的重复，再求得每一重复数据（s）后，最后再求它的几次重复数据的平均值（x），这样得到的试验结果方称得上准确而可靠。

① s 为菌落生长扩增的面积。

② π 为圆周率，可取小数点后面四位数。

③ r_n 为第 n 次测得的菌落半径。

④ r_{n-1} 为接种的菌种块半径或前 1 次测得的菌落半径。

（二）结果处理

计算实验中的食用菌菌落的生长速度，并用坐标纸描绘出菌落生长速度曲线，用来表示菌落生长扩增面积与时间的直线关系。

五、作业与思考题

测定菌落生长速度的注意事项。

实验三　食用菌菌种培养特征的识别

一、目的和要求

掌握识别食用菌菌种培养特征的基本原理和方法。

二、基本原理

食用菌同其他生物一样也是以"种"作为分类的基本单位，同时在"种"内也存在一定的变异，这是因为同一种生物有共同的物种起源和相同或十分相似的形态和生理属性，也即"种"内的这种变异性，使同一种生物个体之间必然出现一些差异。所以，选定一个保存得较好的纯培养体，并对其作详尽的培养特征描述是非常必要的。在食用菌科学研究和生产栽培中使用的菌种（尤其是母种及其原种）是属于保存得较好的食用菌纯培养体，这些食用菌菌种的培养特征不仅是分类的重要依据，也是用来作为识别菌种纯度和伪劣的重要手段。

三、材料和器具

（一）母种和原种

1. 双孢蘑菇；2. 香菇；3. 金针菇；4. 糙皮侧耳；5. 草菇；6. 银耳；7. 木耳；8. 猴头；9. 竹荪。

（二）器具

1. 扩大镜、记录表格纸、铅笔。

2. 染色液和染色器具（同本章第一节的实验三）。

3. 显微镜、小瓷盘、黑油光纸等。

四、操作与观察

（一）操作

1. 培养基不含色素的母种需放在铺黑纸的瓷盘内观察，而含色素的母种则可直接放在瓷盘内观察，不必衬黑纸。

2. 需要制片后观察的母种，可以先同时制片，待完成这一步后同时分别用显微镜进行观察（如属第一节实验三中已观察过的菌种，则可省略制片和观察）。

（二）观察

1. 参照后面食用菌营养阶段培养特征进行观察。

2. 将所观察到的实验菌种培养特征分别填在记录表中。

五、食用菌营养阶段培养特征

（一）母种类型（母种使用 PDA 培养基）

1. 双孢蘑菇

菌丝无锁状联合，初生菌丝纤细，常为多核，后产生分隔，成为双核细胞的次生菌丝，增粗并呈扇形生长，颜色灰白稍带微蓝、不透明，菌丝浓密、绒毛状、线状或匍匐状，后又发展为三次菌丝并高度分化成十分致密的菌丝组织，三次菌丝靠尖端生长，多次分枝，使菌丝连成网状的菌丝体——巨大的菌落，形成次生分生孢子和少数厚垣孢子，不形成或少形成小菇蕾或小子实体。

2. 平菇

菌丝有锁状联合，菇丝粗长浓密，雪白而不变色，沿管壁生长，布满管壁，在斜面顶端尤旺，原基较细长，常形成珊瑚状子实体或部分原基。

3. 香菇

菌丝有锁状联合，菌丝长而粗壮，密集、生长均匀，菌丝洁白，有时呈膜状（褐色菌被），质韧，并分泌酱色液体，出现白色、淡褐色原基或小子实体。

4. 金针菇

菌丝有锁状联合，菌丝初期生长很快，长而疏松，以后菌丝由白色变为淡黄色，常出现白色至淡黄色长柄的子实体。单核菌丝可以形成单核粉孢子，后又萌发成单核菌丝，并形成单核子实体，单核菌丝经质配后形成的双核菌丝可以形成单核粉孢子或断裂成节孢子。

5. 草菇

菌丝无锁状联合，菌丝稀疏，蛛丝状，淡黄透明有红褐色的厚垣孢子。不形成或极少形成小菇蕾或小子实体。有些草菇母种由多株透明细长的初生菌丝融合成次生菌丝后，菌丝增宽，分枝增加，生长快而茂盛，菌丝呈浅白色、半透明，气生菌丝旺盛，在较老龄的菌落上常形成疏松而纠缠的气生菌丝团，略带黄色，大多形成厚垣孢子。

6. 银耳

菌丝有锁状联合，气生菌丝白色，淡黄色或白至黄色的各种中间色，菌丝直立，斜立或呈绒球状平贴于培养基表面，基内菌丝生于培养基里面。银耳菌丝生长速度比一般食用菌缓慢。有时，培养基表面会出现缠绕的菌丝团，并逐渐胶质化，变成小原基，长成小耳片。当菌丝开始胶质化时，在其顶端可见有若干担子样膨大细胞——炼乳状"芽孢"菌落。

羽毛状菌丝（俗称"香灰"菌丝），菌丝无锁状联合，菌丝初无色，大量生长时白色。菌丝呈羽毛状——常有特别细长的主干和侧生的略呈"羽毛状"的分枝，老菌丝变淡黄色、淡棕色，培养基逐渐由淡褐色变为黑色或黑带绿色，并产生黑色子座"老香灰"。气生菌丝白至灰白色，细绒状，有黑色炭疤，分生孢子丛接近扫帚状，单个分生孢子近椭圆形，黄绿至草绿色，大小约 3~5μm。

7. 黑木耳

菌丝有锁状联合，但不甚明显，形似骨关节嵌合状，菌丝初期生长缓慢，纤细有分枝，粗细不匀，并有根状分枝。后期稍呈棕褐色，贴生于培养基表面，时有分生孢子，培养基呈淡黑色。

8. 猴头

菌丝有锁状联合，菌丝长，稀疏，时呈细索状，贴生于培养基表面，不变色或略变成浅棕色。健壮，良好的猴头母种，其气生菌丝非常旺盛，伸展到一定程度就互相扭结，将培养基包成块状（菌块）。培养基可转为浅棕色。

9. 竹荪（长裙竹荪）

菌丝有锁状联合现象，菌丝初期绒状、白色，逐渐发育成细线状，最后膨大成索状。气生菌丝细长而浓密，具有爬壁性，生长越快，气生菌丝也越多（仅需 20 天菌丝即长满试管）。初生菌丝细胞为单核、纤细，经质配后的双核菌丝（次生菌丝）粗壮，进而发育成组织化了的线状菌丝和菌索菌丝（三次菌丝）。竹荪菌丝经较长时间培养后由初期的白色变为粉红色，间有紫色。生长良好的竹荪菌种菌丝粗壮，呈束状，气生菌丝浓密而呈浅褐色。老化的菌种气生菌丝消失，自生黄水。

（二）原种类型（栽培种和原种一般基本相同或相似，故略去）

1. 蘑菇

菌丝白色、灰白色，时常微蓝色，菌丝较粗而密集（粪草培养料）。

2. 平菇

培养基中不出现大理石状的花纹，菌丝前后期生长速度一致。基内菌丝为白色，气生菌丝始终呈白色，旺盛、棉毛状，培养基表面常出现珊瑚状子实体，呈淡黄色（木屑米糠培养基）。

3. 香菇

培养基中不出现大理石状的花纹，基内菌丝白色，气生菌丝变色，见光后易形成棕褐色的菌皮，常有酱油色分泌物，并出现白色菌丝团或淡褐色原基或小子实体（木屑米糠培养基）。

4. 金针菇

培养基中不出现大理石状花纹，菌丝生长速度前后较一致，基内菌丝白色致密，气生菌丝不变色。气生菌丝会形成白粉状粉孢子和节孢子。常出现白色至淡黄色的针状子实体（木屑米糠培养基）。

5. 草菇

菌丝初期无色透明，密集时呈浅白色，后期转淡黄色，透明状，菌丝较细，肉眼可见瓶壁上的红褐色厚垣孢子堆（粪草培养料）。

6. 银耳

培养基中出现大理石状花纹，气生菌丝由灰白色变为黄褐色，有炭疤，并有羽毛状"香灰"菌丝、白毛团及耳片（或为耳基）（木屑米糠培养基）。

7. 黑木耳

培养基中不出现大理石状花纹，菌丝前期生长缓慢，后期加快，长得粗壮而密集，色泽洁白，上下一致，呈细羊毛状，初期无明显菌丝束，后期也不形成菌皮。菌丝进一步发育成星星小点，或成片或呈菊花状的淡褐色，或黑色的胶质团分布在瓶壁四周。菌丝长满瓶后，一般会出现米黄色色素，使培养基变成褐色，瓶口培养基表面同时会长出牛角状的耳芽（木屑米糠培养基）。

8. 猴头

菌丝健壮、洁白、有光泽，分枝浓密，生长整齐，有香味，菌块有弹性，菌丝长满培养基表面，颜色变黄（木屑米糠培养基）。

9. 竹荪（长裙竹荪）

培养基中不出现大理石状花纹，气生菌丝洁白、浓密，有一部分菌丝转为浅红褐色，菌丝发满瓶后，基内菌丝由绒状发育成线状或膨大的索状，培养基颜色转为棕黄色。瓶壁爬满线状和索状菌丝。

六、作业与思考题

试将几种食用菌菌种培养特征的观察识别结果用列表的方式做一比较。

第三节 食用菌生态

实验一 营养物质对食用菌生长发育的影响

一、目的和要求

1. 了解营养物质对食用菌生长发育的影响。
2. 学习并掌握用生长谱法测定食用菌对营养物质需求的技术和方法。

二、基本原理

自然环境或人工培养基中的营养物质：碳素、氮素、矿质元素和生长因子等对食用菌生长发育具有重大的作用。如果营养物质充足，食用菌就能正常生长，显得旺盛而健壮，如果缺乏其中的一种或几种，食用菌便停止生长，如果其中的一种或几种不适合，食用菌往往会延缓生长，甚至不生长。根据这一特性，可把食用菌的担孢子或其他繁殖体接种在只缺某种营养物质的培养基空白平板上，在一定温度下培养 18～24h，把所缺的营养物质点植于平板的小区中间，经适温培养，该营养物质便逐渐扩散于植点周围。涂于平板上的担孢子如果需要这种营养物质，只要担孢子萌发，便会在这种营养物质的扩散处生长繁殖，其他各处因缺所需的营养物质，使萌发的担孢子不能继续生长，或因营养物不适合，不易被吸收和利用，致使已萌发的担孢子生长极缓慢。食用菌繁殖之处使出现菌丝交叉构成的圆形菌落，此法也就是微生物学实验中所说的生长谱法。生长谱法既可以定性定量地测定各种营养物质对食用菌生长发育的影响，又可以定性定量地测定食用菌对各种营养物质的需要。在食用菌育种工作中，营养缺陷型的鉴定也可以采用这种方法。

三、材料和器具

（一）材料

1. 食用菌担孢子

新弹射又无污染，配成 1ml 移液管的 1 滴含 35～40 个担孢子的悬浮液。

（1）香菇 *Lentinus edodes*。

（2）平菇 *Pleurotus ostreatus*。

2. 培养基

（1）完全基础培养基　葡萄糖 2%，蛋白胨 2%，硫酸镁 0.05%，磷酸二氢钾 0.1%，硫酸亚铁 0.06%，硫酸锰 0.01%，氯化钙 0.005%，琼脂 2%。

（2）不完全基础培养基　①缺碳基础培养基；②缺氮基础培养基；③缺磷基础培养基；④缺硫基础培养基；⑤缺镁基础培养基；⑥缺钾基础培养基；⑦缺钙基础培养基。

3. 点植营养

（1）碳素营养　葡萄糖、蔗糖、麦芽糖、可溶性淀粉、羧甲基纤维素钠。

（2）氮素营养　蛋白胨、黄豆粉、尿素、硝酸钠、硫酸铵。

（3）生长因子　维生素 B_1、维生素 B_2、维生素 B_{12} 的纯粉剂、麸皮。

（二）器具

1. 直径 12cm 和 6cm 的无菌培养皿、1ml 和 0.5ml 的移液管。

2. 玻璃刮铲、接种针、酒精灯、75% 酒精棉球、接种箱等。

3. 记号笔、直尺、铅笔、报告纸等。

四、操作步骤（其中氮素营养培养省略）

（一）碳素营养培养

1. 取两副 12cm 的无菌培养皿，在皿底画 6 个等分区线（"米"字型），编号。将 20ml 热溶的无菌缺碳基础培养基倒入底皿内，盖上皿盖，使其冷却凝固。用 1ml 的无菌吸管取香菇担孢子悬浮液 1 滴，滴加在其中 1 副培养基平板上，以无菌玻璃刮铲轻轻涂开，使之铺满平板表面。另 1 副则接种平菇担孢子悬浮液（操作同香菇）。两副皿底各写上菌种名称和接种日期。后置 25℃恒温培养箱内培养 16～24h 取出，在皿底 5 个等分区上记上点植的各糖的标号，再按标号用无菌接种针点植各糖（即经灭菌的几种碳素营养），空白作对照。

2. 将点植了各糖的平板倒扣放进 25℃的恒温培养箱中培养 24h 后，取出，观察各糖周围有无圆形的菌丝菌落。

3. 将上述培养了 24h 的平板培养再点植等量的样品进行培养，隔 1 天再观察测定。

4. 比较在完全和缺碳基础培养基平板上的香菇和平菇菌丝的生长情况，将结果记录在报告纸上。

（二）矿质元素培养

矿质元素由大量元素（磷、钾、镁、钙和硫等元素）和微量元素（铁、铜、锌、锰、钴、钼和硼等元素）组成。其中微量元素一般每升培养基只需 0.001mg，而且这些金属元素在普通用水（河水、自来水等）中都有。因此，除了用蒸馏水配制的培养基外，一般不必另行添加，这里就不专门介绍有关的实验技术和方法了。矿质元素在食用菌细胞中的含量为 5%～10%（占干重），除了微量元素外，绝大多数是大量元素，它们基本上是以离子形式参与食用菌细胞内的各种代谢活动的，功能是多方面的，又是相互关联的（其中某些营养的生理作用及其代谢机制尚未摸清）。所以，也可用完全基础培养基培养食用菌担孢子，分别和几种各缺失某一大量元素的不完全基础培养基（各自缺失的大量元素均不相同），培养食用菌担孢子的实验，一一相比较来观察测定大量元素对食用菌生长发育的影响。

1. 取 12 副 6cm 的无菌培养皿，两副为 1 组，共 6 组。用记号笔在 6 组培养皿的皿底分别写上完全和 5 种不完全（缺磷、缺硫、缺钾、缺镁、缺钙）基础培养基的标志，然后向各组（两副）培养皿内倒入相对应的一种热溶的无菌培养基，盖好皿盖，让其静置冷却凝固。

2. 以上平板 6 副底皿外写上香菇菌种名称和接种日期，另 6 副则写上平菇菌种名称和接种的日期。用 0.5ml 的无菌吸管取香菇担孢子悬浮液（取前需摇振）往相对应的 6 副平板上各滴加半滴，随用 6 把无菌玻璃刮铲分别涂开，让其铺满平板表面（刮铲不可湿用），盖好皿盖。同样方法，向其余写有平菇菌名的 6 副平板上分别接上等量（半滴）的平菇担孢子悬浮液，涂开，盖好皿盖。将 6 组接上香菇和平菇担孢子的平板一起放进 25℃ 的恒温培养箱内培养 72h，取出，观察各组培养物的生长情况。

3. 将已观察过的各组培养物再放回继续培养，隔 24h 观察并测定一次，同时记录在报告纸上，比较完全和不完全基础培养基上的两种食用菌生长情况。

（三）生长因子培养

1. 取两副 12cm 的无菌培养皿，同前制成完全基础培养基平板，在两副平板的皿底画上五等分的线，并在每个等分区上分别写上待点植的生长因子名称记号，1 副平板写上香菇菌名和接种日期，另 1 副则写上平菇的菌名和接种日期，然后各接上相对应的担孢子悬浮液（同前法），置 24℃ 恒温培养箱中培养 16～24h。

2. 将维生素 B_1、维生素 B_2、维生素 B_{12} 分别稀释成 10^{-7}mol/L 的溶液，经灭菌后备用；麸皮 25g 加水 1 000ml 煮沸后维持 20min，冷却，放冰箱过夜后过滤，滤液加水到 1 000ml，灭菌后备用。

3. 取出已经培养了 16～24h 的两副平板，依照各自底皿上等分区待点植的标志，用无菌的毛细吸管（内径为 0.5mm）分别汲取上述 4 种生长因子的溶液后各点植 1 滴（相当于 1ml 移液管 1 滴的 1/10 左右），空白的则作对照。然后倒置于 25℃ 的恒温培养箱中培养 24h，取出，观察各生长因子周围有无菌丝菌落。

4. 将上述平板再点植等量同样的生长因子继续进行培养，次日再观察测定，并把结果记录在报告纸上，比较各区的生长情况。

五、作业与思考题

根据实验结果，说明香菇和平菇所需要的碳源和生长因子各是什么？并依照生长谱法的基本原理和方法设计测定食用菌氮源要求的实验方案。

实验二　温度对食用菌生长发育的影响

一、目的和要求

了解温度对食用菌生长发育的影响，并学会运用温度梯度培养的方法来研究食用菌在不同发育阶段的温度适应范围。

二、基本原理

不同的食用菌对环境的温度要求也不尽相同，而同一种食用菌在不同发育阶段对温度的要求也有差别，如一般食用菌在菌丝（营养）生长阶段通常要求较高的温度，在子实体（生殖）生长阶段，则要求有较低的温度。因此，可用温度梯度培养的方法对食用菌的各温度适应范围和相应的生理变化进行观察研究。

三、材料和器具

（一）材料

1. 菌种

（1）草菇 *Volvarilla volvaceae* 的厚垣孢子；

（2）平菇 *Pleurotus osgreatus* 的担孢子。

2. 培养基

马铃薯 200g，葡萄糖 20g，琼脂 1.8～2g，水 1 000ml，pH 值自然。

3. 其他

无菌水、无菌滤纸片（直径为 6mm）。

（二）器具

1. 直径 6cm 的无菌培养皿、无菌油光纸。

2. 接种环、尖头不锈钢小镊子、酒精灯、75% 酒精棉球、接种箱。

3. 恒温培养箱。

4. 记号笔、直尺、铅笔、报告纸。

四、操作步骤

（一）配制厚垣孢子悬浮液

担孢子悬浮液用无菌油光纸收集，方法同上，用无菌水配制，但不必稀释。

取 1 支刚长满菌丝和红褐色厚垣孢子的草菇母种试管，将 2～3ml 的无菌水倒入母种试管内，用接种环把试管内的厚垣孢子刮到无菌水中，制成厚垣孢子悬浮液备用。

（二）接种

1. 取无菌培养皿 20 副，往每副底皿内各倒进 PDA 培养基 5ml，让其静置、冷却凝固成平板。

2. 用无菌的不锈钢尖头小镊摄取 1 片无菌小滤纸片，浸入草菇的厚垣孢子悬浮液中，取出放到 1 副培养皿的平板中央，使其紧贴在平板的表面，盖好皿盖。依次将其他 9 副培养皿的平板也各接上 1 片草菇的厚垣孢子滤纸片，盖好皿盖。并将每副的底皿外都写上草菇菌种的名称、接种时间。然后将这 10 副培养皿分为 5 组，每组两副，依次在每组（两副培养皿）的底皿外写上 10℃、20℃、30℃、40℃、50℃的标记备用。

同样也在另外 10 副培养皿的平板上各接上 1 片平菇担孢子滤纸片，写上平菇菌种的名称、接种时间，并在这 5 组（1 组两副培养皿）的每组底皿上分别写上 5℃、15℃、25℃、35℃、45℃的标志。

（三）温度梯度培养

1. 将上述 20 副培养皿按照各副底皿上的温度标志，分别放在温度相对应的 10 只恒温培养箱中进行温度梯度培养。

2. 经 24h、48h、72h、96h 和 7 天后，先后进行 5 次观察，并分别测量草菇厚垣孢子和平菇担孢子在温度梯度培养下生长发育的情况。

五、作业与思考题

将观察测量的结果填写在附表内，并解释温度梯度培养用于测定有栽培价值的野生食用菌的温度适应范围的具体研究方法。

实验三　湿度对食用菌生长发育的影响

一、目的和要求

通过实验了解空气相对湿度对食用菌不同发育阶段所产生的不同影响，从中认识适宜的空气相对湿度对栽培食用菌是至关重要的。

二、基本原理

栽培食用菌时，培养料中的水分常由于蒸发而受损失。因此，必须经常保持环境的空气相对湿度在 60%～80%（子实体分化形成阶段更高）范围之内，并可适当地喷些水，以维持培养料内水分的正常含量。食用菌还有一个重要的生理现象就是子实体的蒸腾作用。由于蒸腾作用促进了细胞原生质的流动，菌丝把从培养料中汲取的营养物（液态）运转到了菇体，使其能继续发育，并最终长成为有商品价值的子实体。但是，子实体的蒸腾作用正常进行必须有一个相适应的空气相对湿度，一般为 80%～90%。如果降到 60% 以下，像侧耳等因蒸腾作用增强，菇体内水分大量散失到空气中，而停止生长（草菇在空气相对湿度高于 95% 时，子实体易腐烂，低于 80% 时，菇体生长缓慢，表面粗糙无光）；如下降至 40%～45% 时，子实体不再分化，已分化的幼菇也将干枯死亡。如果超过95%，环境过湿，就阻碍了菇体的蒸腾作用，菇体或发育不良或腐烂。因此，可以设计一种湿度梯度培养的实验方法，来研究食用菌在不同的发育阶段对环境的空气湿度动态变化的要求。

三、材料和器具

（一）材料

1. 菌种

草菇 *Volvariella volvaceae* 的母种。

2. 培养基

含绒棉籽壳82%，配合鸡饲料15%，石灰3%，含水量63%，细土粒（直径为2～3mm）适量。

（二）器具

1. 直径9cm的培养皿、直径12cm的圆形塑料薄膜和圆形有孔塑料薄膜（每片有8～10个孔径为0.4～0.6cm的小孔）、长10cm粗0.5cm的玻棒。

2. 接种耙、酒精灯、75%的酒精棉球。

3. 恒温培养箱、培养室（隔成6间）。

4. 温度计、干湿球计、照度计、小型喷雾器（家用杀蚊、蝇用）。

5. 托盘小药秤、游标卡尺、记号笔、铅笔、报告纸。

四、操作步骤

（一）实验室草菇栽培流程

配料→拌料→装皿（料装到高过培养皿0.5cm，按实，表面做成2～3条凹槽，覆以圆形塑料薄膜、盖上皿盖，用双层牛皮纸或四层报纸包好）→灭菌→接种（草菇菌种点接于料面的凹槽内，覆以圆形塑料薄膜）→35～36℃发菌培养8～9天→32～33℃出菇培养（菌丝发到培养皿底后，在表面覆一层细土粒，用喷雾器喷湿，土粒上放两根玻棒，其上换盖圆形有孔的塑料薄膜）→采收。

（二）湿度梯度培养

1. 取12副培养皿，按照流程每皿装满培养料（折合干料40g），覆以圆形塑料薄膜，盖好皿盖，用双层牛皮纸或四层报纸包好，灭菌后接菌种。写上菌种名称、接种日期。

2. 接好种的培养皿，去掉皿盖，留下圆形薄膜覆盖，全部置于35～36℃的恒温培养箱中发菌培养，箱内空气相对湿度为80%。

3. 经8～9天，草菇菌丝长满培养皿，料面已见针头菇，去掉圆形薄膜，在菌和料的表面覆一层土粒，喷湿，土粒上搁两根玻棒，再换盖圆形有孔薄膜。然后把这12副培养皿分成6组（1组两副），分别置于空气相对湿度为50%、60%、70%、80%、90%、100%的湿度梯度下培养（温度为32～33℃、光强60～100lx），6组培养皿的皿底外面都写上相应的空气相对湿度标记。

4. 每隔24h观察1次，先后观察3次，测量并记录6组培养皿的草菇在不同空气相对湿度梯度培养下子实体生长发育的情况。

五、作业与思考题

1. 将本次实验的结果详细填写到附表内，并说明空气相对湿度的变化会使草菇子实体的生长发育产生什么相应的变化。

2. 怎样测定竹荪子实体分化形成的最适空气相对湿度？

实验四　水分对食用菌生长发育的影响

一、目的和要求

通过实验了解环境中的水分对食用菌生长发育的影响，并认识维持培养料一定的含水量是栽培食用菌的最基本条件。

二、基本原理

水是食用菌生命活动最重要的物质。一般食用菌菌丝细胞含水量为70%～80%，子实体含水量达80%～90%或更高。细胞以其从环境中吸收较多的水而维持正常的代谢活动。水是细胞物质的组成部分，是生活细胞中各种生化反应的介质和最基本的溶剂，是吸收营养物质、分泌代谢产物时的媒介。细胞借助水来维持膨压，水的高比热和汽化热有利于散发细胞的剩余代谢热、调节细胞内的温度，水也起到调节渗透压的作用。综上所述，培养食用菌菌丝球的液体培养基都有一个合适的浓度指标，否则渗透压过高或过低，一些营养物和水分比例的变动都会影响菌丝球的形成、数量和大小；用于栽培食用菌的固体培养料也都有适当的含水量指标，否则食用菌也不能很好生长发育。本实验就是用液体培养基的浓度梯度培养，和固体培养料的含水量梯度培养两种方法，来观察食用菌对培养料内水分含量多少的动态变化，从而引起菌丝细胞生长方面一些相应的变化。

三、材料和器具

（一）材料

1. 菌种

平菇 *Pleurotus ostreatus* 的母种。

2. 培养基

（1）液体培养基　玉米粉5g，麦芽汁（16°Brix）10ml，琼脂0.05g，盐酸硫胺素10μg，水85ml，pH值自然。

（2）固体培养基　棉籽壳70%，木屑15%，麦麸13%，石膏和过磷酸钙各1%，含水量65%。

（二）器具

1. 250ml三角瓶、直径9cm培养皿、含水量测定仪、试管架、2ml吸管。

2. 接种耙、接种铲、酒精灯、75％酒精棉球、接种箱。

3. 恒温培养室、摇床（旋转式）。

4. 放大镜、直尺、记号笔、铅笔、报告纸。

四、操作步骤

（一）浓度梯度培养

1. 三角烧瓶液体振荡培养菌丝球流程

配料→称料→热溶→分装灭菌→冷却→接种→26℃振荡培养96h→收集菌丝球。

2. 浓度梯度培养液配制

以上面列出的液体培养基配方为标准，称或量取各营养物质，共计7份，设置水的容量梯度为50ml、60ml、70ml、80ml、90ml、100ml、110ml，配成浓度梯度培养液，分装到7只三角烧瓶中；另外1只分装标准培养液作对照。用记号笔在各烧瓶上写上各自给水量的标记，塞好棉塞，灭菌后备用。

3. 接种

每只烧瓶各接两块1cm²大的平菇母种，写上菌种名和接种日期。

4. 培养

将上述8只烧瓶放到26℃的培养室中，在摇床（系旋转式，转速拟在220r/min）上振荡培养96h。

5. 观察测数

将经过96h振荡培养的8只烧瓶中的培养液，用蒸馏水稀释到相同的一定浓度，用2ml的吸管8支分别从8只烧瓶中各吸取3ml培养液，1只培养皿放1ml，8只烧瓶的稀释培养液抽样需放24只培养皿。转动培养皿，使摊成薄层，用放大镜观察测数，如此，很容易测算到各烧瓶原培养液的菌丝球浓度（每毫升培养液中的菌丝球个数：个/ml）。

6. 测量菌丝球大小

取以上经稀释的培养液1滴，滴于干净载玻片上，用放大镜和直尺测量菌丝球的大小（每个烧瓶需测3~5个菌丝球，求平均值）（直径：mm）。

（二）含水量梯度培养

1. 培养料配制

按前面给出的固体培养料配方称料，共称7份（每份36g），1份按含水量为65％给水，其余6份料按含水量梯度为40％、50％、60％、70％、80％、90％给水，分别拌匀料水，装培养皿（皿外须洗净、揩干），写上含水量的标记，用双层牛皮纸或4层报纸包好，灭菌。

2. 接种

每皿培养料接直径为6mm的平菇母种菌块1块，置于培养料表面中央，写上菌种名和日期。

3. 培养

将上述培养皿置于26℃恒温培养箱中培养（箱内遮光，空气相对湿度达80％）。

4. 观察测量

7 天后分别测量 7 副培养皿内菌丝生长的长度（mm），并求每日生长的平均值（mm/天），填写在表格内。

五、作业与思考题

1. 你认为怎样才能准确测定培养某一种食用菌菌丝球的液体培养基的浓度？

2. 根据实验的原理和方法，请你设计一个测定栽培大肥菇培养料合适含水量的方案。

实验五　酸碱度对食用菌生长发育的影响

一、目的和要求

通过实验了解环境酸碱度和食用菌生长发育的关系，掌握测定栽培食用菌的培养料酸碱度适应范围的方法。

二、基本原理

环境的酸碱度（又称 pH 值）对食用菌的生长发育影响很大，大多数的食用菌在偏酸性的环境中生长良好。但是，每一种食用菌又都有自己最适的 pH 值和 pH 值适应范围。由此，我们可以设计酸碱度梯度的培养基来培养食用菌，这种实验方法既可以观察食用菌在不同的 pH 值条件下生长发育的变化规律，又可以测定出食用菌生长发育所需的最适 pH 值和 pH 值适应范围。

三、材料和器具

（一）材料

1. 菌种

平菇 *Pleurotus ostreatus* 的母种和担孢子。

2. 培养基

（1）液体培养基　玉米粉 50g，麦芽汁（16°Brix）100ml，琼脂 0.5g，维生素 B_1 100μg，水 850ml，pH 值自然。

（2）固体培养基　PDA 培养基。

3. 材料

0.1N 的盐酸、0.1N 的氢氧化钠、精密 pH 比色试纸。

（二）器具

1. 250ml 的三角烧瓶、直径 9cm 的无菌培养皿、15mm×150mm 的试管、试管架、直径 6mm 的无菌滤纸片。

2. 接种环、镊子、酒精灯、75% 酒精棉球、接种箱。

3. 恒温培养室、旋转式摇床。

4. 光电比色计、记号笔、铅笔、直尺、坐标纸。

四、操作步骤

(一)液体酸碱度梯度培养

1. 配制培养基

称料，加水热溶，分装 10 只烧瓶（每瓶 100ml），逐瓶调节 pH 值（按设计酸碱度梯度进行，酸碱度梯度为 3.5、4.0、4.5、5.0、5.5、6.0、6.5、7.0、7.5），1 瓶 pH 值为自然；各瓶都按 pH 值写上标记，塞上棉塞，灭菌。

2. 接种

以上 10 只烧瓶各接两块平菇母种，烧瓶写上菌种名、接种日期。

3. 培养

将以上烧瓶置 26℃恒温培养室的旋转摇床（转速同前）上振荡培养 96h。

4. 观察测量

先用光电比色计测得 pH 值为"自然"的烧瓶培养液的光密度值，再用放大镜测得该烧瓶中菌丝球的浓度（个/ml），以此瓶的光密度值和菌丝球的浓度为标准，继续逐个测得其他 9 个烧瓶培养液的光密度值，就可以分别求得以上每个烧瓶内的菌丝球浓度（个/ml）。最后把测量的结果填入相关表内。

(二)固体酸碱度梯度培养

1. 配制培养基

酸碱度梯度和液体的相同。

称料，加水热溶，分装 10 支试管（每支装 5ml）；水浴保温（60℃）调 pH 值，每支试管写上各自的 pH 值，塞好棉塞，灭菌。趁热分别倒入 10 副无菌的培养皿内，盖好皿盖，使之静置冷却凝固。皿底外写上对应试管的相同 pH 值。

2. 接种

向每副平板表面（中心位置）放 1 片醮了平菇担孢子悬浮液的无污染小纸片，盖好皿盖，在皿底外均写上菌种名、接种日期。

3. 培养

将以上 10 副培养皿平板置 26℃恒温培养箱中培养 7~8 天。

4. 观察测量

以 pH 值为自然的平板作为对照，分别测量处理的 9 副平板上的平菇菌丝生长的长度（mm），并求每日的平均值（mm/天），最后将测量结果填入相关表内。

五、作业与思考题

根据观察测量值，分别分析平菇在液体培养基的酸碱度梯度，和固体培养料的酸碱度梯度培养下，菌丝球（或菌丝）生长发育的情况。

实验六　通气对食用菌生长发育的影响

一、目的和要求

通过实验了解氧气和二氧化碳对食用菌生长发育的影响。

二、基本原理

食用菌是好气性真菌，经过细胞的呼吸作用，吸收氧气，排出二氧化碳，这是完全不同于绿色植物的。因此，氧气和二氧化碳也是食用菌生长发育的重要生态因子。焦性没食子酸在碱性溶液中能吸收游离氧气（每克焦性没食子酸在过量碱液中能吸收100ml空气中的氧）。其吸氧的化学反应如下。

$$2\ \text{—OH}+1/2O_2 \longrightarrow \text{—OH}+H_2O$$

由此，本实验用创造一个嫌气环境培养食用菌，与在有氧环境下培养食用菌进行比较，来证明氧气是食用菌生长发育的重要条件之一。同时，把发芽的大麦放在培养食用菌的密闭环境中，大麦的呼吸作用可以迅速吸收游离氧气，呼出二氧化碳，大大提高了环境中的二氧化碳浓度，抑制了食用菌的生长。而在通气环境中的食用菌，由于空气中有充足的氧气，二氧化碳的浓度又很低，食用菌的生长就不会受到影响。

三、材料和器具

（一）材料

1. 菌种

蘑菇 *Agaricus bisporus*（气生型）的母种；草菇 *Volvariella volvaeea* 的母种。

2. 培养基

PDA 培养基。

3. 其他

刚发芽的大麦、焦性没食子酸、10%的氢氧化钠、石蜡。

（二）器具

1. 直径9cm和6cm的无菌培养皿、15mm×150mm的小试管、23mm×230mm的具皮塞大试管、"]"形小玻棒架、10ml小量筒、12cm×12cm的无菌纱布。

2. 接种铲、接种耙、酒精灯、75%的酒精棉球、接种箱、透明胶带。

3. 恒温培养箱。

4. 直尺、记号笔、铅笔、报告纸。

四、操作步骤

（一）缺氧培养

1. 制斜面

取 4 支小试管，每支分装热溶的培养基 3.5ml，塞好棉塞，灭菌。灭菌后趁热摆成斜面。

2. 接种

两支斜面接蘑菇母种，另两支接草菇母种，分别写上菌种名称和接种日期。

3. 培养

取两支大试管，先往其内放 1g 焦性没食子酸，再各放 1 个 "]" 形小玻璃棒架，然后分别倒进 10ml 10% 的氢氧化钠溶液，接着把接种了蘑菇菌种和草菇菌种的两支小试管迅速放进 2 支大试管内，塞紧橡皮塞，将管口涂以石蜡（防止空气进入），在大试管上写上菌种名称、缺氧培养和处理日期。另两支小试管则作为通气培养。将接种蘑菇菌种的放进 24℃ 的恒温培养箱内（大试管须立放，缺氧培养草菇的大试管也如此）培养；接种草菇菌种的则置于 35～36℃ 的恒温培养箱内培养。

4. 观察

7 天后观察蘑菇和草菇在通气（未作处理）和缺氧培养下各自的菌丝生长发育的情况。

（二）二氧化碳富集培养

1. 取两副直径 9cm 的无菌培养皿的皿盖，倒进热溶的无菌培养基 5ml，让其静置冷凝成平板。

2. 取 1 副皿盖平板接蘑菇母种（菌块直径 6mm），另 1 副接草菇母种菌块，分别盖上直径 6cm 的培养皿的皿底，上垫两层无菌纱布，纱布上撒布干净的发芽大麦，然后盖上直径 9cm 的皿底，使其和皿盖紧紧相连，用透明胶带把这两副接种的培养皿周沿密封住。写上菌种名称、接种时间和二氧化碳富集培养。分别放在 24℃ 和 35～36℃ 的恒温培养箱内培养。

3. 另取两副直径 9cm 的无菌培养皿，也制成 PDA 培养基平板，分别接上蘑菇母种和草菇母种（菌块直径 6mm），盖上皿盖，写上菌种名称、接种时间。蘑菇的平板放到 24℃ 的恒温培养箱内培养，草菇的平板放到 35～36℃ 的恒温培养箱内培养。

4. 7 天后，观察测量二氧化碳富集培养的和对照的各自生长发育情况。

五、作业与思考题

将以上观察测量的结果填写在报告纸的表格内，并说明为什么会产生这样的结果。

实验七　光线对食用菌生长发育的影响

一、目的和要求

通过实验了解光和射线对食用菌生长发育的影响，并掌握食用菌生产和科研中一些基本的用光技术和方法。

二、材料和器具

（一）材料

1. 菌种

黑木耳 *Auricularia auricula* 的母种和担孢子；金针菇 *Collybia velutipes* 的母种；灵芝 *Ganoderma lucidum* 的母种。

2. 培养基

PDA 培养基。

3. 其他

无菌水。

（二）器具

1. 直径 9cm 的无菌培养皿、15mm×150mm 试管。

2. 紫外线灯（30W）、无菌尖头镊子。

3. 接种环、玻璃刮铲、1ml 无菌移液管、酒精灯、75%酒精棉球、接种箱。

4. 照度计、红、蓝、绿、黄色的玻璃纸袋各 1 个（内可平放 2 副直径 9cm 的培养皿）。

5. 恒温培养箱。

6. 直尺、记号笔、铅笔、报告纸。

三、操作步骤

（一）紫外线对食用菌的影响

食用菌细胞原生质中的核酸具有吸收紫外线（λ 为 136～3 900Å）的最大性能，当这些辐射能量作用于核酸时，便能引起核酸的变化，重则破坏其分子结构，妨碍蛋白质和核酸的合成，轻则引起细胞代谢机能的改变而发生变异。食用菌细胞经紫外线照射后，在有氧条件下，所产生的光化学的氧化反应生成的过氧化氢（H_2O_2），能发生强烈氧化作用，引起细胞死亡。

1. 取无菌培养皿 14 副，将经灭菌的热溶的 PDA 培养基趁热倒入，盖上皿盖，待其静置、冷凝成平板。

2. 取新鲜、无污染的黑木耳担孢子，以无菌水稀释成 1 管担孢子悬浮液。

3. 取 7 副平板，分别接上直径 6mm 的黑木耳菌种块，盖好皿盖。写上菌种名称和接种日期。

4. 另取 7 副平板，各接上 1 滴黑木耳担孢子悬浮液，均匀刮开使其铺满平板表面，盖好皿盖。写上菌种名称和接种日期。

5. 以上平板编成 7 组（在底皿外写上 1、2、3……的序号、菌种名、接种日期），每组有 1 副接黑木耳母种的平板和 1 副接担孢子的平板。把 6 组全部放进接种箱，距紫外灯 30cm，打开皿盖，开紫外灯照射，2 组照 1min 后，盖好皿盖取出，即放进 25℃恒温培养箱内培养。3 组照 2min，4 组照 3min，5 组照 5min，6 组照 10min，7 组照 15min

后，盖好皿盖，均迅速放进25℃的恒温培养箱内培养。1组不经紫外线照射直接培养，作为对照。

6.7天后观察测量经不同时间紫外线照射的6组平板上黑木耳菌丝的生长情况，并和1组的两副平板的相比较。

（二）光强梯度培养

1. 取8副无菌培养皿，制成平板备用。

2. 每1副平板接1块直径为6mm的金针菇母种菌块，盖好皿盖。两副平板为1组，写上菌种名称，接种时间和光强梯度序号。放入光强梯度为0lx、2lx、12lx、102lx的系列恒温培养箱内，24℃培养。

3. 7天后观察测量经不同光强梯度培养后4组平板上金针菇菌丝的生长长度（mm）和每日平均生长长度（mm/天）。

（三）不同光质培养

1. 取8副无菌培养皿，制成平板备用。

2. 每副平板各接一块直径为6mm的灵芝母种菌块，盖好皿盖。两副平板1组，写上菌种名称、接种时间和不同光质的标记。

3. 按光质标志分别倒扣放入红、蓝，绿、黄4种颜色的玻璃纸袋内，置于28℃的恒温培养箱内培养。

4. 7天后观察测量不同光质培养的灵芝菌丝生长长度（mm）和每日平均生长长度（mm/天）。

四、作业与思考题

分别说明紫外线、不同光强的光和不同光质的光会对食用菌产生什么影响。

第九章　食用菌实习

食用菌标本采制

我国食用菌资源十分丰富，已被开发利用的仅占其中的极少部分。因此，从野生资源中寻求新的菇种，进行人工驯化栽培，为市场提供更多的食用菌商品，其潜力是很大的。

野生食用菌资源的调查工作非常重要。我们采集制作食用菌标本的目的，就是为了更好地认识食用菌，为进行分类提供原始资料，进而为驯化栽培新的食用菌种类提供依据。

一、实习目的

1. 学习并掌握食用菌标本的采集和制作方法。
2. 根据食用菌分类学专著能查检索表确定标本的属名。

二、实习用具及材料

采集筐、小铲、小刀、大型解剖刀、枝剪、手锯、镊子、放大镜、纸袋、塑料袋、标本盒、玻璃直管、纸牌、笔记本、铅笔、吸水纸、卷尺、照相机等。

三、实习季节安排

因各地纬度及海拔高度的不同，最适宜采集的月份也不同。雨后数日，往往是采集野生食用菌的好时机。除了一些多年生多孔菌类能在一年四季采集到外，绝大多数的菇、耳类是在多雨的夏秋季繁殖生长。因此，安排在这两个季节比较合适，当然也要根据各地实际情况，酌情确定。

四、采集方法

在采集标本时应注意保持标本的完整。较重要的标本，应先拍下生态照片或绘图加以描述。

（一）地生菌类的采集

这里主要是指生长于潮湿的落叶层或腐殖质丰富的土地上的菌类，其中有不少菇类的菇柄生长在不深的土层中，如蘑菇属、口蘑属、鬼伞属等属的菇体，可用小铲轻轻铲起，即能获得完整的标本。但有些菌类菇柄伸在很深的土层中，如金钱属中的鸡爪菌，其菇柄有延长至很深土层中的假根，这就必须细心地挖掘，否则难以获得完整的菇体。

（二）木生菌类的采集

这里是指生长于枯树干、枝条、树桩、树根及倒木上的菌类。可用小刀将树皮部分连同子实体一起剔下。在用刀剔取时，要注意菌柄着生的深度，例如，金针菇、香菇、侧耳等的菌柄生长较浅，用刀浅剔即可获得完整菇体，但像蜜坏菌中的一些菌类其菌柄伸入基质较深，故须深剔。对生长于树枝上的，可将菇体连同树枝一起剪下。

在采集时，对于那些肉质或胶质类的切勿在菌盖或菌柄上留下指印，以免破坏其外膜。采到标本后，随即系上纸牌（注明地点、时间、采集号、采集者），一般种类可用白纸包好，对黏滑的种类要用蜡纸包好，再放入标本盒里。对于易碎柔弱的种类，可按菇体大小做漏斗形纸袋，放入其中菇柄向下，袋口拧好，再将袋放入扎有孔的纸盒里，然后放入采集筐中以防压坏。对于个体很小的种类，可装于玻璃直管中。大型的木栓菌类标本，可用白纸包好后直接装入采集筐里。采到标本后，要立即做好详细记录，填好记录本。

食用菌标本采集记录表

编号：　　　　产地：　　　　　　　　　　　　　年　月　日　采集人

菌名	学名：	中文名：
	地方名：	
生长环境	针叶林、阔叶林、混交林、 林间草地、草原、田野、溪边	寄生、腐生、共生、 立木、枯木、粪生、地上、 砂地、粪上、虫体
	树种名称	
生态	单生、散生、群生、簇生、丛生、叠生	
菌盖	直径：厘米　颜色	黏滑：黏、不黏
	形状：钟形、斗笠、半球、漏斗、平展、脐形、中突、喇叭状、马鞍	
	鳞片、纤毛、条纹、龟裂、光滑、粗糙、粉末、蜡质	
	肉质、膜质、革质、木栓质、边缘具细条纹、条棱、上翘、反卷、内卷	
菌肉	颜色：伤处变色、流汁夜；厚度：厘米；气味	
菌褶	宽：毫米；颜色；密度：中、稀、密；等长、不等长；交叉、网状、横脉	
菌管	颜色（管面、管内）、管口直径	
菌环	颜色；大、小；生柄上、中、下部；牢固、可移动；单层、双层；易脱落、消失	
菌柄	长：厘米；直径：厘米；颜色；形状：圆柱、纺锤、棒状 柄基部：根状、球状、杵状；着生菌盖中生、斜生、偏生 磷片、腺点、肉质、纤维质、脆骨质；空心、实心	
菌托	颜色；形状：苞状、杯状、浅杯状；已消失、不易消失	
孢子印	白色、粉红色、褐黄色、紫褐色、黑色	
经济价值	可食、药用、有毒	产量
备注		

该记录表适用于伞菌子实体的形态及生态描述。对于非伞菌，例如，木耳、银耳、多孔菌及一些子囊菌等，可参照该表内容，记述在备注栏中。

伞菌孢子印的制作方法是：取一张白纸（或黑蜡光纸，视孢子印颜色而定），中间剪一小孔，将新鲜标本的菌柄切去部分后穿过小孔同纸一起放置在盛有水的小杯上。亦可剪除菌柄后置白纸上，放阴凉避风处，上盖一玻璃罩，数小时后即可见到纸面上呈现菌褶状排列的孢子堆，即孢子印。

采到新鲜标本后，如欲分离菌种，须尽快进行。

五、制作与保存

（一）标本的干制

将已编号记录好的新鲜标本放避风处在阳光下晒干，阴雨天置火炭上烤干，亦可放烘箱中 50～60℃烘干。日晒或烘烤时注意勿使标本号、牌丢失或相混。某些水分少的标本，可剖开后用标本夹或吸水纸压制干，还可采用悬挂晒干或风干的办法。小标本应直接放在纸盒内晒干或用薄的吸水纸包好后烤晒，以免丢失。干后贴上标签，装入标本盒保存。干制法对木质、木栓质、革质、半肉质及其他含水少又不易腐烂的大型食、药用真菌标本保存尤为适宜。

（二）标本的浸制

用浸泡液浸制标本，可较长时间保持标本的形状和颜色，对展览和教学用标本非常适合。

常用的浸泡液配方为：70%酒精 1 000ml 加市售 30%甲醛 6ml。该液有防腐作用，能保持标本原有的形状，但不能保持原色。

能较长时间保持标本色泽的浸泡液有：硫酸锌 25g，福尔马林 10ml，水 1 000ml。在浸制时，先用 5%的福尔马林浸制约 2h，后转入上述组成比例的浸泡液中，并换 2～3 次，最后保存在该液中。该液适于保存白色、浅黄色，淡褐色及灰色的标本。对于其他颜色的标本可采用醋酸汞 10g，冰醋酸 5ml，蒸馏水 1 000ml 组成的浸泡液。

标本在浸制前，应先用毛笔蘸清水轻轻洗刷清理掉菇体黏附的泥砂，并根据标本的大小和数量选择合适的标本瓶及浸泡液。为了避免菇体在标本瓶中漂浮，可将标本缚于玻璃棒上，然后放入浸泡液中。最后用石蜡液封闭瓶口、贴上标签，即成为长久保存的浸渍标本。

六、确定标本学名

采制好的标本应确定学名，这对于食用菌的开发利用非常重要。对于同学们来讲应做到根据专著中的检索表鉴定到属即可，种名可请教专家协助鉴定。

确定好标本的学名，必须借助对标本较详细的形态宏观观察及显微观察，有的还需做化学成分分析。例如，担孢子及子囊孢子的形态观察，子囊及囊状体的形态观察等显微观察，菌柄、菌盖、菌褶、菌环、菌托、孢子印等宏观观察，再借助我国出版的《中国真菌总汇》、《真菌鉴定手册》、《中国的真菌》、《中国药用真菌图鉴》、《食用蘑菇》、《毒蘑菇》、《毒蘑菇识别》、《中国药用真菌》以及《中国食用菌志》等专著确定属名，甚至种名。

七、作业

在当地野生食用菌发生季节，采集校园周围及所在地的菌类，并初步分类。

附　录

附录　主要名词解释

三　画

子实体　子实体是高等真菌的产孢结构，由已组织化了的菌丝体组成。在担子菌中又叫担子果，在子囊菌中又叫子囊果。子实体是人们食用的部分。

子实层　孕育子囊或担子的细胞层。担子菌的子实层多在菌褶的两侧或菌管的内壁。子囊菌的子实层由子囊和侧丝组成。

子实基层　子实层的着生组织，介于菌髓和子实层之间，由密集而膨胀的菌丝细胞所构成。

子实层体　是由子实层、子实基层和菌髓构成，有的呈叶状叫菌褶，有的呈管状叫菌管。

子座　子囊菌的一种紧密的营养结构，似座垫，子囊果常在其上或其中形成。子座的形状不一，如冬虫夏草的子座呈棒形，而麦角的子座呈球形。

子囊　子囊菌完成核配和减数分裂而产生子囊孢子的囊状细胞。

四　画

火焰灭菌法　利用火焰高温杀死微生物的灭菌方法。常用于接种工具、试管口、镊子的灭菌。如酒精灯火焰灭菌。

无菌水　是经过灭菌的蒸馏水或澄清过滤的白开水。常用于孢子的稀释、分离，材料的冲洗和接种针（环）的冷却。

无性生殖　又称无性繁殖，指不经过两性细胞的配合而发生的生殖方式。与有性生殖相对应。

内菌幕　连接幼菇菌盖边缘和菌柄间的薄膜，覆盖于子实层外。子实体长大后，内菌幕破裂，部分残留在菌盖边缘，部分则残留在菌柄上而形成菌环。

木腐菌　引起木材腐朽的真菌。很多食用菌，如银耳目的银耳和木耳，伞菌目的香菇和侧耳，多孔菌目的猴头和灰树花等均属木腐菌。

巴氏灭菌　有些物质在灭菌时不能加热到蒸煮温度（100℃左右），可采用较低的温度，如加热到62℃，30min后，便可杀死不耐高温的微生物营养细胞。这种方法是由法国微生物学家巴斯德（1822～1895年）首创的，故名巴氏灭菌法。在双孢蘑菇栽培中，该法多用于堆肥的后发酵（或称二次发酵，室内发酵）上，以达到消灭病虫害，改善理化状态和提高堆肥营养利用率的目的。

中生　菌柄着生于菌盖中央。如金针菇和草菇。

中温菌　这是自然界中分布最广的一类微生物，食用菌大部分属于这类菌。它们所要求的最低温度为5℃，最适温度为25~27℃，最高温度为30~35℃。

中温型品系　在中温下（常指15~27℃）形成原基和形成子实体的品系。

五 画

生活史　食用菌的生活史是从孢子萌发经菌丝体到第二代孢子的整个发育过程。

生长因子　生物在生长发育过程中需求量不多又不可缺少的促进生长的有机物，自身又不能合成者统称为生长因子，如维生素、嘌呤、嘧啶等。

外菌幕　是包裹在整个原基或菌蕾外面的膜状物。随子实体长大，外菌幕破裂，残留在菌柄基部的外菌幕称之为菌托。

生物学特性　泛指食用菌（及其他生物）在分类学、形态学、细胞学、遗传学，生长发育规律和对理化环境条件的要求所具有的特性。

生物学效率　又称生物转化率，一般是指食用菌的鲜重同产出该产量鲜菇（耳）所用培养料干料的重量百分比。

丛生　多个子实体密集生长，形成丛状，如金针菇。

六 画

次生菌丝体　由初生菌丝体细胞相结合而形成的次级菌丝体。次生菌丝体的细胞内含有二个核（$n+n$），故又称双核菌丝体。这种菌丝体开始时作为营养菌丝分解和吸收营养，随后可形成子实体。

同宗配合　在高等真菌的发育中，同一菌丝细胞间通过自体结合而产生有性孢子的现象，又称自交可孕，如草菇。它相当于高等植物的"雌雄同株"的性配现象。

同功酶　是基因次级表达的产物，可作为真菌分类的生化指标，也是研究亲缘关系较理想的手段。

杀青　食用菌盐渍加工的预煮过程，以杀死菇体细胞，抑制酶活，防止菇体开伞，并排出菇体内水分，放大毛孔，便于盐水进入菇体。方法是用不锈钢锅或铝锅，放入5%~10%浓度的盐水，煮开沸腾时，倒入鲜菇，煮3~5min后捞出放入流水中冷却，然后沥干水分。

延生　又称垂生。菌褶的一种着生方式。特征是菌褶延着菌柄向下延伸生长，如平菇。

七 画

初生菌丝体　指刚由孢子萌发而形成的菌丝体，通常只含一个核，一套染色体，不能直接形成子实体，又称单核菌丝体。

低温型品系　在低温下形成原基和产生子实体的品系，如金针菇等。

两极性　异宗接合真菌中的性亲和现象，其性亲和基因只有一对（Aa），4个担孢子分属二个类型（一半A，一半a），可孕率50%，两极性即二极性。

纯化　通过试验手段将菌种和其他杂菌分离而得到纯菌种的过程。

纯菌种　指来源于单一的菌体，在形态、生理、遗传上一致，并能体现该种特性的菌丝培养物。

纯培养　只让一种菌或细胞进行繁殖的培养。

间歇灭菌法　一种常压的灭菌方法。即在常压（0.1MPa）和蒸汽温度100℃的条件下，每隔24h，把培养基或其他材料汽蒸1～2h，置37℃下，共蒸2～3次，以达到灭菌目的。该方法有利于杀死芽孢。

芽孢　某些细菌生长到一定阶段，在其细胞内形成对不良环境具有较强抵抗性和有利于传播的无性休眠孢子。其壁厚，不易透水，耐热性很强。

层播　食用菌栽培的一种播（接）种方式。在平菇上多采用。阳畦栽培一般播入两层，中间1层，表面1层，表层的播种量约占3/5，以造成生物优势，防止杂菌污染。袋式栽培一般播入3层，中间1层，两端各1层，并在两端层外装少许培养料。

八　画

单孢杂交　将食用菌有性担孢子分离培养成单核菌丝后，两两配对，进行杂交而获得新菌种的育种方法。

单倍体　单倍阶段的生物体。在食用菌中，子囊菌的营养菌丝及各种孢子，担子菌的初生菌丝及担孢子皆为典型的单倍体。

担孢子　担子菌的有性孢子，担孢子外生于担子细胞上，通常4个，少数2个，前者如香菇，后者如双孢蘑菇。

担子　担子菌完成核配和减数分裂而产生担孢子的单细胞或多细胞结构。

孢子　真菌的繁殖单位，功能如同植物种子。有无性孢子和有性孢子两类。

孢子印　将成熟的菌盖平放于纸或玻璃片上，孢子自然弹落后形成的孢子堆样式。孢子印能显示色泽及子实层形态等特征，是食用菌分类中的一个重要依据。

单生　指子实体单个生长的生态习性，如双孢蘑菇等。

变温结实性　保持恒温不易形成子实体而在有温度变化时才易形成子实体的结实习性，如香菇、平菇等。

组织分离法　食用菌的组织是由双核菌丝体组成的。在适宜的条件下，它的任何一部分组织都具有菌丝再生的能力。该法是通过食用菌组织获得母种菌丝的一种方法。

孢子分离法　利用孢子分离培养获得纯菌种的方法。一般步骤是先收集孢子，然后稀释到一定浓度，再接入斜面培养基或平板培养基上，待萌发后，即可转接到新的培养基上进行纯化培养。也可采用孢子弹射法，将子实体或其一部分挂入盛有培养基的三角瓶中，或将其贴于斜面培养基的上方，经过培养，待孢子弹射下来并萌发后，再及时转管培养。在分离过程中，要严格无菌操作。

孢子收集器　是用来收集菌类孢子的一套装置。其下面是一个直径25cm的搪瓷盘，内铺一层纱布或棉花，中间放培养皿，再在皿内放一个三角架，最后外罩一个有孔钟罩（或大烧杯）。使用前用牛皮纸包好，进行高压灭菌。待冷却后，采用无菌操作把消毒过的食用菌子实体插入三角架，并包好，转入培养室。等待孢子释放时，便可收集。

质配　两条可亲和的即可互相交配的单核菌丝，在接触处细胞壁发生溶解，使两性细胞的原生质（包括细胞核）进行融合，但不进行核配的性行为。次生菌丝体就是由初生菌丝细胞质配后形成的。

直生 又叫贴生，菌褶与菌柄直接相连，不向下延生；也不向上弯曲，如鳞耳。

九 画

厚垣孢子 一种厚壁休眠细胞，常形成于菌丝细胞间。草菇菌丝所形成的红色物，即是草菇的厚垣孢子。

弯生 又叫凹生，菌褶的一种着生方式。特征是菌褶和菌柄的连接处有一弯曲，如口蘑的菌褶。

十 画

核配 性细胞的细胞核的结合过程。核配通常发生在特殊的细胞（担子或子囊细胞）中。

原基 子实体的原始体，是菌丝体发育到生殖阶段所形成的胚胎组织。原基进一步发育，即成为子实体。

侧丝 生于子囊菌子实层中的不孕丝状细胞。

高压灭菌 采用高压蒸汽灭菌锅，增加锅内蒸汽压力从而提高锅内蒸汽温度，以达到短时灭菌目的的方法。

离生 菌褶的一种着生方式，又称游生。菌褶与菌柄不连接，游离存在，如双孢蘑菇和草菇的菌褶。

高温菌 耐高温的一类菌。最低温度 30℃，最适温度 50～60℃，最高可达 70～80℃。这类菌主要分布在堆肥和温泉中。堆肥中的高温菌多是高温放线菌。

高温型品系 在高温下（常指 25～30℃）形成原基和生长子实体的品系。

十一 画

减数分裂 连续进行的两次细胞分裂，其中的一次细胞分裂使染色体减半。

菌裙 在鬼笔属真菌子实体上形成的一种有网孔的围裙状构造，如竹荪的菌裙。

菌核 某些真菌在生活过程中形成的块状或颗粒状休眠体，由贮有营养物质的一团紧密交织的菌丝体构成。人们食用的茯苓就是该菌的菌核。

寄主分离 又称菇（耳）木分离，是利用木段中的菌丝，再经培养而获得纯菌种的方法。首先在长有子实体的部位截取 1cm 长段，将木片浸入 0.1% 升汞中约 10～20min，再用无菌水冲净升汞液，并用无菌纱布吸干。用无菌刀将木片外皮去掉，将该木片切成火柴梗大小，然后用无菌镊子放入斜面培养基上，于 26℃ 下进行培养，待长好菌丝后即可转管。

常压灭菌 即在一个蒸汽压力下（温度为 100℃）的灭菌方法。常压灭菌时间一般为 6～8h。

偏生 菌柄着生于菌盖的非圆心（偏心）处，如香菇。

十二 画

锁状联合 担子菌的双核细胞进行特殊分裂而在菌丝上出现的一种锁状结构。

搔菌 用接种铲将菌袋表面的老菌丝去掉，使下面的菌丝得到新鲜空气，有利于菌丝营养生长转入生殖生长，促使菌蕾的迅速形成，常用于金针菇的出菇催蕾，可提早出菇和增加产量。

十三 画

叠生 多个子实体重叠丛生，相互排列成覆瓦状，如侧耳。

辐射贮藏 利用射线达到防腐保存食用菌的方法。如用 Co^{60} 等对食用菌进行辐射处理，可以抑制蘑菇开伞，降低呼吸量，保持食用菌原来的风味和营养价值。

蒸汽接种法 利用加热煮沸时冒出来的无菌蒸汽造成的无菌区进行接种的方法。

十四 画

碳氮比 碳素与氮素之比，常用符号 C/N 代表。一般食用菌的营养生长阶段碳氮比约为 20∶1，而生殖生长阶段碳氮比约为 30∶1~40∶1。但不同的食用菌或用不同的碳源和氮源，其最适碳氮比也是不同的。

磁化水 经磁化器磁化的水。磁化水偏碱性，溶氧量增加，并可提高带电离子的密度。目前磁化水已用于食用菌的栽培上，其功能是改善理化环境，促进食用菌菌丝的生长和子实体的发育，具有一定的增产作用。

主要参考文献

[1] 王贺祥. 食用菌栽培学 [M]. 北京：中国农业大学出版社，2008.

[2] 米青山，张改英. 食用菌病虫害防治指南 [M]. 郑州：中原农民出版社，2006.

[3] 吕作舟，蔡衍山. 食用菌生产技术手册（第一版）[M]. 北京：农业出版社，1992.

[4] 吕作舟，谢宝贵. 食用菌栽培学 [M]. 北京：高等教育出版社，2006.

[5] 杨月明，李美良，李银良. 茶薪菇栽培技术 [M]. 北京：金盾出版社，2001.

[6] 丁湖广. 怎样提高茶薪菇种植效益 [M]. 北京：金盾出版社，2008.

[7] 刘崇汉. 蘑菇高产栽培问答 [M]. 南京：江苏科学技术出版社，1995.

[8] 李汉昌. 白色双孢蘑菇栽培技术 [M]. 北京：金盾出版社，1999.

[9] 潘崇环. 八种食用菌速生高产栽培新技术 [M]. 北京：中国农业出版社，1998.

[10] 杨新美. 食用菌栽培学 [M]. 北京：中国农业出版社，1996.

[11] 张金霞. 食用菌生产技术 [M]. 北京：中国标准出版社，1999.

[12] 黄毅. 食用菌栽培第二版. 上下册 [M]. 北京：高等教育出版社，1998.

[13] 张松. 食用菌学 [M]. 广州：华南理工大学出版社，2000.

[14] 潘崇环. 食用菌优质高效栽培技术指南 [M]. 北京：中国农业出版社，2000.

[15] 张维瑞. 草菇袋栽新技术 [M]. 北京：金盾出版社，2007.

[16] 蔡令仪，陶雪娟，杜辉等. 草菇高产栽培技术 [M]. 北京：金盾出版社，2009.

[17] 王朝江，高春江，王世情等. 草菇高效栽培技术 [M]. 北京：中国三峡出版社，2009.

[18] 常明昌. 食用菌栽培 [M]. 北京：中国农业大学出版社，2005.

[19] 唐玉琴，李长田，赵义涛. 食用菌生产技术 [M]. 北京：化学工业出版社，2008.

[20] 刘振祥，张胜. 食用菌栽培技术 [M]. 北京：化学工业出版社，2007.

[21] 林霞. 鸡腿菇栽培新技术彩色图解 [M]. 南宁：广西科学技术出版社，2008.

[22] 韩省华. 食用菌培育与利用 [M]. 北京：中国林业出版社，2006.

[23] 潘崇环. 新编香菇栽培技术 [M]. 北京：中国农业出版社，2001.

[24] 姚淑贤. 花菇栽培新技术 [M]. 北京：中国农业出版社，1997.

[25] 陈小浒. 食用菌生产新技术 [M]. 南京：南京出版社，2005.

[26] 康源春，贾春玲. 食用菌高效生产技术 [M]. 郑州：中原农民出版社，2008.

[27] 常明昌. 食用菌栽培学 [M]. 北京：中国农业出版社，2003.

[28] 暴增海，柳焕章，李月梅. 食用菌栽培原理与技术 [M]. 北京：中国标准出版社，2000.

[29] 张甫安. 食用菌制种指南 [M]. 上海：上海科学技术出版社，1992.

[30] 刘炳仁. 天麻高产栽培技术 [M]. 上海：上海科学技术文献出版社，2003.

[31] 洪震，卯晓岚. 食用药用菌实验技术及发酵生产 [M]. 北京：中国农业科技出版社，1992.

[32] 暴增海，张昌兆. 食用菌栽培学 [M]. 北京：高等教育出版社，1994.

[33] 张桂香. 食用菌高产栽培技术 [M]. 兰州：甘肃文化出版社，2008.

[34] 李晓，段秀莲. 食用菌高产栽培指导 [M]. 延吉：延边人民出版社，2003.

[35] 王传福，魏向阳，申进锋等. 食用菌基础知识与制种新技术 [M]. 郑州：中原农民出版

社，2000.

[36] 李克宜．大众菌品平菇［M］.南宁：广西科学技术出版社，2004.

[37] 刘波，刘茵华，范黎等．食用菌病害及其防治［M］.太原：山西科学教育出版社，1991.

[38] 陆中华，陈俏彪．食用菌贮藏与加工技术［M］.北京：中国农业出版社，2004.

[39] 黄年来．中国食用菌百科［M］.北京：中国农业出版社，1993.

[40] 黄年来．食用菌病虫害防治（彩色）手册［M］.北京：中国农业出版社，2001.

[41] 黄年来．中国大型真菌原色图鉴［M］.北京：中国农业出版社，1998.

[42] 黄年来．18种珍稀美味食用菌栽培［M］.北京：中国农业出版社，1997.

[43] 牛天贵，刘亮，白羽．食用菌消费指南［M］.北京：农村读物出版社，2000.

[44] 卯晓岚．中国经济真菌［M］.北京：科学出版社，1998.

[45] 卯晓岚，蒋长坪，欧珠次旺．西藏大型经济真菌［M］.北京：北京科学技术出版社，1993.

[46] 卯晓岚．中国大型真菌［M］.郑州：河南科学技术出版社，2000.

[47] 张金霞．食用菌安全优质生产技术［M］.北京：中国农业出版社，2004.

[48] 张金霞．食用菌菌种生产与鉴别［M］.北京：中国农业出版社，2002.

[49] 常明昌．食用菌栽培第二版［M］.北京：中国农业出版社，2009.

[50] 杜双田，贾探民．蛹虫草灰树花天麻高产栽培新技术［M］.北京：中国农业出版社，2002.

[51] 林树钱．中国药用菌生产与产品开发［M］.北京：中国农业出版社，2001.

[52] 李昊．虫草人工栽培技术［M］.北京：金盾出版社，2000.

[53] 王爱成，李柏．灵芝［M］.北京：北京科学技术出版社，2002.

[54] 林志彬．灵芝的现代研究［M］.北京：北京医科大学出版社，2001.

[55] 王波，鲜灵．图说灵芝高效栽培关键技术［M］.北京：金盾出版社，2004.

[56] 王波．最新食用菌栽培技术［M］.成都：四川科学技术出版社，2001.

[57] 王波，姬菇．肺形侧耳栽培新技术（彩色图解）［M］.四川：四川科学技术出版社，2003.

[58] 丁自勉．灵芝［M］.北京：中国中医药出版社，2001.

[59] 王传福．新编食用菌生产手册［M］.郑州：中原农民出版社，2002.

[60] 杨新美．中国食用菌栽培学［M］.北京：中国农业出版社，1988.

[61] 汪昭月．食用菌科学栽培指南［M］.北京：金盾出版社，1999.

[62] 刘祖同，罗信昌．食用蕈菌生物技术及应用［M］.北京：清华大学出版社，2002.

[63] 裴黎．现代DNA分析技术理论与方法［M］.北京：中国人民公安大学出版社，2002.

[64] 曹德宾，孙庆温，王世东．绿色食用菌标准化生产与营销［M］.北京：化学工业出版社，2004.

[65] 贾身茂．中国平菇生产［M］.北京：中国农业出版社，2000.

[66] 贾身茂．白灵菇无公害生产技术［M］.北京：中国农业科学技术出版社，2004.

[67] 张柏松，王广来，曹德宾．食用菌病害的识别与防治［M］.北京：化学工业出版社，2005.

[68] 吴菊芳．新篇食用菌病虫螨防治技术［M］.北京：中国农业出版社，2004.

[69] 陈士瑜．食用菌栽培新技术［M］.北京：中国农业出版社，2003.

[70] 陈士瑜．木耳银耳栽培新法73种［M］.北京：中国农业出版社，1999.

[71] 陈士瑜．珍稀菇菌栽培与加工［M］.北京：金盾出版社，2003.

[72] 陈士瑜．菇菌栽培手册［M］.北京：科学技术文献出版社，2003.

[73] 王贺祥．食用菌学［M］.北京：中国农业大学出版社，2004.

[74] 蔡衍山，吕作舟，蔡耿新．食用菌无公害生产技术手册［M］.北京：中国农业出版社，2002.

[75] 杨国良．26种北方食用菌栽培［M］.北京：中国农业出版社，2001.

[76] 潘崇环，孙萍．新编食用菌栽培技术图解［M］.北京：中国农业出版社，2006.

[77] 潘崇环．食用菌栽培技术图解［M］．北京：中国农业出版社，1992.

[78] 宫志远，高爱华．食用菌保护地栽培技术［M］．济南：山东科学技术出版社，2002.

[79] 朱兰宝．中国黑木耳生产［M］．北京：中国农业出版社，2000.

[80] 李宏伟．黑木耳代料栽培技术［M］．哈尔滨：东北林业大学出版社，2005.

[81] 孔祥君．中国蘑菇生产［M］．北京：中国农业出版社，2000.

[82] 郭美英．中国金针菇生产［M］．北京：中国农业出版社，2000.

[83] 吴经纶．中国香菇生产［M］．北京：中国农业出版社，2000.

[84] 张寿橙．中国香菇栽培历史与文化［M］．上海：上海科学技术出版社，1993.

[85] 杨瑞长．中国香菇栽培新技术［M］．北京：金盾出版社，2000.

[86] 韩玉财．最新食用菌生产与经销大全［M］．沈阳：辽宁科学技术出版社，2002.

[87] 郭维利．食用药用菌和发酵产品生产技术［M］．北京：科学技术文献出版社，1991.

[88] 洪震．食用菌细菌实验技术及发酵生产［M］．北京：中国农业科技出版社，1992.

[89] 李志超．食用菌生产与消费指南［M］．北京：中国农业出版社，1997.

[90] 武连生．食用菌栽培学［M］．天津：天津科学技术出版社，1998.

[91] 常明昌．食用菌栽培［M］．北京：中国农业出版社，2003.

[92] 刘振祥，谭爱华，杨辉德．食用菌栽培学［M］．武汉：华中师范大学出版社，2006.

[93] 李铁汉．食用菌病虫害综合防治［J］．辽宁农业科学，2006（2）：96.

[94] 李晓明，郭新荣，杨祥．食用菌生理病害及防治［J］．西北农业学报，2004，13（3）：182～186.

[95] 宿红艳，王磊，王仲礼等．十个白灵菇栽培菌株遗传多样性分析［J］．食品科学，2009，5（30）：158.

[96] 林春，陈保生，李荣春等．白灵菇研究进展［J］．微生物学杂志，2004，3（24）：46～47.

[97] 肖淑霞．白灵菇中蛋白质的营养评价［J］．食用菌，2003（4）：44～45.

[98] 郑姣，刘新育．白灵菇分类技术研究进展［J］．安徽农业科学，2009，37（1）：126～127.

[99] 任海霞，宫志远，曲玲等．白灵菇液体培养工艺的初步研究［J］．中国农学通报，2009，25（4）：183～186.

[100] 张抒伟．北方温室白灵菇高产栽培技术［J］．蔬菜，2009（2）：138～139.

[101] 崔巍，郑焕春，颜丽君．白灵菇栽培技术规程［J］．中国林副特产，2009，（1）：53～54.

[102] 王志军，王月娥，王凤涛．白灵菇常见的六种生理性病害及防治［J］．河南农业科学，2009（4）：23～24.

[103] 甄军亮，乔义卿，胡秀荣．白灵菇定位出菇优质高产栽培技术［J］．河南农业科学，2006（7）：95～96.

[104] 范盛华，陈廷平．杏鲍菇栽培技术［J］．现代农业科技，2008（21）：60～62.

[105] 陈国平，赖志斌，吕智鹏等．杏鲍菇周年化冷库栽培技术［J］．福建热作科技，2008，33（3）：22～23.

[106] 冉祥春，朱志刚．鸡腿菇的生物学特性及栽培管理技术［J］．浙江食用菌，2008，16（5）：44～45.

[107] 刘鹏飞，李怀斌．鸡腿菇的生物学特性及栽培要点［J］．农业技术与设备，2009，170（7）：31～33.

[108] 薛艳丽．鸡腿菇无公害高产栽培技术［J］．山东蔬菜，2007（4）：44～46.

[109] 曾德容．棘托竹荪人工栽培技术［J］．林业科技通讯，1991（5）：24～27.

[110] 曾德容，林学元，于光文．棘托竹荪仿野生栽培试验初报［J］．食用菌，1993（增刊）：34.

[111] 曾德容，周崇莲，李山东．森林生态系统中的姣姣者棘托竹荪研究［J］．林业实用技术，2007

（1）：8～10.

[112] 兰良程．中国食用菌产业现状与发展［J］．中国农学通报，2009，25（5）：205～208.

[113] 张士义，唐玉平，刘娜．我国目前发展食用菌产业的意义和方向［J］．农业经济，2007（6）：23～24.

[114] 食用菌．上海农科院食用菌研究所．

[115] 中国食用菌．中华全国供销合作总社昆明食用菌研究所．

[116] 福建省地方标准．《古田银耳标准综合体》．

[117] 中国食用菌技术网．http：//www．hzsyjw．com．

[118] 中国食用菌网．http：//www．mushroom．gov．cn．

[119] 中国食用菌信息总网．http：//www．cef．com．cn．

[120] 中国食药用菌论坛．http：//www．zgsyyj．cn．

[121] 北京食用菌网．http：//www．mushroom．name．

[122] 中国食用菌论坛．http：//www．mbbs．com．cn．

彩色图版 菌类图片、机械及设施

图版1 ①鸡腿菇 ②平菇 ③双孢蘑菇 ④黑木耳 ⑤金针菇 ⑥香菇 ⑦灵芝 ⑧竹荪
（竹荪图片由彭彪提供，其余来自北京食用菌网等网址，致谢）

图版 2　①天麻　②银耳　③猴头　④茶薪菇　⑤杏鲍菇　⑥草菇　⑦白灵菇

（银耳图片由彭彪提供，天麻图片由杨辉德提供，其余来自北京食用菌网等网址，致谢）

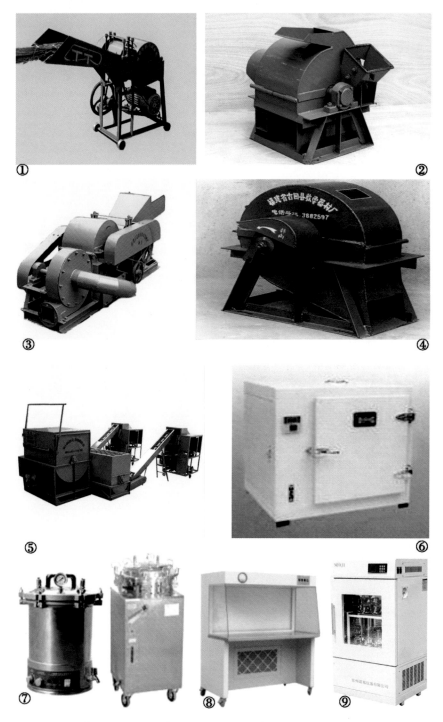

图版3 ①菌草切割机 ②多功能粉碎机 ③铡切粉碎机 ④木材切屑机
⑤自动冲压装袋机流水线 ⑥培养箱 ⑦灭菌锅 ⑧超净台 ⑨摇床
（菌草切割机、多功能粉碎机、铡切粉碎机、木材切屑机、自动冲压装袋机
流水线由翁赐和提供，其余来自网络，致谢）

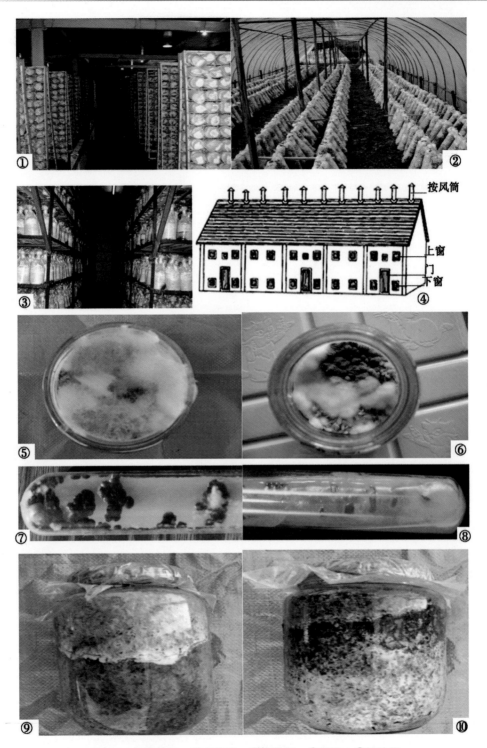

图版4　①培养架　②出菇棚　③培养架　④菇房　⑤链孢霉
⑥曲霉　⑦酵母菌　⑧细菌　⑨毛霉　⑩木霉
（链孢霉、曲霉、酵母菌、细菌、毛霉、木霉由崔颂英提供，其余来自网络，致谢）